普通高等院校民航特色专业统编教材·机场专业

机场规划与设计

主　　编　　李明捷

副主编　　牟奇锋　　马志刚

主　　审　　何秋钊

中国民航出版社

图书在版编目（CIP）数据

机场规划与设计 / 李明捷主编. —北京：中国民航
出版社，2015.8（2020.6 重印）
ISBN 978-7-5128-0278-0

Ⅰ.①机…　Ⅱ.①李…　Ⅲ.①机场 - 规划② 机场 -
建筑设计　Ⅳ.① TU248.6

中国版本图书馆 CIP 数据核字（2015）第 182108 号

机场规划与设计

李明捷　主编

责任编辑	王迎霞	
出　版	中国民航出版社（010）64279457	
地　址	北京市朝阳区光熙门北里甲 31 号楼（100028）	
排　版	中国民航出版社录排室	
印　刷	北京金吉士印刷有限责任公司	
发　行	中国民航出版社（010）64297307　64290477	
开　本	787×1092　1/16	
印　张	20.5	
字　数	464 千字	
版 印 次	2015 年 9 月第 1 版　2020 年 6 月第 3 次印刷	

书号　ISBN 978-7-5128-0278-0
定价　58.00 元

官方微博　http://weibo.com/phcaac
淘宝网店　https://shop142257812.taobao.com
电子邮箱　phcaac@sina.com

出版前言

当前，我国民航事业呈现快速发展态势，人才需求巨大，人才缺口矛盾突出。为深入实施"科教兴业"和"人才强业"战略，进一步加快民航专业人才培养，提高人才培养质量，努力为推动民航强国建设提供更加强有力的人才保障，在院校教育方面必须十分注重教学基本建设，编写民航统编教材便是其中的一项重要工作。

民航局高度重视统编教材编写工作，自 2012 年首次推出"空管专业统编教材"以来，其他特色专业教材也得到了应有的重视和系统开发，此次机场专业统编教材的编写出版就是在民航局高度重视下取得的又一成果。该套教材由中国民航大学、中国民航飞行学院、广州民航职业技术学院共同参与完成，延续了民航特色专业统编教材的编撰宗旨，在内容、体例、规范等方面更加严谨、务实，编者多是长期从事民用航空机场专业教学和研究工作的资深教师及实践经验丰富的一线专业人员，书稿中的重要内容均经过相关专家审核把关。该套丛书既适合民航大中专院校、社会上各类相关培训机构用作教材，也可作为民航一线员工拓展专业知识、增强实战能力的培训用书。

系统编写出版民航机场专业统编教材在民航教育史上尚属首次，不足之处在所难免，诚恳地欢迎大家在教材使用过程中提出改进意见，使统编教材日臻完善。

中国民航出版社
2015 年 6 月

前　言

　　机场是航空运输的枢纽，是地面交通与空中交通转换的铰接口，是客货进入民航系统的通道。机场的规划、设计和建设的科学性、经济性及合理性对民航事业的安全、快速、健康发展具有重要意义。我国航空客货运输需求量的不断增加，对机场数量、规模和运行效率提出了更高的要求。为提高机场规划、设计及运行管理人员的专业水平，编者按照民航机场相关专业人员知识、技能与素质要求编写本书，除可作为交通工程（机场管理）本科专业、机场管理专升本及在职培训教材外，也可供从事机场规划与设计及机场管理的相关人员阅读参考。

　　本书主要借鉴《国际民用航空公约》附件14《机场》第I卷机场设计运行（第六版）、《民用机场飞行区技术标准》（MH 5001—2013）、《机场规划手册》、《机场设计手册》及FAA相关咨询通告等最新规章、咨询通告等资料，结合专业技能需要，分为三个部分：

　　第一，机场概述。介绍了机场系统及其组成，对每个组成部分的功能和特点进行了描述。第二，机场规划理论与方法。主要介绍机场系统规划和机场总体规划的内容、规划、步骤及层次。第三，机场设计。机场设计的优劣直接关系到机场的安全运行与运营效率，本书对机场跑道、滑行道、机坪、机场目视助航设施、机场道面、净空、航站区、陆侧交通等的设计原理与方法进行了详细介绍。通过本书的学习，不仅使学生掌握机场规划与设计的基本理论知识，而且使其能够具备较强的实践操作能力，为继续学习其他专业课程及工程实践奠定坚实的理论基础。

　　本教材由李明捷任主编，牟奇锋、马志刚任副主编，何秋钊任主审。教材的第一章、第二章由民航局机场司标准资质处马志刚编写，第三章、第四章、第五章、第十章由李明捷编写，第十一章、第十四章由牟奇锋编写，第六章、第八章、第九章、第十二章由王汝昕编写，第七章、第十三章由史跃亚编写。本书在编写过程中还参阅了大量公开出版的有关书籍或内部交流资料，得到了民航局机场司的大力支持。

　　由于编者水平有限，书中恐有不当之处，恳望有关专家和读者指正。

编　者

于中国民航飞行学院

2015 年 4 月

目　录

1　机场系统

随着国际、国内及地区间交流的不断增多及经济文化的持续快速发展，航空运输以其快捷、方便、舒适和安全的比较优势，极大提高了运输的效率，拉近了地域间的距离，对政治、经济、文化及社会发展产生了巨大影响。航空运输已然成为综合运输系统的重要组成部分。机场作为民航运输空侧与陆侧运输的铰接点，是连接民用航空器飞行的载体。其功能主要体现在保证航空器安全、按时起飞和着陆；安排旅客准时、舒适的上下航空器和货物的及时到达；提供方便和迅捷的地面交通与市区相连接，确保旅客、货物、邮件顺利完成空中和地面交通的转接。

1.1　机场及其分类

1.1.1　机场定义

机场是指在陆上或水上的一个划定区域，全部或部分用于航空器起飞、降落、滑行、停放和地面活动，包括其中的任何建筑物、设施及设备。它是航空运输系统中运输网络的节点（航线的交汇点），是地面交通与空中交通相互转换的接口（交接面）。

1.1.2　机场分类

1. 按服务领域与对象分类

机场按服务对象可分为民用机场、军用机场和军民合用机场。民用机场是专供民用航空器起飞、降落、滑行、停放以及进行其他活动使用的划定区域，是民用航空运输网络的节点。民用机场包括运输机场和通用机场。运输机场是指为从事旅客、货物运输等公共航空运输活动的民用航空器提供起飞、降落等服务的机场。通用机场是指为从事工

1

业、农业、林业、渔业和建筑行业的作业飞行，以及医疗卫生、抢险救灾、气象探测、海洋监测、科学实验、教育训练、文化体育等飞行活动的民用航空器提供起飞、降落等服务的机场。

2. 按航线布局分类

民用机场按航线布局可分为枢纽机场、干线机场和支线机场。枢纽机场指全国航空运输网络和国际航线的枢纽，运输业务特别繁忙的机场。干线机场指以国内航线为主，可开辟少量国际航线，可以全方位建立跨省跨地区的国内航线，运输业务量较为集中的机场。支线机场指分布在各省、自治区内及至邻近省区的短途航线机场，且运输业务量较少。

3. 按航线性质分类

民用机场按航线性质还可分为国际机场和国内机场。国际机场指供国际航线定期航班飞行使用的机场，设有出入境和过境设施以及固定的联检机构，如海关、边防检查、卫生检疫、动植物检疫、商品检验等。国际机场一般也同时可供国内航线定期航班飞行使用。国内机场指供国内航线定期航班飞行使用的机场，不提供国际航线定期航班飞行使用。

1.2　机场系统的构成及功能分区

1.2.1　机场系统的构成

为实现地面交通和空中交通的转接，机场系统包括空侧和陆侧两部分，铰接点设置在廊桥附近，如图 1.2.1 所示。在陆侧部分，航空旅客及其迎送者、货物等运用地面交通系统的各种交通方式，由城市各区域汇集至机场，或由机场分散至城市各区域；在空侧部分，航空旅客及货物等以航空器作为载体，在机场地面区域及部分航站空域运行。

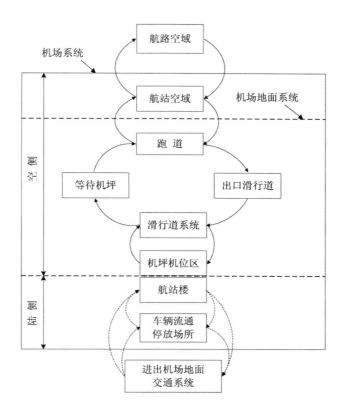

图 1.2.1 机场系统的构成

1.2.2 机场功能分区

机场的功能分区主要由飞行区、航站区和进出机场的地面交通系统三部分构成。

1. 飞行区

供航空器起飞、着陆、滑行和停放使用的场地，包括跑道、升降带、跑道端安全区、滑行道、机坪以及机场周边对障碍物有限制要求的区域。

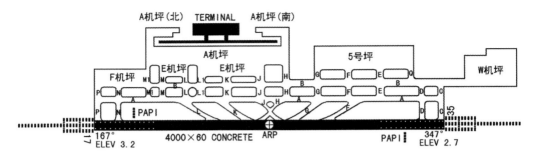

图 1.2.2　机场飞行和航站区

2. 航站区

航站区是飞行区与机场其他部分的交接部。航站区包括航站楼及站坪、服务车道、停机设施、公共交通设施等。

3. 进出场地面交通系统

地面交通系统包括了公共交通站台、停车场、供车辆和行人使用的道路交通设施等，其目的在于将旅客、货物和邮件及时地运进或运出航站楼。

1.3　机场飞行区等级划分

机场飞行区等级按飞行区指标 I （代码）和飞行区指标 II （代字）来划分，以使该机场飞行区各种设施的技术标准能与在这个机场上运行的航空器性能相适应。

飞行区指标 I 按拟使用跑道的各类航空器中最长的基准飞行场地长度，分为 1、2、3、4 四个等级。航空器基准飞行场地长度（Aeroplane Reference Field Length）是航空器以核定的最大起飞重量，在海平面、标准大气条件、无风和跑道纵坡为零的条件下起飞所需的最小场地长度。

飞行区指标 II 按拟使用该机场的各类航空器中的最大翼展或最大主起落架外轮外侧边的间距（简称外轮距），分为 A、B、C、D、E、F 六个等级，两者中取其较高等级，如表 1.3.1 所示。

表 1.3.1　机场飞行区等级

飞行区指标 Ⅰ		飞行区指标 Ⅱ		
代码	基准飞行场地长度（m）	代字	翼展（m）	主起落架外轮外侧边间距（m）
1	<800	A	<15	<4.5
2	800～<1200	B	15～<24	4.5～<6
3	1200～<1800	C	24～<36	6～<9
4	≥1800	D	36～<52	9～<14
		E	52～<65	9～<14
		F	65～<80	14～<16

需要注意的是，机场飞行区等级并没有用来确定跑道长度或所需道面强度的意图。由于飞行区指标 Ⅰ 指的是基准飞行场地长度，故所需跑道长度还应根据航空器起降特性、机场所在地高程、机场基准温度、风和跑道表面条件等进行修正得到，详见本书第 7 章。部分常见机型与机场飞行区等级的关系如表 1.3.2 所示。

表 1.3.2　部分常见机型与机场飞行区等级的关系

航空器型号	飞行区等级	基准飞行场地长度（m）	翼展（m）	外侧主起落架轮距（m）
塞斯纳 172	1A	272	10.9	2.7
肖特（Short）SD3-30	2B	1106	22.8	4.6
CRJ-200	3B	1440	21.2	4.0
安东诺夫（Antonov）AN24	3C	1600	29.2	8.8
新舟 MA60	3C	1700	29.2	8.9
A319	3C	1750	33.9	8.93
A320-200	4C	2480	33.9	8.7
A321-200	4C	2677	34.1	9.0
B737-400	4C	2256	35.8	6.4
B737-500	4C	2470	28.9	6.4
B737-800	4C	2256	35.8	6.4
MD-81	4C	2290	32.9	6.2

航空器型号	飞行区等级	基准飞行场地长度（m）	翼展（m）	外侧主起落架轮距（m）
MD-82	4C	2280	32.9	6.2
B757-200	4D	2057	38.0	8.7
B767-200	4D	1981	47.6	10.8
B767-200ER	4D	2499	47.6	10.8
B767-300	4D	2900	47.6	10.9
B767-300ER	4D	2743	47.6	10.8
MD-11	4D	3130	51.97	12.6
A330-200	4E	2713	60.3	12.0
A330-300	4E	2560	60.3	12.0
A340-330	4E	2200	60.3	12.0
A340-600	4E	3150	63.45	12.61
B747-100	4E	3060	59.6	12.4
B747-200	4E	3150	59.6	12.4
B747-300	4E	3292	59.6	12.4
B747-400	4E	3383	64.9	12.4
B747-400COM	4E	3300	64.9	12.6
B747-SP	4E	2710	59.6	12.4
B777-200	4E	2500	60.9	12.8
B787-800	4E	2820	59.89	11.6
A380-800	4F	3350	79.8	14.3

1.4 相关概念介绍

1.4.1 机场基准点（Airport Reference Point）

机场基准点（ARP）是表示机场地理位置的一个点，每个机场都必须设置一个基准点。国际民航组织（ICAO）建议为机场原始的或规划的几何中心，我国《民用机场飞行区技术标准》（MH 5001—2013）规定该点应位于机场使用中心或规划的所有跑道的几何中心。ARP 在机场图中标出，其地理坐标用经纬度表示并公布在机场图的标题栏里，首次设定后应保持不变。

ARP 通常被用来作为确定机场周围障碍物的基准点，即极坐标系的原点，如图1.4.1 和图 1.4.2 所示。

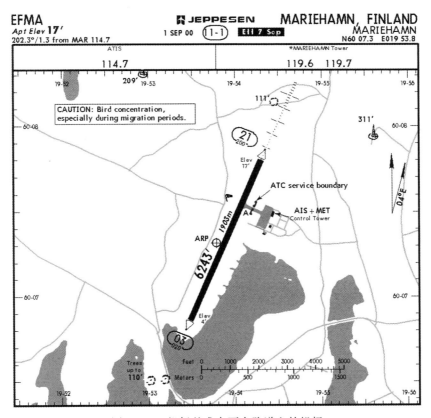

图 1.4.1　机场基准点不在跑道上的机场

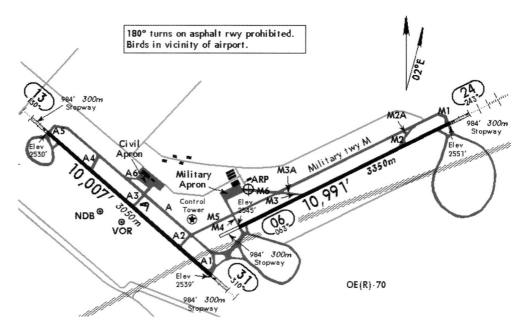

图 1.4.2　沙特机场跑道构形和机场基准点位置

1.4.2　机场标高（Aerodrome Elevation）

机场标高是指机场可用跑道中最高点的标高，通常理解为跑道中线最高点的标高。

1.4.3　机场基准温度（Aerodrome Reference Temperature）

机场基准温度应为一年内最热月（指月平均温度最高的那个月）的日最高温度的月平均值。该温度应至少取五年的平均值。

评价一架特定航空器在机场的适航性能或进行机场的飞行程序设计等都会受到温度变化的影响。

1.4.4　活 动 区（Movement Area）

活动区是指机场内用于航空器起飞、着陆和滑行的部分，由机动区和停机坪组成。

1.4.5　机动区 （Maneuvering Area）

机动区是指机场内用于航空器起飞、着陆和滑行的部分，由跑道、滑行道组成，不包括停机坪。

飞行流量较大的机场，机动区通常由塔台提供管制服务，其他区域由另一个管制单位（如机场运行控制中心）提供管制服务。

1.4.6　机场交通密度 （Aerodrome Traffic Density）

国际民航组织根据跑道繁忙小时的运行架次把机场的交通密度划分为低、中、高三种：

（1）低——每条跑道平均繁忙小时的运行架次不大于 15 或平均繁忙小时的机场运行总架次小于 20；

（2）中——每条跑道平均繁忙小时的运行架次约为 16 至 25 或平均繁忙小时的机场运行总架次为 20 至 35；

（3）高——每条跑道平均繁忙小时的运行架次约为 26 及以上或平均繁忙小时的机场运行总架次大于 35。

注：① 平均繁忙小时运行架次是全年每天最繁忙小时运行架次的算术平均值；

　　② 一次起飞或一次着陆构成一次运行。

思考练习题

1. 简述机场系统的组成及其功用。

2. 简述飞行区等级划分的主要依据。

3. 已知 EMB-175 航空器的基准飞行场地长度为 2244m，翼展 26m，主起落架外侧的轮距为 6.2m，则满足其运行的机场的飞行区等级至少为多少？

4. 航空器基准飞行场地长度与平衡飞行场地长度（Balanced Field Length）有何区别？

5. 已知跑道全长为 2000m，是否可以确定其机场飞行区指标Ⅰ的取值？

6. 跑道长度扩建后，机场基准点（ARP）可否移至新的跑道中心？

2　机场系统规划

经过几十年的建设和发展，目前我国机场体系初具规模，逐步形成了以北京、上海、广州等枢纽机场为中心，其余省会和重点城市机场为骨干，以及众多干、支线机场相配合的基本格局，为保证我国航空运输持续、快速、健康、协调发展，促进经济社会发展和对外开放，以及完善国家综合交通体系等发挥了重要作用，对加强国防建设、增进民族团结、缩小地区差距、促进社会文明也具有重要意义。机场系统规划与国家发展战略、经济社会发展目标等密切相关，机场系统的科学规划已成为新时期我国机场发展的重要课题。

2.1　机场系统规划的制定与执行

2.1.1　机场系统规划的含义

机场系统规划主要解决机场系统的空间布局及功能结构问题，通过统筹兼顾、科学布局、完备结构、合理定位来指导全国或区域内机场的建设和发展，实现资源的优化配置和有效利用。

2.1.2　机场系统规划的层次

根据所涉及的地域范围不同，机场系统规划可划分为不同的层次，包括国家级、大地区级、经济区或省市级以及地方级。

国家级。地域范围为一个国家，如全国民用机场布局规划。

大地区级。地域范围为跨域多个省市的大地区，如长三角地区机场系统规划。

经济区或省市级。地域范围为一个省、直辖市或经济特区，如上海市的机场系统规划。

地方级。由当地政府进行的机场规划，如成都地区的机场系统规划。

2.1.3 机场系统规划的内容和目标

机场系统规划主要是通过提前谋划和事先计划，最大限度地发挥航空运输资源的效用，以更好地适应和满足经济、社会发展的需要，为明确而详尽的机场总体规划提供依据，具体目标包括：

（1）按时按序建设一系列机场，以满足地区目前和将来的航空需求，促进地区在工业、就业、生产、生活等各方面持续增长；

（2）完善地区综合运输系统的规划和综合发展规划；

（3）采用避免生态及环境破坏的方式来安排机场设施的位置和改扩建；

（4）制定土地利用和空域规划的实施计划，以有效地使用这些资源；

（5）制定长期财政计划，并在政府预算程序中建立机场资助的优先程序；

（6）通过正常的政策与措施，建立实施系统规划的途径。

机场系统规划的主要内容包括：对现有机场系统的评价；航空需求量的预测；机场的数量、规模、位置比较方案；社会经济效益评价；环境影响评估；系统规划编制。

2.1.4 机场系统规划的流程及执行

为有效执行机场系统规划，规划流程可以参照图 2.1.1 中所示的步骤执行。

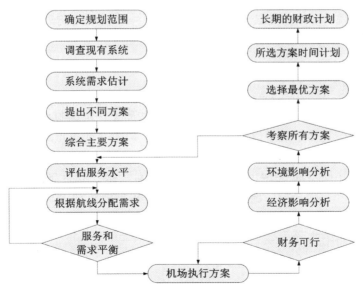

图 2.1.1　机场系统规划的流程

机场系统规划的执行可以由不同的主体和方法完成。根据在规划中所起作用的不同，系统规划的执行可以分为政府导向、市场导向以及政府与市场的结合。

政府导向的系统规划也称为有序的规划，政府为制定规划的主体，通过经济、社会、国防、运量等分析，由政府主导制定相关规划，然后由各地方政府或市场执行计划。市场导向的规划也称为自由化规划，在这种规划中，是否建设或改扩建一个机场完全由市场决定，政府不做任何干预。

政府导向的系统规划由于缺乏与市场的有效结合，往往缺乏规划的柔性与弹性，而缺乏政府引导的单纯的市场规划，则会造成重复建设和资源的浪费以及机场之间的无序竞争。因此，现在许多国家都常采用政府主导，结合实际市场需求的机场系统规划。

机场规划具有动态性特征。由于机场系统规划是一个中长期的行为，通常受政治、社会、经济发展等因素影响，故预测并非十分准确。因而，机场的系统规划应该是一个动态的、持续的规划，在规划中需要根据社会经济发展情况对其进行实时调整。

2.2 我国国家机场系统规划

中国民用航空局颁布的《全国民用机场布局规划》（2008—2020）着眼于解决我国民用机场空间布局及功能结构问题，通过统筹兼顾、科学布局、完善结构、合理定位来指导机场的建设和发展，实现资源的优化配置和有效利用，增强我国民航事业的可持续发展能力。

2.2.1 我国机场系统现状及评价

1. 机场现状

目前，我国机场总量初具规模，机场密度逐渐加大，机场服务能力逐步提高，现代化程度不断增强，初步形成了以枢纽机场为中心，以省会或重点城市机场为骨干，以其他城市支线机场相配合的基本格局。

根据中国民用航空局 2014 年全国机场生产统计公报，截至 2014 年底，我国民用运输机场达 202 个（不含香港、澳门和台湾），其中定期航班通航机场 200 个，定期航班通航城市 198 个。年旅客吞吐量超过 1000 万人次的机场数量达到 24 个，首都机场客运和浦东机场货运位列世界第二和第三名。

2. 基本评价

（1）机场总体布局基本合理

绝大多数机场的建设和发展以航空运输市场需求为基础，初步形成了与我国国情国力相适应的机场体系，为促进和引导国民经济社会发展、加强国防建设和保障国家安全发挥着重要作用。若以地面交通 100km 或 1.5h 车程为机场服务半径指标，既有机场可为 52% 的县级行政单元提供航空服务，服务区域的人口数量占全国人口的 61%。

（2）机场区域布局与经济地理格局基本相适应

机场区域分布的数量、规模和密度与我国区域经济社会发展水平和经济地理格局基本适应，民用机场呈区域化发展趋势，初步形成了以北京为主的北方（华北、东北）机场群、以上海为主的华东机场群、以广州为主的中南机场群三大区域机场群体，以成都、重庆和昆明为主的西南机场群和以西安、乌鲁木齐为主的西北机场群两大区域机场群体雏形正在形成，机场集群效应得以逐步体现，对带动地区经济社会发展、扩大对外开放、提高城市发展潜力和影响力发挥了重要作用。

（3）机场体系的功能层次日趋清晰

我国民航运输基于机场空间布局的中枢轮辐式与城市对相结合的航线网络逐步形成，机场体系的功能层次日趋清晰、结构日趋合理、国际竞争力逐步增强。一批主要机场的综合功能逐步完善、业务能力不断提高，北京、上海、广州三大枢纽机场的中心地位日益突出，成都、昆明、西安、乌鲁木齐、沈阳、武汉、重庆、大连、哈尔滨、杭州、深圳等省会或重要城市机场的骨干作用进一步增强，尤其是成都、重庆、西安、昆明、乌鲁木齐等机场分别在西南、西北区域内的中心作用逐步显现，诸多中小城市机场发挥着重要的网络拓展作用。

（4）航空运输在综合交通运输体系中的地位不断提高

以机场布局规模不断扩大和航空网络逐步拓展完善为基础，航空运输在我国中长途旅客运输、国际间客货运输、城际间快速运输及特定区域运输方面逐步占据主导地位，对促进国际间人员交往、对外贸易和出入境旅游发展发挥了重要作用。

"十二五"期间，我国民航业务量规模快速增长。2014 年，运输机场完成旅客吞吐量 83153.3 万人次，比上年增长 10.2%。完成货邮吞吐量 1356.1 万吨，比上年增长 6.7%。完成飞机起降架次 793.3 万架次，比上年增长 8.4%。其中运输架次为 682.4 万架次，比上年增长 9.0%。

3. 存在问题

航空运输只有通过网络化运营才能更好地发挥其效用，而机场体系的建立健全是实现航空运输网络化的重要保障。

我国机场系统布局存在以下问题：

（1）机场数量较少、地域服务范围不广，难以满足未来经济社会发展的要求，尤其是"东密西疏"的格局与带动中西部地区经济社会发展、维护社会稳定与增进民族团结、开发旅游资源等的矛盾比较突出；

（2）民航机场体系内部未能充分协调，区域内各机场间缺乏合理定位和明确分工，机场对干、支航空运输协调发展的合理引导作用薄弱，参与全球竞争的国际枢纽尚未形成，难以有效配置资源和充分发挥民用航空资源整体优势和作用；

（3）部分机场的建设和发展与其所在城市规划、军航规划以及其他运输方式规划缺乏有效衔接，尤其是军民航空域使用矛盾需要得到解决，进一步减少民航的发展与运行的限制；

（4）大部分中型以上机场容量已饱和或接近饱和，但综合功能并不完善，与提高航空安全保障能力和运输服务质量水平的客观要求存在较大差距。

2.2.2 我国机场系统规划的目标与原则

1. 规划的目标

以国家战略为依据，以市场需求为基础，通过优化机场布局结构和建设适应需要的机场数量规模，加强资源整合，完善功能定位，扩大服务范围和提高服务水平，适应经济社会和民航事业的发展，在一定时期内形成规模适当、布局合理、层次分明、功能完善的现代化民用机场体系。

2. 规划布局的原则

通过对机场总体规划的实践经验总结可知，在机场系统规划时，应全面考虑经济和社会两个方面的内容。经济方面主要应考虑区域经济的发展状况、资源禀赋（重点为旅游和能源）等因素。社会方面主要应考虑人口、民族、宗教、灾害防御等因素。另外，机场系统规划还应综合考虑国防安全、城镇化水平、综合交通、与邻近机场的距离、节能减排等其他因素。到2020年，全国80%以上的县级行政单元能够在地面交通100km或1.5h车程内享受到航空服务，所服务区域的人口数量占全国总数量的82%，国内生产总值（GDP）占全国总量的96%，为全面建设小康社会和构建和谐社会发挥更加积极的作用。

（1）机场系统规划应与国民经济社会总体发展战略和航空市场需求相适应，促进生产力合理布局、国土资源均衡开发和国民经济社会发展。

（2）机场区域系统规划应与区域经济地理和经济社会发展水平相适应，符合城市总体规划，促进区域内航空资源优化配置、社会经济协调发展和城市功能完善。

（3）机场系统规划应与其他运输方式布局相衔接，促进现代综合交通运输系统的建立和网络结构优化，并充分发挥航空运输的比较优势，提高综合交通运输整体效率和效益。

（4）机场系统规划应与航线网络结构优化、空管建设、机队发展、专业技术人员培养等民航系统内部各要素相协调，增强机场群综合竞争力，进一步提高民用航空运输整体协调发展能力和国际竞争力。

（5）机场系统规划应与加强国防建设、促进民族团结及开发旅游等资源相结合。重视边境、少数民族地区，特别是新兴旅游地区机场的布局和建设，拓展航空运输服务范围，增强机场的国防功能。同时考虑充分有效利用航空资源，条件许可时优先合用军用机场或新增布局军民合用机场。

（6）机场系统规划应与节约土地、能源等资源和保护生态环境相统一。充分利用和整合既有机场资源，合理确定新增布局数量与建设规模，注重功能科学划分，避免无序建设和资源浪费，提高可持续发展能力。

2.2.3 布局方案概要

根据布局的指导思想、目标和原则，结合区域经济社会发展实际和民航区域管理体制现状，按照"加强资源整合、完善功能定位、扩大服务范围、优化体系结构"的布局思路，重点培育国际枢纽、区域中心和门户机场，完善干线机场功能，适度增加支线机场布点，构筑规模适当、结构合理、功能完善的北方、华东、中南、西南、西北五大机场群。

通过新增布点机场的分期建设和既有机场的改扩建，以及各区域内航空资源的有效整合，机场群整体功能实现枢纽、干线和支线有机衔接，客、货航空运输全面协调，大、中、小规模合理的发展格局，并与铁路、公路、水运以及相关城市交通相衔接，搞好集疏运，共同构建现代综合交通运输体系。

2020年全国民用机场布局规划分布如图2.2.1所示。

2.2.4 保护政策与措施

第一，应当继续深化改革、扩大开放。进一步深化机场管理体制改革，完善与社会主义市场经济相适应的管理体制和运行机制。积极推进机场投资主体和产权多元化。积极推进机场收费机制改革，调整机场收费结构。加大利用外资力度，引导外资更多地投向中西部地区和东北等老工业基地的民航设施建设。

第二，需要加强政策引导、拓宽融资渠道、保障资金投入。继续加强对民航专项基金的征管，稳定中央资金来源，在稳定和加大中央及地方财政资金投入基础上，深化投融资体制改革，不断创新民航机场建设投融资机制，进一步拓宽融资渠道，广泛吸收社会资本，多方筹集资金投入机场设施建设。

第三，必须进一步完善制度、加强监管。进一步完善宏观调控机制和市场监督体系，建立和维护健康有序的竞争环境，健全市场准入与退出制度，规范机场的建设与经营行为，促进公平竞争和有序发展。

第四，尽量通过和依靠技术进步，加快实现航空运输现代化。加强科技创新，进一步完善科技创新和成果转化的管理和推广机制，加大机场基础设施建设、运营管理等方面关键技术与装备、系统集成的研究开发与推广应用，加强智能化和信息化建设，降低工程造价，保证工程质量，提高我国机场技术装备和管理水平。

第五，必须注重环境保护、资源合理利用和运营安全，促进可持续发展。进一步加强政策引导和采取有效措施，在机场规划和建设中体现环境友好要求，注重保护生态环境。优化各种资源配置，实现土地、空域等资源的有效利用，提高利用资源和能源的效率，推进民航可持续发展。

第六，强化和推进机场集疏运系统建设。为充分发挥民航机场枢纽功能，提高区域综合交通运输体系的安全性、可靠性与整体效率，应注重加强机场枢纽的集疏运系统的规划和建设，尤其是吞吐量达到相当规模的机场枢纽，进一步与轨道交通、城市公交和高速公路以及铁路等优化衔接，增强机场枢纽对区域经济发展的支撑作用。

第七，注重军用机场资源的合理利用和空域资源优化配置，促进军民航协同发展。坚持平战结合和以经济建设为中心，进一步研究解决好相关问题，妥善处理好各种利益关系，建立健全相关规章制度，鼓励和优先考虑利用既有的军用机场资源，加强军民合用机场的建设和军队报废机场的合理利用，继续推进空中交通管理体制改革，促进军民航二者协同发展。

图 2.2.1　全国民用机场布局规划分布图

思考练习题

1. 简述机场系统规划的含义。
2. 简述机场系统规划的流程。
3. 我国目前的机场系统布局存在哪些问题？
4. 简述我国机场系统规划的目标与原则。

3　机场总体规划

机场总体规划是在机场系统规划指导下全面和具体的机场发展计划，是指导机场建设发展的指导性文件，也是保障机场与城市协调发展的基础性文件。机场总体规划由机场建设项目法人（或机场管理机构）组织编制，并经民航管理部门（民航局、民航地区管理局）批准后方可实施。经审定批准的机场总体规划是机场建设及发展必须遵循的基本依据。

3.1　概述

机场总体规划可以分为新编、修编和调整三种类型。新编是指新建运输机场项目可行性研究报告批准后或项目申请报告核准后，进行的机场总体规划编制；修编是指机场航空业务量发展达到或接近规划目标，或原批准的机场总体规划与机场实际发展需求不相适应时，对机场总体规划进行的全面修订；局部调整是指在不影响机场主要功能和基本布局的前提下，对原批准机场总体规划的局部功能区或建（构）筑物进行适当的调整。

3.1.1　机场总体规划的原则

民用机场总体规划的近期规划为 10 年，远期规划为 30 年，必须满足机场运行和管理的需要。近期规划应翔实扎实，可实施性强，重点解决机场发展的现实问题；远期规划应具有一定的前瞻性和适当的灵活性，侧重于引导和控制。近期规划应与远期规划相结合，尽可能满足未来航空运输发展的需要，并与环境、公共事业发展及其他交通方式规划及发展相协调。机场总体规划应满足以下基本原则：

（1）民用机场总体规划（以下简称"总体规划"）必须满足机场运行和管理的需求，做好近期建设和远期发展的结合，根据机场具体条件制定出满足航空运输需要并与环境、公共事业发展及其他交通方式协调一致的长期发展规划。

（2）总体规划应明确机场定位和规模，并结合机场所在地的经济、社会、文化、交通、自然条件以及机场功能的不同要求等制定。

（3）总体规划应遵循一次规划、分期建设、滚动发展的原则制定近期和远期规划。

（4）总体规划应满足规划期所预测的航空业务量的需求。

（5）总体规划应遵循以功能分区为主、行政区划为辅的原则，要求功能齐全，分区明确，运行合理，系统完整，并使各功能区保持灵活性和可扩建性。

（6）总体规划必须贯彻执行《土地法》中的土地使用方针，因地制宜，合理布局，节约用地。可利用荒地的不占用耕地；可利用劣地的不占用好地。

（7）总体规划应结合场地条件，尽可能减少拆迁，降低工程量，并注意建筑物相对集中，减少投资。

（8）总体规划布局中应尽可能节约能源。

（9）总体规划应结合环境影响评价报告及批复，制定机场内及其周围地区的土地使用规划，控制机场净空要求和机场规划用地，保证机场安全运行，使机场与周围地区协调发展。

3.1.2　机场总体规划的目的和要求

机场总体规划旨在保障机场近、远期各项设施合理有序的发展规划建设，机场的规划定位和功能定位应符合国家层面的区域经济规划、综合交通体系规划等上位规划的要求。

1. 新编机场总体规划的要求

新编机场总体规划，应符合下列要求：

（1）应符合《民用机场总体规划编制内容及深度要求》（AC-129-CA-01-R1），并提出两个或三个综合标准方案。

（2）机场各功能设施的布局与规划应满足机场建设、运行管理和持续发展需要，与区域经济社会发展、综合交通运输体系、航空经济布局等规划相协调；确保"节约、环保、科技和人性化"的"绿色"理念贯穿于机场总体规划全过程。

（3）科学选择航空业务量预测方法，能够合理反映机场近、远期发展的需求和趋势。

（4）应结合空域运行和地面滑行条件，对飞行区跑道构形及跑道系统规划做多方案比较分析，从中推荐最优方案，并确定跑道小时容量。

（5）对航站楼近、远期的位置和构型进行多方案比选，从中推荐最优方案，并明确航站楼建设的限制要求。

（6）根据机场所在地城乡发展规划、综合交通规划等，制定机场近、远期地面交通（含轨道交通）规划，并针对陆侧交通运行方案进行比较分析，从中推荐最优方案。

（7）在空域与空中交通管理系统规划中，应明确机场空域规划及飞行程序方案、航管系统规划、通信系统规划、导航系统规划、监视系统规划、气象系统规划、塔台位置和高度等；并划定机场电磁保护区域，明确保护要求。

（8）按照机场远期规划绘制净空保护区图，明确机场净空保护区范围及限制要求，编制机场飞机噪声相容性规划，对机场周边土地提出控制性建议。

2. 修编机场总体规划的内容

修编机场总体规划应在满足新编机场总体规划上述要求的基础上，包含下列内容：
（1）机场现状；
（2）原批复机场总体规划的主要内容；
（3）机场总体规划修编的必要性；
（4）机场总体规划的修编方案；
（5）修编机场总体规划与原批复机场总体规划内容的变化对比。

3. 局部调整机场总体规划的要求

局部调整机场总体规划应包含以下内容：
（1）机场现状；
（2）原批复机场总体规划的主要内容；
（3）机场总体规划局部调整的必要性；
（4）机场总体规划局部调整的方案；
（5）局部调整机场总体规划与原批复机场总体规划内容变化的对比；
（6）局部调整涉及的其他规划内容（如土地使用规划、竖向设计规划等）。

3.1.3 机场总体规划的过程

机场总体规划可大致划分为四个阶段。

第一阶段：确定机场的规模

这一阶段主要是确定适应运输需求所需机场设施的规模，主要包括以下几个方面：
（1）现状分析。通过收集机场服务地区的有关数据，为总体规划提供基础信息。所需资料包括：历年运量统计资料；若为修编或调整应有现有机场的性质、规模和使用情况资料；空域结构和导航设施需求分析；场址的物理和环境特性；公用设施和其他公共建筑物；现有的及规划中的进出机场交通系统；区域发展资料，包括机场系统规划、地区经济发展规划、城市发展规划、土地使用规划、城市综合交通系统发展规划等；区域的社会经济和人口资料。
（2）航空运输需求预测分析。机场总体规划必须在科学准确的航空运输需求预测的基础上来制定。因此，需提供近期和远期的航空需求预测量，包括年航空器起降架次、年旅客吞吐量、年货邮吞吐量、高峰小时旅客流量、高峰小时航空器起降架次、机队组成、进出机场交通量等调查统计数据。

（3）需求与容量分析。主要对飞行区、航站区、空域、通信、导航、监视设施、进出机场交通系统等方面进行容量分析。其中，飞行区跑道、空域和通信、导航、监视设施的容量由预测的航空器起降架次确定；航站楼等设施容量由未来年旅客吞吐量、高峰小时旅客流量等确定；货站的规模由货邮吞吐量预测值确定；而进出机场地面交通设施的容量由进出机场交通量预测值确定。

（4）确定所需的设施。确定跑道条数、长度和强度，门位数，机坪面积，航站楼面积，停车场面积等；列出进出机场的交通工具类型、机场所需的土地面积等。

（5）环境影响的要求，环境影响研究主要包括：机场毗邻地区的噪声等级及分布情况、空气及水质污染情况、油库的安全性及自然和社会环境的改变等。

第二阶段：场址选择

机场选址，即在项目前期工作阶段，从地理位置、空域、净空、环保、土地利用等角度，对新建或迁建机场的可能场址进行初步分析和研究，并组织现场踏勘，选择并确定新建机场或迁建机场具体场址的过程。机场选址是一项复杂的民航专业工程，需要统筹考虑空中、地面和地下各方面的实际情况及工程技术。

（1）机场选址工作的基本要求。

根据《民用机场选址报告编制内容及深度要求》（AP-129-CA-02）的相关要求，机场的场址应符合下列基本要求：

①符合全国民用机场布局规划；

②机场净空、空域及气象条件能够满足机场安全运行要求，所用空域与邻近机场使用空域无矛盾或能够协调解决，空域规划与机场容量相协调；

③与城市距离适中，机场运行和发展与城市中长期发展规划相协调，飞机起落航线尽量避免穿越城市上空；

④场区场地能够满足机场近期建设和远期发展的需要，工程地质、水文地质和电磁、地磁环境相对良好，地形、地貌相对简单，土石方工程量相对较少，满足机场工程的建设和安全运行要求；

⑤具备建设机场导航、通信、监视设施的条件；

⑥具备建设供电、航油、供水、供气、通信、道路、排水等设施系统的条件，能满足机场运营要求；

⑦不占或少占良田、耕地、林地、湿地或草地，拆迁量较少；

⑧满足生态、环境保护及文物保护要求，场区地下无重要矿藏；

⑨工程投资经济合理。

（2）机场选址工作的三个阶段。

机场选址工作可分为初选、预选、比选三个阶段。

初选阶段：在拟选场址地区周围的较大地域范围内，设计单位通过图上作业、现场初勘，寻找有可能建设民用机场条件的初选场址。初选场址的数量一般不少于 5 个。

预选阶段：对初选场址逐个调查有关技术资料，并进行技术、经济分析比较，选择场址条件相对较好的 2 至 3 个预选场址；对预选场址的场区地面条件和空中运行条件进一步研究论证，提出初步建设规划方案，估算工程量和投资；预选场址应征求地方人民政府及有关部门（包括：城乡规划、交通、市政、环保、气象、文物、国土资源、地震、无线电管理、供电、通信、水利等）的书面意见。

比选阶段：对预选场址的各方面有利条件和不利条件进行全面综合分析论证后，从中推荐 1 个首选场址。应对影响场址比选的关键因素进行重点分析，如：预选场址的空域及净空条件、气象条件、电磁环境、工程地质及抗震条件、飞机噪声影响范围、种群鸟类及野生动物活动情况、文物保护情况、环境保护及水土保持情况、市政交通等配套设施条件，以及与城乡规划、土地利用规划的相容性，与区域经济社会发展和民航机场布局规划的符合性等。

机场选址报告编制单位在开展选址工作时，应与机场筹建单位进行充分的交流，准确把握机场定位，确保初选阶段不漏选场地、预选阶段详细论证综合比选、首选场址为选址范围内最优场址。

（3）机场选址工作的具体流程。

①现状分析。首先要明确建立机场的必要性、目的和意义，根据城市现状进行分析，初步确定机场的建设计划，并确定所需要了解的基本条件、需要调查和搜集的资料。

②收集整理资料。收集经济区域、道路网、国土等有关规划资料和客货交通流量统计、场址内水文地质、地形地貌、交通、气象等有关资料；预测航空运输量和发展趋势；测算设计机场规模（主要是年客运量）和占地面积。

③场址筛选。在对所得资料进行充分整理和分析，考虑各种因素的影响力并对需求进行预测后，通过比较，找出区域内满足并可能作为场址的所有场所，初步确定场址范围，即确定初始预选场址。

④定量分析。综合运行条件、建设施工条件、交通条件、经济社会条件、供源条件和环境条件等选址的约束条件，建立机场选址的数学模型，通过定量分析和计算，在所有预选场址中确定机场最佳场址。

⑤结果评价。综合选址约束条件，建立机场选址的评价模型，对计算所得的结果进行分析评价，看其是否有现实意义及可行性。

⑥复查。对计算结果进行复查。如果复查通过，则原计算结果为最终结果，如果复查发现原计算结果不适用，则返回第三步继续计算，直到得到最终结果复查通过为止。

选址的程序及步骤如图 3.1.1 所示。

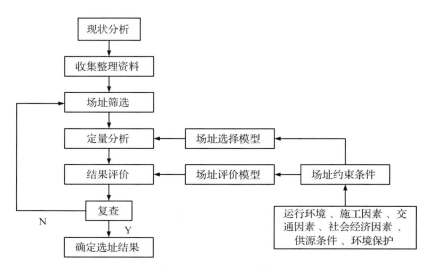

图 3.1.1　选址流程图

第三阶段：机场布局

此阶段应制定出机场的总平面图，包括机场平面布局图、土地使用图、航站区布局图以及进出机场交通系统布局图。

（1）机场总图规划。在确定机场场址和所需设施的规模后，可进行机场平面布置，主要工作包括：确定跑道、滑行道和机坪的构形及布置形式；确定航站设施的构型和布置位置；确定导航设施和空中交通指挥设施的位置；确定货邮设施及机务维修区域的范围，确定其他配套设施的位置等。

（2）土地利用规划。在机场围界范围内划定预留给建设航站楼、维修设施、商业建筑、工业场地、机场进出交通设施、娱乐场所等的范围。在机场围界以外地区，则应划定设置受机场净空和噪声影响的范围，并对这些土地使用用途提出建议。

（3）航站区规划。主要包括旅客航站楼、货运设施、机务维修设施、旅馆、商业和服务区、机场出入道路和服务道路等的位置和范围的规划，与飞行区的构形和土地使用规划有关。

（4）进出机场交通系统规划。充分考虑各进出机场交通方式的特性，根据进出机场交通量的大小来确定交通方式的类型及规模，进而对进出场线路、附属设施等进行规划。

第四阶段：财务计划

财务计划是指对整个机场的总体规划进行经济性评价。它从收益和支出的角度分析整个计划阶段的机场资产负债表，建设资金的来源和筹集方法，以确保机场建设投资的连续性。

3.1.4 影响机场规模的因素

机场所需规模的大小取决于下述主要因素：预期使用该机场的航空器特性；预计空、陆侧交通量；气象条件；场址标高。

飞行区是机场总体规划的重要组成部分，其面积大小与跑道数量及长度有关。而陆侧设施（旅客航站楼、货运区、进场道路、停车场等）的面积一般只占总面积的5%～20%，该比例随机场总面积的增大而增大。

表3.1.1统计了世界上一些大型机场的总面积，可以看出，机场总面积从几平方公里到几十平方公里不等。其中，占地面积最大的是丹佛国际机场，达136km²。

表 3.1.1　部分机场占地面积

美　国		其 他 国 家		中　国	
机场	占地面积（km²）	机场	占地面积（km²）	机场	占地面积（km²）
丹佛国际机场	136	布宜诺斯艾利斯埃塞萨机场	34	上海浦东机场（一期）	32
达拉斯-沃斯堡机场	72	巴黎戴高乐机场	31	广州新白云机场	16.0
奥兰多国际机场	40	阿姆斯特丹史基浦机场	22	香港机场	12.5
堪萨斯城机场	33	法兰克福美因机场	19	北京首都机场	14.8
芝加哥奥黑尔机场	26	慕尼黑机场	15	深圳宝安机场	26.1
纽约肯尼迪机场	20	新加坡机场	13	成都双流机场	6.2
亚特兰大机场	15	布鲁塞尔机场	12	昆明长水机场	24.0
洛杉矶国际机场	14	伦敦希思罗机场	12		
迈阿密国际机场	13	东京羽田机场	11		
纽约纽瓦克机场	9	悉尼机场	9		
波士顿洛根机场	9	苏黎世机场	8		
华盛顿里根机场	3.8	伦敦盖特威克机场	8		
纽约拉瓜迪亚机场	2.6	大阪关西机场	5		

3.2 机场总体规划的内容

3.2.1 飞行区规划

飞行区的规划必须结合地形地貌、周围环境、土地使用及远期航空业务量预测的要求进行，应满足近期使用及远期规划的航空器运行特性、尺寸、重量、风力负荷、净空条件、机型组合和运行架次的要求，并与机场空域、通信、导航、监视设施以及目视助航设施的规划相协调。同时，还应研究机场其他各功能区和设施布局的合理性，特别是旅客航站区、货运区和机务维修区。

飞行区规划的主要内容有飞行区容量评估与预测、跑道位置和方位规划、跑道的数量和构形规划、跑道长度计算、平行跑道间距规划及滑行道系统规划等，各项设施的近期规划还需考虑远期发展的可能。

3.2.2 机场目视助航设施规划

机场的目视助航设施包括各类道面标志、滑行引导标记牌以及各类助航灯光等。机场目视助航设施规划应与机场飞行区规划、空域规划和跑道导航设施规划相适应，还应适当考虑当地的地形地貌及周围环境。详见本书第 10 章。

3.2.3 机场空域规划

空域规划应包括进离场航线、等待航线、仪表进近程序、复飞程序、目视盘旋以及起落航线的所需空域。

影响空域使用的主要因素包括地形限制、跑道的构形和使用、邻近机场空域和航线的限制、空域和航路结构的限制、空中交通管制服务方式的限制等。

3.2.4 机场空中交通管制设施规划

机场空中交通管制设施包括通信、导航、监视和气象设施。应结合机场的性质、作用、机场周围航线结构、管制空域范围、区域气象、地形条件、预测起降架次以及该机场在全国航线网、气象信息网中的地位、未来发展目标等因素统一规划、分期建设。而机场空中交通管制设施的近期规模应主要按照机场类别、近期管制范围、航线与航班数量、机场飞行程序等因素确定。机场空中交通管制设施主要包括以下内容：

1. 机场空管设施

机场空管设施包括机场管制塔台、空中交通服务报告室、进近管制室、区域管制室以及监视设施等。机场管制塔台应规划在机场总平面的适中位置，其视线范围要求能直接目视所有跑道、平行滑行道的道面以及跑道两端的净空、机坪等。空中交通服务报告室的位置应以方便飞行机组办理手续为原则，可设在航管楼内或旅客航站楼内。进近管制室应按照机场的起降架次多少独立设置或者和塔台管制合并设置。区域管制室可设在机场内，也可设在机场外某一地点。

2. 机场通信设施

机场通信设施用于塔台管制、进近管制、地面管制、遇险及紧急通信、自动终端情报服务及甚高频对空台。其设置地点及天线高度应符合建台电磁环境、场地环境保护、机场净空的要求及规定，保证对空通信方向不被遮挡。对于甚高频数据对空台，在大型机场内可设置多个，一般设在航管楼或通信楼，也可视情况设在单独建设的甚高频台内，或机场内能满足通信需求的地点。

3. 航空无线电导航设施

机场导航设施规划一般应包括无方向信标台（NDB）、全向信标台（VOR）、测距仪（DME）和仪表着陆系统（ILS）。这些导航设施应视其作用和属性，按照飞行程序要求、周围地形地物条件和水、电、交通等情况设定。

4. 机场航空气象设施

气象观测设施包括自动气象观测系统、气象遥测站、气象观测场等。

自动气象观测系统中的跑道视程仪应按照机场跑道的精密进近类别和长度安装相匹配的套数。通常，Ⅰ类精密进近跑道设置 1~2 套，Ⅱ类精密进近跑道设置 2~3 套；Ⅲ类精密进近跑道设置 3 套，其中跑道长度大于 3600m 时可设 4 套。跑道视程仪安装位置应在跑道同一侧，距跑道中心线不大于 120m，跑道两端向内 300m 处各一套，中部均匀分布 1~2 套。

3.2.5 旅客航站区规划

旅客航站区规划分为空侧规划和陆侧规划。空侧规划应确保航空器和勤务车辆安全、顺畅、高效运行；陆侧规划应保证进出场交通方便、快捷、有序的运行。

旅客航站楼的规划应满足旅客进出办理手续方便、步行距离短、布局合理、流程顺畅、环境舒适、保安措施严密、工作效率高和运行费用低等要求。详见本书第 13 章。

3.2.6　货运区规划

航空货运流程应为：收货—仓储—装卸—交付。国际货运流程中还应有海关、动植物检疫与商检等部门的有关程序。货运区应根据货运流程及货物流量特性进行规划，并应以快捷、安全运行为基本要求，以方便货物装卸作业、缩短航空器经停时间、提高货物载运率和设施利用率为前提。国际货物和国内货物的货运流程要严格分开。

航空货运区规划应考虑不同航空货物的种类和在仓储及运输方面的特殊要求；对危险品的仓储应单独建设，并应与其他建筑物保持一定的安全距离。机场货运区的位置应与机场总平面中其他各功能设施相协调，同时，考虑货运量增长和引入新的货物处理方式的可能。此外，还应考虑有若干货运站和各种代理机构同时并存，以及航空快递、出租运输车辆等相关业务设施的规划用地。

3.2.7　机场机务维修区规划

机场按机务维修性质分为航线维护机场、航空公司驻地机场和航空公司基地机场。机场的机务维修区应根据航空器维修系统建设规划、航空公司维修规划、机型与机队规模、维修等级和项目，结合机场远期发展等因素统一规划。对进驻两个或两个以上航空公司的机场，航空公司的机务维修区应尽可能彼此紧邻或靠近，使机务维修设施在整个机场的分布较集中，相关的动力公用设施应统一规划。

同时，机务维修区的供水、供热、供冷、供电、供压缩空气、供燃气、排水及污水处理等应纳入机场公用设施统一规划。

3.2.8　机场供油设施规划

供油设施是民用机场的一个重要组成部分。机场供油设施是否完备，所供油品质量是否合乎要求，以及能否及时地进行航空器加油，对机场的运营效率和航空器的飞行安全都有直接影响。机场供油设施主要包括铁路或码头装卸油站、中转油库、机场油库、航空加油站、汽车加油站、机坪供油管线、库站之间输油管线等。

供油工程的规划和建设，应与机场的规划与建设同步实施，也就是在机场立项之初就要进行考虑，同时贯穿在整个机场的规划和建设过程中。按照我国的建设程序，供油设施的建设大体要经过提出项目建议书、编制设计任务书或可行性研究报告、编制初步设计、进行施工图设计、施工等阶段。供油设施设计应符合《石油库设计规范》（GB 50074—2014）、《汽车加油加气站设计与施工规范》（GB 50156—2012）、《民用机场供油工程建设技术规范》（MH 5008—2005）等规范的规定，还要符合国家有关法令和政策。民航油库（站）址基本选定并经当地规划、环保、消防等部门认可后，还应进行必要的工程地质和水文地质的勘察工作。

3.2.9　机场消防和救援设施规划

机场必须规划消防和救援设施，其主要内容包括机场消防站、消防设施、应急救援设施、应急救援指挥中心。消防设施的规划应能满足应急救援时间的规定。机场内各功能区和建筑群的消防应按照《建筑设计防火规范》以及其他相关国家和行业标准进行规划。

3.2.10　机场安全保卫设施规划

机场安全保卫设施规划包括航空器活动区的安保设施、公安机构和安全检查站、机场围界和安保监控报警系统等。在满足安全保卫要求的前提下，机场安全保卫设施应与机场各子系统的功能设施统筹兼顾、综合规划。

3.2.11　机场其他设施规划

1. 生产辅助设施和行政后勤设施规划

生产辅助和行政后勤设施包括机坪特种车库及停车设施、航空器客舱服务设施、机场旅客过夜用房、机场行政办公区和生活设施、机场后勤保障设施和机场驻场单位等。

机场生产辅助和行政后勤设施应根据机场近、远期的规模及各设施的功能进行规划，尽可能靠近服务对象，合理布局。各种设施应布局紧凑，并预留必要的发展用地。

2. 机场陆侧交通设施规划

机场陆侧交通设施由进出机场交通、场内道路系统和道路系统标志构成。机场陆侧交通设施规划应符合机场总体规划的要求，并根据机场客、货运量的需求，当地交通现状及发展规划，自然条件，总平面布局要求等综合考虑，合理安排。进出机场主要交通规划，应与场外交通规划相协调，连接方便、短捷、工程量小。场内道路规划，应能划分功能分区，并与区内主要建筑物轴线平行或垂直，宜呈环形布置。详见本书第14章。

3. 机场公用设施规划

机场公用设施的规划一般应包括供电、供水、供热、供冷、供气、排水、污水和固体废弃物处理以及通信设施。

（1）机场供电设施

机场供电系统包括场外供电和场内供电，机场一般应引入两路独立可靠的外电源，机场供电应按一级负荷进行规划。用电负荷应根据机场近、远期规划的各种设施规模所需的用电负荷进行综合分析、估算确定。

场外供电规划应满足：

① 机场的两个独立外电源应同时工作，互为备用，自动投入。每一路电源的容量应满足在另一电源中断供电时保证机场主要负荷的完好运行。

② 对于支线机场，在取得两个独立电源有困难时，允许引入一路专用电源，同时为机场的负荷设置备用发电机组。

③ 机场应为一级负荷中的特别重要负荷引入第三电源，或就地设置发电机组、不间断电源。

④ 当场外的导航台站、卸油码头等为机场服务的设施由机场电网供电不经济合理时，应就近取用适当电源或设置发电机组。

场内供电规划应满足：

① 当机场引入的两路电源的电压为 35kV 或 35kV 以上时，应为机场规划终端式总降压站；当电源电压为 10kV 时，应为机场规划总配电站。

② 总降压站及总配电站的数量应根据机场总负荷及负荷分布情况确定；它们的位置宜规划在供电负荷的中心区域。

③ 机场二次变电站规划的数量应根据机场各功能区的用电负荷分布情况确定。

④ 场内供电网络应根据场内二次变电站的布局及负荷性质进行规划。

⑤ 机场应规划场内电力系统集中监控设施。

（2）机场供水设施

机场供水水源应尽可能直接选用城市自来水。上述选择有困难时，可采用江、河、湖或水库等地表水和地下水作为机场水源。在多种水源均有可能采用时，应进行供水方案的技术经济比较。当机场采用城市自来水作为水源时，应设供水站；当采用地表水水源或地下水质不能满足引用水标准时，应设净水厂。

机场场外供水水源应保证在枯水期内，支线机场的保证率不低于 96% ~ 98%，枢纽和干线机场保证率不低于 99%。

（3）机场排水系统

机场排水系统可分为场外排水系统和场内排水系统两大部分。场外排水的目的是拦截和引排邻近地区流向机场的地表水和地下水，特别是防止山坡和河道洪水侵袭机场。场内排水的任务是引排机场范围内降水，拦截和引排流向道面区的地下水以及降低道面区的地下水位，以保障飞机的安全运行和道面结构使用性能。

机场场外排水系统以防、排洪水为主，它必须与机场原水系的改道和整治相结合。场外排水系统主要由截排坡面水的排水沟，引排天然河沟的洪水和排泄截水沟中的水流的排洪沟，以及防洪堤、导流堤、涵洞等的人工排水结构物组成。场内排水系统以保证飞机安全运行和延长道面结构寿命为目标，它由沟、渠、管、井等人工排水结构物组成。

机场排水设计的内容包括四个方面：排水系统的布置；各项排水设施所分担的汇水面积以及设计流量计算；各项排水设施的水力计算，确定其需的断面尺寸和坡度；各项排水设施的结构设计。

（4）机场污水排放及处理系统

机场应规划污水处理系统，污水排放系统应与雨水系统分流。无害的生产污水可以和雨水合流排放。

当机场的纳污水体有《污水综合排放标准》二级以上的排放标准时，机场的生活污水和有害生产废水的排放必须经过污水处理，达到国家规定的《污水综合排放标准》或纳污水体的要求，或直接纳入城市污水管网系统。沿海机场污水排放应符合海洋环保的有关要求。含油污水应经油水分离器除油后再汇入场内污水管网。国际航班航空器或国际包机上的生活污水必须先经消毒处理，然后排入污水管网。机场污水处理厂的位置应选在机场的下风方向及地势较低的区域。

（5）机场固体废弃物处理设施

机场应规划航空固体废弃物焚烧站。当机场附近有城市环卫焚烧站时，则可由城市环卫处理。机场航空固体废弃物焚烧站应选在机场的下风方向，应远离旅客航站区和场内重要建筑群体，宜与机场污水处理厂合建，且避开水源地。在机场内只规划生产及生活垃圾转运站，不应设垃圾填埋场，转运站的位置宜设在机场生产辅助或行政后勤区域内。

（6）机场供热和供冷设施

机场供热热源一般采用独立的集中供热锅炉房。有条件时，也可利用城市热力网或地热资源。机场锅炉房的位置尽可能接近热负荷中心，并宜设在旅客航站楼及其他重要建筑群体的下风方向，其烟囱高度不应超出障碍物限制面；排放的烟尘必须不致使机场的大气标准降至二级以下，与邻近建筑物的距离应满足建筑防火及安全操作规程的规定，同时应配置足够的燃料储存设施，具备便于燃料及灰渣运输的条件。热力管网的布置应尽可能减少管线的热力损耗并保证各用热点的热力平衡。

机场集中供冷的制冷站应尽可能接近供冷负荷中心。制冷站生产的冷冻水由管网送往各供冷用户。制冷站可以独立布置在旅客航站楼附近，也可以设在旅客航站楼或其他供冷大户的地下室或配楼。冷却塔不应位于气象观测场的上风向，而且应与周围的景观协调。对于供冷负荷分散、空调用量不大、运行时间不统一的机场，只需在各单个建筑物内安装空调器、空调柜或空调机，可不设集中供冷系统。

（7）机场燃气设施

机场燃气设施应纳入城市燃气系统。当机场接用城市燃气时，应在机场内规划供气调压站；当采用罐装液化石油气时，机场内应规划液化石油气罐站。燃气调压站或液化石油气罐站宜设在靠近用户中心或主要用户的位置，并应符合建筑防火安全有关规定。

（8）机场通信设施

机场通信设施一般包括有线通信及无线移动通信。支线机场的通信设施可与机场空中交通管制中的通信设施一并规划。机场有线通信应接入机场所在地区（或城市）的市话网。远离城市的机场须规划专用通信线路接至机场所属城市的市话网。

4. 机场管线综合规划

机场管线综合规划应结合机场总图规划、竖向设计、道路网规划及绿化布置统一进行。应使管线之间、管线与建筑物及构筑物之间在平面与竖向相互协调，紧凑合理，在满足生产、安全、检修的条件下，应节约用地。当技术经济比较合理时，应采用公用沟或公用架布置。在地形起伏大的机场，管线综合应充分利用地形。应避开山洪、湿陷、陡坡、高填方等不稳定地段。

思考练习题

1. 机场总体规划与系统规划之间存在怎样的关系？
2. 机场总体规划包括哪几类，各有什么特点？
3. 简述机场总体规划的四个阶段。
4. 简述机场选址的基本要求。
5. 机场飞行区规划包括哪些内容？

4 航空运输需求预测

机场的新建或改、扩建目的是为了满足未来航空运输需求，即机场的建设规模取决于未来航空业务量。例如，机场飞行区大小主要取决于起降航空器类型、侧风强度、高峰小时的起降架次、机队组成及地理环境；旅客航站楼规模及功能分区取决于预测目标年旅客吞吐量，以及高峰小时各类旅客（国内、国际、出发、到达、中转、过境）及商务贵宾、政务贵宾的吞吐量；进出机场的交通方式，以及机场停车场等地面交通设施取决于预测目标年客、货高峰小时流量和机场工作人员、驻场单位数量。因此，对未来航空业务量的预测是机场规划、设计的基础。

4.1 概述

在机场的规划阶段初期，需考虑规划机场在整个机场系统中的作用和地位。因此，需要了解全国或某一区域各个机场的航空活动情况，对旅客周转量、货运周转量、旅客数、飞机保有量和机队组成、高峰小时飞机运行架次等情况进行宏观预测。当机场规划进入确定机场规模和设施量阶段，或进入具体设计阶段时，必须对如下微观指标进行预测：

（1）旅客、货物、快件、邮件的数量及高峰特性；

（2）为上述交通量服务所需的航空器数量和机型种类；

（3）驻场的通用航空飞机的数量和由此产生的活动量；

（4）进出场交通系统的性能和运行特性。

在预测未来航空业务量之初，必须尽可能收集机场服务地区（可分为直接影响区、间接影响区）历年的各个方面资料，主要有如下几类：

（1）机场所在地区航空运输 5 至 10 年的历史资料；

（2）机场所在地区 5 年规划以及长远规划；

（3）机场所在地区经济发展情况：国内生产总值、工业增加值、进出口额、人均可支配收入、人均消费支出、商业活动类型和水平等；

（4）机场所在地区旅游业情况：旅游人数，旅游收入等；

（5）机场所在地区地面交通（铁路、公路、水运）近5至10年交通量、客货流流量、流向；

（6）所在地区人口统计和人口增长特性。

4.2　运输需求与供给的概念及特性

4.2.1　运输需求的产生及特性

1. 运输需求的产生

运输需求是社会经济生活中人与货物在空间位移方面所能提出的有支付能力的需要。显然，有实现位移的愿望和具备支付能力是运输需求的两个必要条件。

旅客运输需求来源于生产和消费两个不同领域。与人类生产交换分配等活动有关的运输需求称为生产性运输需求，它是生产活动在运输领域的继续，运输费用进入产品或劳务成本。以旅游为目的的运输需求称为消费性运输需求，它是一种消费活动，其费用来源于个人消费基金，本节所讨论的运输需求特指消费性运输需求。

运输需求包括旅客运输需求和货物运输需求，这两种需求的产生来源存在明显差异。旅客运输需求一般可分为四类：公务、商务、探亲和旅游；而货物运输需求产生的来源有以下三个方面：

第一，自然资源地区分布不均衡，导致生产力布局与资源产地的分离；

第二，生产力布局与消费群体的空间分离；

第三，地区间商品品种、质量、性能、价格的差异。

2. 运输需求的特性

运输需求与其他商品需求相比有其特殊性，这种特殊性表现在以下几个方面：

（1）广泛性。现代人类社会的各个方面、各个环节都离不开人和物的空间位移，运输需求产生于人类生活和社会生产的各个角落，是一种带有普遍性的需求。

（2）多样性。对于旅客运输来说，对运输服务质量的要求具有多样性，这是由于旅客的旅行目的、收入水平、自身成分等方面不同，对运输服务的质量要求必然呈多样性。

（3）派生性。这是因为旅客提出位移要求的目的往往不是位移本身，而是为实现其生产、生活中的其他要求，完成空间位移只是中间一个必不可少的环节。

（4）空间特定性。运输需求是对位移的要求，而且这种位移是运输消费者制定的两点之间带有方向性的位移，也就是说运输需求具有空间特定性。

（5）时间特定性。客运运输需求在发生的时间上有一定的规律性，例如周末、节假日前后、上下班高峰时间等。运输需求在时间上的不平衡引起运输生产在时间上的不均衡性。

（6）部分可替代性。不同运输需求之间一般来讲是不能相互替代的，这里主要是指对货物运输做出的替代性的安排。

3. 运输需求的影响因素

影响旅客运输需求的主要因素有：经济发展水平；居民消费水平；人口数量；运输服务价格；运输服务质量。

影响货物运输需求的主要因素有：经济因素；政治、体制、政策因素；技术因素；运输网的布局与运输能力；市场价格因素。

4.2.2　运输供给的概念及特性

运输供给是指运输生产者在某一时刻，在各种可能的运输价格水平上，愿意并能够提供的各种运输产品的数量。供给在市场上的实现要同时具备两个条件：一是生产者出售商品的愿望；二是生产者有生产的能力。

由于运输产业在各种结构方面的特点，使得运输供给与一般商品和服务的供给相比，有很大的差异。运输供给在如下方面独具特性：

1. 运输业"有效"供给范围较大。大多数运输方式的特征之一是资本密集度高，即运输业单位产值占用资金的数量较高，这就意味着在总成本中固定成本比变动成本的比例高，这使得运输方式的短期成本曲线较为平坦。对于运输业经营者来说，处于由边际成本确定的理想"最优"供给量的运输成本，与其周围非最优供给量所对应的成本可能相差无几，所以"有效"供给对运输生产者来讲就有一个较大的范围。

2. 运输供给短期价格弹性较大。运输成本和运输能力调整的难易程度是影响运输供给弹性的重要因素。由于运输业中各种运输方式的固定资本投资大、固定设备多，因而在短期内变动成本的比重较小，表现为短期成本曲线比较平缓，供给的价格弹性较大。但运输能力大幅度增加则需要运输设施的大规模建设，这样一来就会耗费巨额建设资金，且建设周期较长。因此，运输业供给的长期价格弹性相对较小。

3. 运输供给存在明显的外部成本。许多运输方式的短期平均成本曲线在过了其最低点以后，成本并不是明显上升，但随之而来的是服务质量的下降。也就是说如果需求允许，运输业可以在成本增加很少的情况下增加供给量，但这些服务质量下降所引起的成本会转嫁到消费者。

此外，运输活动引起的空气、水、噪声等环境污染，造成的能源和其他资源的过度消耗以及交通阻塞等，也都属于社会外部成本。

4. 运输供给水平受公共资本数量的限制。如前所述，各种运输方式中都存在大量的公共资本，如道路、停车场等的投入。这些公共资本一般不在相应运输方式的运营成本中核算。然而作为完全运输成本一部分的公共资本，可能会改变运输成本曲线的位置和形状，同样也会影响运输供给的水平。

5. 运输供给具有一定的不可分割性。主要表现在其建设资金、设计建造、空间分布上具有不可分性。此外，运输业属于公共事业，为全社会的公众提供服务，且在某些情况下需由社会共同负担成本。

6. 某种程度上的可替代性和某种程度上的不可替代性并存。在现代运输市场中，常常会有几种运输方式或多个运输供给者都能完成同一运输对象的空间位移，于是这些运输供给之间存在一定程度的可替代性。另一方面，由于运输产品具有时间上的规定性和空间上的方向性，所以，不同运输方式之间的替代是有一定条件的。

4.2.3　经典运输需求——供给函数

从西方经济学角度来看，运输需求可表述为运输服务的消费者在一定时期内，在一定的价格水平下，愿意而且能够购买的运输服务量。因此，运输需求函数可表示为：

$$Q = f(P, I, Y) \tag{4.2.1}$$

式中，Q——运输需求量；

P——运输价格；

I——运输服务消费者的收入水平；

Y——其他影响因素，如运输的服务水平（班次频率、舒适性、可达性和安全性等）、消费者偏好等。

一般情况下，需求量 Q 与价格 P、消费者收入水平 I 的关系为如图 4.2.1 所示的一组曲线，即：Q 随 P 上升而下降，随收入水平 I 增大而增加。P 与 I 变动对 Q 影响通常用价格弹性 E_P 与收入弹性 E_I 表征。弹性有两种形式，弧弹性和点弹性。当需求函数已知时，点弹性为：

$$E_P = \frac{\partial Q}{\partial P} \frac{P}{Q}, \ E_I = \frac{\partial Q}{\partial I} \frac{I}{Q} \tag{4.2.2}$$

在统计分析价格 P、消费者收入水平 I 变化与需求量 Q 变化关系时，需采用弧弹性：

$$E_P = \frac{Q_2 - Q_1}{P_2 - P_1} \frac{P_2 + P_1}{Q_2 + Q_1}, \ E_I = \frac{Q_2 - Q_1}{I_2 - I_1} \frac{I_2 + I_1}{Q_2 + Q_1} \tag{4.2.3}$$

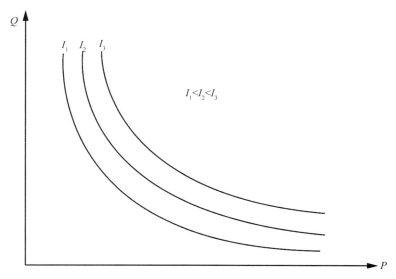

图 4.2.1 运输需求函数

当弹性绝对值 $|E| > 1$ 时，称为富有弹性，它说明当价格或收入增加或减少引起需求量变化幅度超过价格或收入的变化幅度；弹性绝对值 $|E| < 1$，称为缺乏弹性，它说明当价格或收入增加或减少引起需求量变化幅度小于价格或收入的变化幅度；弹性绝对值 $|E| = 1$，称为单位弹性，它说明当价格或收入增加或减少引起需求量变化幅度与价格或收入的变化幅度相等。

运输服务价格 P 是由供给成本、市场化程度等因素决定的。表征运输供给量 Q_S 与影响因素的关系函数称为供给函数：

$$Q_S = g(P,\ X) \tag{4.2.4}$$

式（4.2.4）中的 X 为市场化程度、供给成本等影响运输供给量 Q_S 的因素。运输供给量 Q_S 随着价格 P 的上升而增大，如图 4.2.2 所示。运输供给量 Q_S 对价格 P 敏感程度也可用弹性表征，弹性的计算式见式（4.2.2）。对于投资巨大的航空运输业而言，短期影响不甚显著，但长期影响是十分明显的。

由于运输需求量 Q 随价格 P 上升而下降，而运输供给量 Q_S 则随价格 P 上升而增加，因此，总存在着价值 P_0，使需求量 Q 与供给量 Q_S 相等，这个状态称为均衡市场，P_0 称为均衡价格，其对应的运量称为均衡运量，如图 4.2.3 所示。但在现实中，这种均衡状态是暂时的，随着外部条件的变化而被打破。如新技术出现使成本下降，供给增加至 Q_S'，均衡价格下降为 P_1；或收入水平提高使需求旺盛 Q'，则均衡价格上升为 P_2。因此，需求与供给这一对矛盾始终处于动态均衡状态。

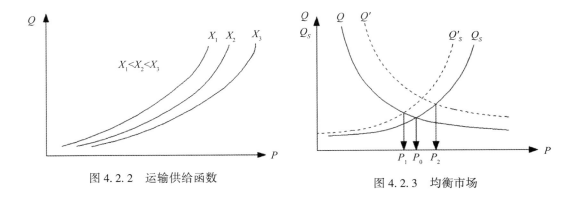

图 4.2.2　运输供给函数　　　　图 4.2.3　均衡市场

4.3　运量预测的概念与方法

4.3.1　运量预测的概念

1. 运量预测和含义

运输量预测是根据运输及其相关变量过去发展变化的客观过程和规律性，参照当前已经出现和正在出现的各种可能性，运用现代管理、数学和统计的方法，对运输及其相关变量未来可能出现的趋势和可能达到的水平的一种科学推测。

2. 运量预测的类别

运量预测的范围很广，根据不同的分类标准，可以有不同的分类：

（1）按预测经济活动的范围，可分为宏观预测和微观预测。

（2）按预测的空间层次，可分为国际市场预测和国内市场预测。

（3）按预测时间长短，可分为短期、中期和长期预测。短期一般为 5~10 年，中期为 15~20 年，长期一般为 20~30 年。

（4）按预测方法的归类，可分为定性预测和定量预测。

（5）按预测对象的多少，可分为单一预测和复合预测。

3. 运量预测的内容

（1）社会总运量预测；

（2）各种运输方式的运量预测；

（3）地区之间的运量预测；

（4）运输企业在运输市场上的占有率预测。

在四类预测中，前两类属于宏观预测的范畴，后两类属于微观预测的范畴。由于预测的目的要求不同，因此预测类型及内容的详略也不同。一般来讲，宏观预测与长期预测内容要粗略一些，微观预测和短期预测则内容详细一些。例如企业（或部门）经营的运输量，不仅有客、货运量和周转量，还应包括上行、下行的运输量，淡旺季的运输量，货物运量中主要货物的分类和比重等。

4.3.2 运量预测的一般方法

运量预测的方法很多，目前国内外应用的各种方法已逾150种之多。这里简单介绍定性和定量预测中比较常用的几种方法。

1. 定性预测方法

定性预测又称非数量预测。它是凭经验分析、判断和主观推理，根据事物过去和现在的运动状态，对事物未来的变化规律和发展趋势进行预测和推断，并对事物的未来状态作出描述与评价。主要有类推预测法、头脑风暴法和德尔菲法。

（1）类推预测法

类推预测法是由局部、个别到特殊的分析推理方法，具有极大的灵活性和广泛性。根据预测目标和市场范围不同，类推预测法可以分为产品类推预测、行业类推预测、地区类推预测三种。在航空运输需求预测中应用较多的是地区类推预测方法。

根据经济活动空间演化与交通运输相互作用的理论分析，经济增长、经济活动空间的演化与运输需求是同一过程的不同方面，由于各国的经济发展水平和产业结构不同，会有不同的运输收入弹性，但运输收入弹性有较为稳定的发展趋势。通过国际比较可以大致判断我国运输收入弹性的基本走势。因此，从 GDP 的增长率出发就可以计算出规划期的客、货周转量，以此作为运量的预测值，然后再考虑什么样的交通设施规模才能完成这样的客、货周转量。

类推结果存在非必然性，运用类推预测法需要注意类别对象之间的差异性，特别是地区类推时，要充分考虑不同地区政治、社会、文化、民族和生活方面的差异，并加以修正，才能使预测结果更接近实际。

（2）头脑风暴法

头脑风暴法又称为智力激励法、自由思考法，是一种激发性思维的方法。头脑风暴法是与现代创造性思维及活动相适应的一种成效显著的综合创造技术。

头脑风暴法实施步骤如图 4.3.1 所示。

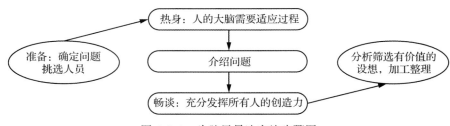

图 4.3.1　头脑风暴法实施步骤图

（3）德尔菲法

德尔菲法是在头脑风暴法的基础上发展起来的一种专家调查法，它被广泛应用在预测、方案比选、社会评价等众多领域。德尔菲法尤其适用长期需求预测，特别是当预测时间跨度长达 10~30 年，其他定量预测方法无法做出较为准确的预测时，以及预测缺乏历史数据，应用其他方法存在较大困难时。

德尔菲法一般包括以下五个步骤：

①建立预测工作组。

德尔菲法对于组织的要求很高。进行调查预测的第一步就是成立预测工作组，负责调查预测的组织工作。

②选择专家。

要在明确预测的范围和种类后，依据预测问题的性质选择专家，这是德尔菲法进行预测的关键步骤。专家不仅要有熟悉本行业的学术权威，还应有来自生产一线从事具体工作的专家。一般而言，选择专家的数量为 20 人左右，可根据预测问题的规模和重要程度进行调整。

③设计调查表。

调查表设计的质量直接影响着调查预测的结果。调查表没有统一的格式，但基本要求是：所提问题明确、回答方式简单、便于对调查结果的汇总和整理。

④组织调查实施。

一般调查要经过 2~3 轮，第一轮将预测主体和相应预测时间表格发给专家，给专家较大的空间自由发挥。第二轮将经过统计和修正的第一轮调查结果表发给专家，让专家对较为集中的预测时间进行评价、判断，提出进一步的意见，经预测工作组整理统计后，形成初步预测意见。如有必要，可再依据第二轮的预测结果制定调查表进行第三轮预测。

⑤汇总处理调查结果。

将调查结果汇总，进行进一步的统计分析和数据处理。有关研究表明，专家应答意见的概率分布一般接近或符合正态分布，这是对专家意见进行数据处理的基本理论基础。一般计算专家估计值的平均值、中位数及平均主观概率等指标。实施程序图如图 4.3.2 所示。

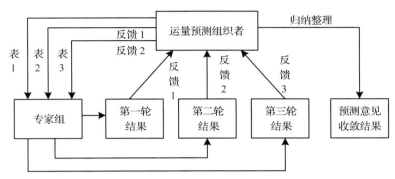

图 4.3.2 德尔菲法预测程序图

2. 定量预测方法

定量预测法是根据比较完备的历史和现状统计资料，运用数学方法对资料进行科学的分析、处理，找出预测目标与其他因素的规律性联系，从而推算出未来的发展变化情况。

定量预测法可以分为两大类，一类是时间序列分析法，一类是因果关系分析法。

时间序列是指同一经济现象或特征值按时间先后顺序排列而成的数列，用以表示同一经济现象或特征值依时间变化的过程。时间序列分析法是运用数学方法对数列的发展趋势或变化规律做预测，以时间作为自变量，预测市场未来的变化趋势。

时间序列预测法有一次移动平均法、二次移动平均法、一次指数平滑法、二次指数平滑法、布朗单一参数线性指数平均法、霍尔特双参数线性指数平滑法和布朗二次多项式指数平滑法。

（1）移动平均法

移动平均法是一种简单平滑预测技术，它的基本思想是：根据时间序列资料、逐项推移，依次计算包含一定项数的时序平均值，以反映长期趋势的方法。

假定条件：预测期内预测变量的数值同预测期相邻的若干观察期内的数据存在着密切关系。

方法：将观察期内的数据由远而近按一定跨越期进行平均，随着观察期的推移，按既定跨越期的观察期数据也向前移动，逐一求得移动平均值，并以最接近预测期的移动平均值作为确定预测值的依据。移动平均法常用的有一次平均法和二次平均法两种。

①一次移动平均法

一次移动平均模型：

$$M_t^{(1)} = \frac{X_t + X_{t-1} + \cdots + X_{t-n+1}}{N} \quad (t \geq N) \tag{4.3.1}$$

式中，$M_t^{(1)}$ —— 一次移动平均值；

X_t —— 周期的实际值；

N —— 计算移动平均值所选定的数据个数。

第 $t+1$ 期的预测值取为：

$$\hat{X}_{t+1} = M_t^{(1)}(N) \tag{4.3.2}$$

式中，$\hat{X}_{t+1}$ —— 第 $t+1$ 期的实际值。

由此可见，一次移动平均法是改进了的简单算术平均法。它保持平均的期数 N 不变，但其平均值随时间变化而移动。即随时间变化，每出现一个新观察值，计算平均值就需要将该新观察值加上，而同时减去一个最早观察值。但是，一次移动平均法所需数据比简单算术平均少，且能较好反映时间序列的变化趋势，故一次移动平均法只适用于一个时期的预测。

②二次移动平均法

二次移动平均法，是对一次移动平均数再进行第二次移动平均，再以一次移动平均值和二次移动平均值为基础建立预测模型，计算预测值的方法。

序列 X_1，X_2，……，X_t 的二次移动平均数为：

$$M_t^{(2)} = \frac{M_t^{(1)} + M_{t-1}^{(1)} + \cdots + M_{t-N+1}^{(1)}}{N} \quad (t > N) \tag{4.3.3}$$

使用二次移动平均法进行预测，主要是找出预测对象的线性趋势。因此，需要根据移动平均值找出线性趋势预测方程。该方程的表达式为：

$$\hat{X}_{t+T} = a_t + b_t T \tag{4.3.4}$$

式中，t —— 当前的时期数；

T —— 由 t 至预测期的时期数，$T = 1$，2，$\cdots$；

a_t —— 截距；

b_t —— 斜率，计算如下：

$$a_t = M_t^{(1)} + (M_t^{(1)} - M_t^{(2)}) = 2M_t^{(1)} - M_t^{(2)} \tag{4.3.5}$$

$$b_t = \frac{2(M_t^{(1)} - M_t^{(2)})}{N-1} \qquad (4.3.6)$$

移动平均法借助移动平均值，来修正序列数据的不规则变动以反映长期变动的趋势，可以消除历史资料中随机因素的影响。若 N 取得大，则 F_t 的修正值越小，移动平均值对数列起伏变动的敏感性差，反映新水平的时间长，预测值容易滞后于可能的发展趋势。若 N 取得小，则灵敏度高，但对随机因素反应灵敏，也容易导致预测失误。故 N 通常根据数据多少，在 $2 \sim 12$ 之间取值。

例 **4.3.1** 某航线 2002—2013 年旅客运量资料如下表所示，设 $N=5$，试用二次移动平均法预测 2018 年的旅客运输量（万人次）。

年份	2002	2003	2004	2005	2006	2007	2008	2009	2010	2011	2012	2013
旅客运输量	78	84	100	105	110	118	122	136	145	161	174	186

解：取 $N=5$，用移动平均处理公式对已知时间序列进行处理，如下表所示（万人次）。

t	1	2	3	4	5	6	7	8	9	10	11	12
运量	78	84	100	105	110	118	122	136	145	161	174	186
$M_t^{(1)}$					95.4	103.4	111.0	118.2	126.2	136.4	147.6	160.4
$M_t^{(2)}$									110.8	119.0	127.9	137.8

计算模型参数：

$$a_t = 2M_t^{(1)} - M_t^{(2)} = 2 \times 160.4 - 137.8 = 183$$

$$b_t = \frac{2}{N-1}(M_t^{(1)} - M_t^{(2)}) = 11.3$$

则预测方程为：

$$F_{t+T} = a_t + b_t T = 183 + 11.3T$$

$$F_{2018} = a_t + b_t T = 183 + 11.3 \times 5 = 239.5（万人次）$$

即根据预测，2018 年的旅客运量将达到 239.5 万人次。

（2）指数平滑法

所谓平滑之意就是通过某种平均方式以消除历史统计数据中的随机波动，找出其中的主要发展趋势。指数平滑法的基本思想是，根据实际值与预测值分别以不同权重，计算加权平均数作为下期的预测值。其常用的方法有一次指数平滑法、二次指数平滑法两种。

①一次指数平滑法

该方法源于一次移动平均法，但又优于一次移动平均法，是推导许多高级预测方法的基础。设 X_0，X_1，$\cdots$，X_n 为时间序列观察值，$S_1^{(1)}$，$S_2^{(1)}$，$\cdots$，$S_n^{(1)}$ 为时间 t 的观察值的指数平滑值，则一次指数平滑值为：

$$S_t^{(1)} = \alpha x_t + (1 - \alpha) S_{t-1}^{(1)} \tag{4.3.7}$$

式中，$S_t^{(1)}$——第 t 期的一次指数平滑值；

$S_{t-1}^{(1)}$——第 $t-1$ 期的一次指数平滑值；

α——平滑系数，$0 < \alpha < 1$。

观察式（4.3.7），可以看出离现在时刻越远的数据，其权重系数越小。指数平滑法就是用平滑系数 α 来实现不同时间的数据非等权处理的。一般来说，如果时间序列长期趋势比较稳定，应取较小的平滑系数（如 0.02~0.05），使各观测值在现时指数平滑值中有大小较为接近的权数，使较早的观测值能反映于指数平滑值中；如果时间序列有明显的变动倾向时，应增大该值（如 0.3~0.7），从而使新近变动趋势能更强烈地反映在预测结果中。

预测公式：

$$\hat{X}_{t+1} = S_t^{(1)} \tag{4.3.8}$$

与一次移动平均法相比，其优点在于该方法包括了所有观察值，而一次移动平均只包括 N 个观察值；一次指数平滑法不需要存贮全部观察值，也不需要存贮一组数据，有时只需要一个最新观测值 X_t，最新预测值 F_t 及 α 值就可预测。

②二次指数平滑法

所谓二次指数平滑法，就是对一次指数平滑序列再进行一次指数平滑。二次指数平滑法的基本原理与二次移动平均法完全相同。

二次指数平滑值为：

$$S_t^{(2)} = \alpha S_t^{(1)} + (1 - \alpha) S_{t-1}^{(2)} \tag{4.3.9}$$

式中，$S_t^{(2)}$——第 t 期的二次指数平滑值。

预测公式：

$$\hat{X}_{t+T} = a_t + b_t T \tag{4.3.10}$$

式中，t ——当前的时期数；

T ——所需预测的超前时期数；

a_t ——截距；

b_t ——斜率，计算如下：

$$a_t = S_t^{(1)} + (S_t^{(1)} - S_t^{(2)}) = 2S_t^{(1)} - S_t^{(2)} \tag{4.3.11}$$

$$b_t = \frac{\alpha}{1-\alpha}(S_t^{(1)} - S_t^{(2)}) \tag{4.3.12}$$

对于初始值的确定，当实际数据较多时，初始值的影响逐步被平滑而降低到很小，可以取最早的数据作为初始值，即 $X_1 = S_0^{(1)} = S_0^{(2)}$；当实际数据较少时，初值的影响较大，可以取前 3~5 个数据的算术平均值：

$$S_0^{(1)} = S_0^{(2)} = \frac{X_1 + X_2 + X_3}{3} \tag{4.3.13}$$

例 **4.3.2** 表中所列是某客运站 1999—2013 年历年旅客发送人数（万人次），取原始数据 $S_0^{(1)} = S_0^{(2)} = 11.83$（用前 3 年的算术平均数作为初始值），$\alpha = 0.3$，计算指数平滑值，建立客运量的线性平滑预测公式，并对 2020 年的客运量（万人次）进行预测。

年份	1999	2000	2001	2002	2003	2004	2005	2006
旅客运输量	13.9	11.0	10.6	15.1	17.6	21.6	24.8	29.5

年份	2007	2008	2009	2010	2011	2012	2013
旅客运输量	30.4	33.0	34.5	52.4	67.9	79.3	89.8

解：指数平滑值的计算结果见下表（万人次）：

年度	序号 t	客运量	一次指数平滑值	二次指数平滑值
	0		11.83	11.83
1999	1	13.9	12.45	12.02
2000	2	11.0	12.02	12.02
2001	3	10.6	11.59	11.89
2002	4	15.1	12.64	12.12
2003	5	17.6	14.13	12.72
2004	6	21.6	16.37	13.82
2005	7	24.8	18.90	15.34
2006	8	29.5	22.08	17.36
2007	9	30.4	24.58	19.53
2008	10	33.0	27.10	21.80
2009	11	34.5	29.32	24.06
2010	12	52.4	36.25	27.71
2011	13	67.9	45.74	33.12
2012	14	79.3	55.81	39.93
2013	15	89.8	66.01	47.75

用二次指数平滑法进行预测，本例中 $t = 15$，$S_{15}^{(1)} = 66.01$，$S_{15}^{(2)} = 47.75$，则模型参数为：

$$a_{15} = 2 \times 66.01 - 47.75 = 84.27$$

$$b_{15} = \frac{0.3}{1 - 0.3}(66.01 - 47.75) = 7.83$$

预测方程为：

$$\hat{X}_{15+T} = 84.27 + 7.83T$$

根据预测，2020 年旅客运量计算如下：

$$\hat{X}_{2020} = \hat{X}_{15+7} = 84.27 + 7.83 \times 7 = 139.08(万人次)$$

（3）回归分析法

回归分析预测法是通过找出预测对象和影响预测对象的各种因素之间的统计规律性，依据制约关系建立相应的回归方程进行预测的方法。回归分析法可以根据影响因素的多少分为一元回归分析法和多元回归分析法；根据回归方程的性质可以分为线性回归方法和非线性回归方法。本书主要介绍一元线性回归预测方法。

一元线性回归预测模型的表达式是一个线性方程，其特点是预测对象主要受一个相关因素的影响，且两者呈线性相关关系，依据自变量的变化，来估计因变量变化的预测方法。其预测可分为以下几步：

①画散点图

设有 n 个时间序列观察值 (x_1, y_1)，(x_2, y_2)，……(x_n, y_n)；待求直线为 AB，它使 n 个观察值对该直线的离差分别为 e_1，e_2，……e_n。其中在 AB 上方一侧的离差为正离差，下方一侧为负离差。为了避免正、负离差的相互抵消，采用离差平方和 $\sum\limits_{t=1}^{n} e_t^2$ 来反映拟合直线的拟合效果。最小二乘法就是利用微分求极值原理，将离差平方和最小时的拟合直线作为最佳的一条预测直线方程，从而提高预测的精度。

②建立回归方程

一元线性回归方程为：

$$\hat{y}_t = \hat{a} + \hat{b}x_t \qquad\qquad (4.3.14)$$

式中，$\hat{y}_t$——第 t 期的预测值；

　　　x_t——自变量，表示影响因素在第 t 期的取值；

　　　$\hat{a}$、$\hat{b}$——回归系数。

$\hat{a}$ 与 $\hat{b}$ 的值如式（4.3.15）和（4.3.16）所示。

$$\hat{b} = \frac{\sum\limits_{t=1}^{n} x_t y_t - \bar{x} \sum\limits_{t=1}^{n} y_t}{\sum\limits_{t=1}^{n} x_t^2 - \bar{x} \sum\limits_{t=1}^{n} x_t} \qquad\qquad (4.3.15)$$

$$\hat{a} = \bar{y} - \hat{b}\bar{x} \qquad (4.3.16)$$

式中，y_t——第 t 期的实际值，而 $\bar{y}$ 和 $\bar{x}$ 可按如下公式计算：

$$\bar{y} = \frac{1}{n}\sum_{t=1}^{n}y_t \qquad (4.3.17)$$

$$\bar{x} = \frac{1}{n}\sum_{t=1}^{n}x_t \qquad (4.3.18)$$

③统计检验

由于变量 x 和 y 均是随机变量，在做回归分析时，必须进行统计检验。统计检验包括相关系数检验、回归系数显著性检验（常采用 t 检验）和 F 检验。只有通过这些检验，才能用回归方程进行预测分析。

例 **4.3.3** 某市人口和公路客运量数据如表所示，试建立一元回归模型预测 2020 年、2025 年客运量。

年份	人口 （万人）	客运量 （万人次）	年份	人口 （万人）	客运量 （万人次）
2002	53.00	63.30	2008	57.91	254.50
2003	54.00	87.40	2009	58.39	301.00
2004	55.00	129.70	2010	58.95	327.30
2005	55.00	147.30	2011	60.54	359.30
2006	56.00	182.60	2012	62.27	403.00
2007	57.24	218.30	2013	62.87	461.00

解：设某市人口与公路客运量呈线性关系，$\hat{a}$、$\hat{b}$ 值可用下述方法求得：

$$\hat{b} = \frac{\sum_{t=1}^{n}x_t y_t - \bar{x}\sum_{t=1}^{n}y_t}{\sum_{t=1}^{n}x_t^2 - \bar{x}\sum_{t=1}^{n}x_t} = -2055.73$$

$$\hat{a} = \bar{y} - \hat{b}\bar{x} = 39.94$$

一元线性回归方程为:

$$y_t = -2055.73 + 39.94x_t$$

现用增长率确定该市 2020 年、2025 年人口预测值:

$$x_{2020} = 66.20 \text{ 万人}, \quad x_{2025} = 75.33 \text{ 万人}$$

由方程客运量的预测值为:

$$y_{2020} = 588.26 \text{ 万人次}, \quad y_{2025} = 952.80 \text{ 万人次}$$

模型的统计检验略。

思考练习题

1. 运输需求是如何产生的,它和实际的交通量是一致的吗?
2. 简述需求与供给之间的关系。
3. 简述定性预测与定量预测的区别。
4. 某航线 2002—2013 年旅客运量资料如下表所示,假定 $N = 4$,试用二次移动平均法预测 2020 年的旅客运输量(万人次)。

年份	2002	2003	2004	2005	2006	2007	2008	2009	2010	2011	2012	2013
旅客运输量	55	56	58	61	63	70	76	78	87	89	95	98

5. 表中所列是某客运站 2000—2013 年历年旅客发送人数(万人次),取原始数据 $S_0^{(1)} = S_0^{(2)} = 12.6$(用前 3 年的算术平均数作为初始值),$\alpha = 0.3$,计算指数平滑值,建立客运量的线性平滑预测公式,并对 2015 年的客运量(万人次)进行预测。

年份	2000	2001	2002	2003	2004	2005	2006
旅客运输量	12.5	12.1	13.2	14.3	16.5	18.7	25.4
年份	2007	2008	2009	2010	2011	2012	2013
旅客运输量	31.5	34.3	32.1	41.3	52.6	65.4	81.3

5 机场构形

机场构形释义为跑道的数目和方位，以及航站区与跑道的相对位置关系。跑道的数目取决于交通量的大小，而其方位则取决于风向，有时也与机场所在地地形因素有关。航站区的布局应确保航空器能安全、便捷、高效地往返于跑道与航站之间。

5.1 跑道的基本构形

一般而言，跑道以及与其相连接的滑行道的布设应当在考虑运行安全的基础上，确保对着陆、滑行和起飞的航空器延误最小，且为着陆的航空器由跑道至航站区、起飞的航空器由航站区至跑道提供尽可能短的滑行距离。

跑道的基本构形包括单条跑道、平行跑道、交叉跑道和开口 V 形跑道，各种跑道的基本形式及其组合参见图 5.1.1、5.1.2、5.1.3、5.1.4 所示。

5.1.1 单条跑道

单跑道是跑道构形中最简单、最常见的一种，适用于大部分中小机场。该构形形式便于空管人员管理，且占地面积小，维护工作量较小。单条跑道在目视飞行规则（VFR）情况下，每小时的容量大致在 50~100 架次之间，而在仪表飞行规则下，根据不同的飞机组合和具备的助航设备，其容量减至 50~70 架次/小时。

5.1.2 平行跑道

平行跑道是指由两条或多条平行或近似平行的跑道组合而成的跑道构形形式。近似平行跑道指跑道中线延长线的收敛/散开角度为 15° 或以下的不交叉跑道，如图 5.1.2 所示。图中 17R/35L、17C/35C 与 17L/35R 以及 18R/36L 与 18L/36R 为典型的平行跑道构形。

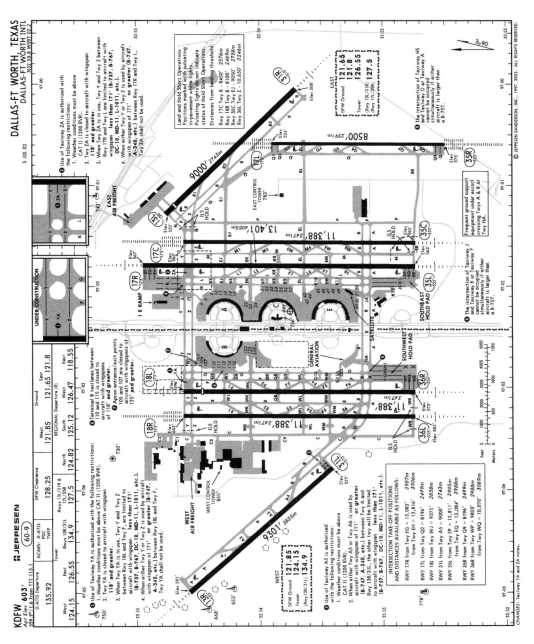

图 5.1.1　美国达拉斯机场跑道构形

平行跑道系统的容量在很大程度上取决于跑道的数目和跑道之间的间距。

1. 平行跑道同时仪表运行

按照跑道用于进近和离场的使用方式分为独立平行仪表进近、相关平行仪表进近、独立平行离场、隔离平行运行四种模式。

独立平行仪表进近模式：是指在相邻的平行跑道仪表着陆系统上进近的航空器之间不需要配备规定的雷达间隔时，在平行跑道上同时进行的仪表着陆系统进近的运行模式。

相关平行仪表进近模式：是指在相邻的平行跑道仪表着陆系统上进近的航空器之间需要配备规定的雷达间隔时，在平行跑道上同时进行的仪表着陆系统进近的运行模式。

独立平行离场模式：是指离场航空器在平行跑道上沿相同方向同时起飞的运行模式。

隔离平行运行模式：是指在平行跑道上同时进行的运行，其中一条跑道只用于离场，另一条跑道只用于进近。

平行跑道之间的最小间距应根据跑道类型（仪表或非仪表跑道）、运行方式以及当地地形等各种因素综合确定，如表 5.1.1 所示。

表 5.1.1　仪表飞行规则下平行跑道之间的最小间距与运行方式

平行跑道中线最小间距	运行方式
≥1035m	独立平行仪表进近
915~1035m（不包含）	相关平行仪表进近
760~915m（不包含）	隔离平行运行[a]
760~915m（不包含）	独立平行离场

注：a. 出现下列情形的，跑道中心线的间距应当符合下列规定：①以进近的方向为准，当进近使用的跑道入口相对于离场跑道入口每向后错开 150m 时，平行跑道中心线的最小间距可以减少 30m，但平行跑道中心线的间距最小不得小于 300m；②以进近的方向为准，当进近使用的跑道入口相对于离场跑道入口每向前错开 150m 时，平行跑道中心线的最小间距应当增加 30m。

因场地等条件限制时，可设置近距平行跑道，其中线间隔宜为 300~500m。

2. 按非仪表飞行规则飞行

此时平行跑道中线最小间距如表 5.1.2 所示。

表 5.1.2 非仪表平行跑道最小间距

飞行区指标 I	两跑道中线最小距离
3 或 4	210m
2	150m
1	120m

5.1.3 交叉跑道

交叉跑道是指机场有两条或更多的跑道以不同方向互相交叉的跑道构形，如图 5.1.2 和 5.1.3 所示。图 5.1.2 中 4L/22R、4R/22L 互为平行跑道，13L/31R、13C/31C、13R/31L 互为平行跑道，但上述五条跑道又相互交叉，形成复杂的构形形式。图 5.1.3 中 14L/32R、14R/32L 互为平行跑道，9L/27R、9R/27L 互为平行跑道，另外，14L/32R、18/36、4L/22R 与 9L/27R，14R/32L 与 9R/27L 形成相交跑道构形形式。

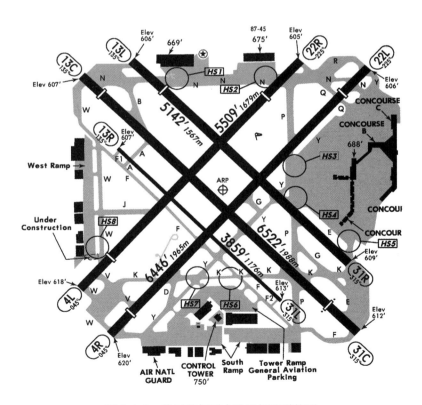

图 5.1.2 美国芝加哥中途机场跑道构形

　　此种构形形式可以避免当相对强烈的风从一个以上的方向吹来时，单条跑道由于侧风过大而关闭运行。当风强的时候，两条交叉跑道中只能用其中的一条，飞行区容量显著减小；如果风相对较弱，则两条跑道可同时使用。两条交叉跑道的容量在很大程度上取决于相交的位置和使用跑道的方式。相交点离跑道的起飞端和着陆入口愈远，跑道的容量愈低，相交点越接近起飞端和着陆入口，则跑道容量越大。

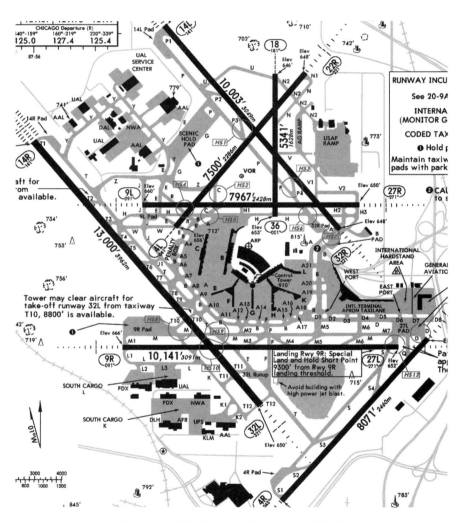

图 5.1.3　美国芝加哥奥黑尔机场跑道构形

5.1.4　开口 V 形跑道

两条跑道方向散开而不相交的布局形式称为开口 V 形跑道，如图 5.1.4 所示。与交叉跑道类似，当风从一个方向强烈吹来时，开口 V 形跑道就只能按单跑道使用。微风或无风时，两条跑道可以同时使用。图中 01L/19R 与 01R/19L 互为平行跑道，与 08/26 形成开口 V 形跑道构形形式。

当航空器起飞和着陆是从 V 形顶端向外散开时，跑道可提供最大的容量。

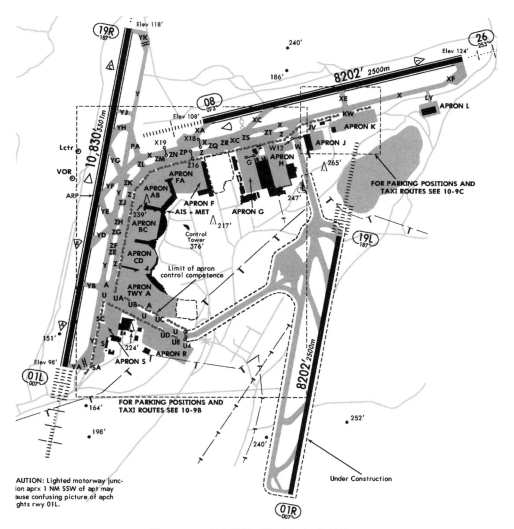

图 5.1.4　瑞典斯德哥尔摩机场跑道构形

5.2 航站区与跑道的关系

布置航站区与跑道的相对位置的主要原则是：

（1）在保证飞机安全运行的前提下，结合地形条件，尽量缩短起飞飞机从航站区滑行至跑道、着陆飞机从跑道抵达站坪的滑行距离，提高机场运行效率，节约油耗；

（2）考虑航站区与城市间的地面交通的连接以及航站区内的交通组织；

（3）为机场内各设施未来扩建发展留有余地；

（4）尽量避免起飞、着陆飞机在低空飞行时越过航站区上空，以防止意外事故的发生。

图 5.2.1 阐述了控制机场构形的原则，但就滑行道而言，该示意图并不完整。例如，一般对着陆飞机只显示了两个出口，而在实际设计中，出口的位置和数量取决于飞机组合的情况及其他因素，详见本书第 8 章。

图 5.2.1（a）为一个单条跑道机场，假设在每个方向的起飞和着陆次数大致相等。此时，对于使用任意一端跑道起飞和着陆的飞机，滑行距离均相等。

随着交通量增大需要增加一条平行跑道，假设在每个方向的起飞和着陆次数大致相等，航站区的位置宜如图 5.2.1（b）所示。

如果一条跑道只用于着陆，另一条跑道只用于起飞，则应考虑图 5.2.1（c）所示方案。同图 5.2.1（b）的方案相比，该布局的主要优点在于极大缩短了起飞或着陆飞机的地面滑行距离，缺点是需要占用更多的土地。

从图 5.2.1（b）和图 5.2.1（c）可以明显看出，不宜于把航站区设置在平行跑道构形的一侧。这样做不仅增加了滑行距离，而且地面滑行的航空器还需要穿过正在使用的跑道。

若机场侧风分量过大，需要设置至少两个方向的跑道时，宜把航站区设在中间，如图 5.2.1（d）所示。对于这种构形，若侧风较小时，两条跑道均用于着陆或起飞。

在某些机场上，整年中风向基本在一个方向，仅少数时候例外。如预期有相当大的交通量，可能需要三条跑道，航站区的位置如图 5.2.1（e）所示。

在交通密度非常高的机场上，需要设置 4 条平行跑道，如图 5.2.1（f）所示。对这种构形，为减少滑行航空器对跑道运行的影响，宜将邻近航站区的两条跑道（内侧跑道）用于起飞，离航站楼较远的两条跑道（外侧跑道）用于着陆。

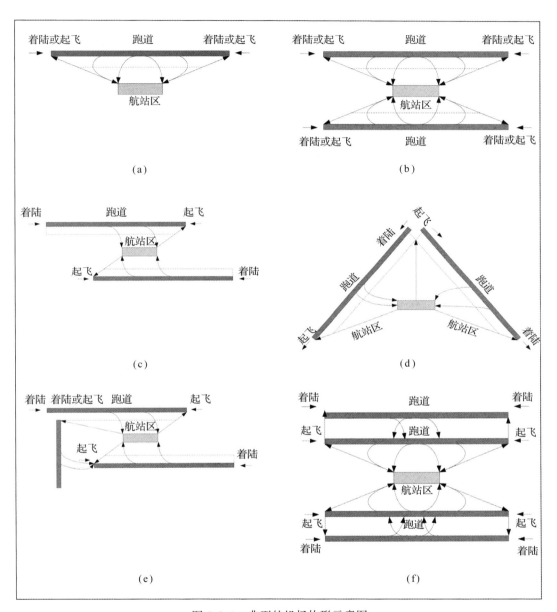

图 5.2.1 典型的机场构形示意图

5.3 风的分析

5.3.1 跑道的方位和条数设计因素分析

跑道的方位和条数由机场净空条件、风力负荷、航空器运行的类别和架次、与城市和相邻机场之间的关系、机场周围的地形和地貌、工程地质和水文地质情况、噪声影响等各项因素综合分析确定。

1. 跑道位置、方位和条数的影响因素

影响跑道位置、方位和条数的因素很多，其中较重要的有：

（1）气象条件，特别是风和局部性雾的影响。

（2）机场及其周围的地形。应考虑的因素包括机场周围障碍物情况、当前和将来的土地利用、现在和将来的跑道长度、建设费用以及安装导航助航设备的需要。

（3）空中交通的类型和数量。与其他机场或空中交通服务航路的接近程度、交通密度和空中交通管理以及复飞程序等因素。

（4）航空器的性能。

（5）环境，包括跑道方向对野生动物的影响、地区的一般生态和噪声影响等。

主要跑道的方位，在其他因素许可的情况下，应顺应恒风方向。所有跑道的方位应使进近和着陆区内没有障碍物，而且最好不飞经居民区上空。

风力负荷又叫风量，我国《民用机场飞行区技术标准》（MH 5001—2013）将其称之为利用率，是指一条或一组跑道使用不受侧风分量限制的时间百分率。国际民航组织、美国联邦航空局及我国建议风力负荷为95%。为了确定侧风风速的风量不超出上述规定的主导风向覆盖比例，以判断跑道使用率是否满足95%以上的要求，需对下述两种情况下风的特性进行分析：

（1）全年各种气象条件下的主导风向覆盖情况；

（2）坏天气［能见度差和（或）云层低］条件下需利用仪表着陆时的主导风向覆盖情况。

2. 最大容许侧风分量的选择

当侧风分量过大时，出于安全考虑，航空器将不能在跑道上着陆或起飞。航空器最大容许侧风分量限制取决于机型大小、机翼构型和道面表面状况。

（1）对基准飞行场地长度为1500m或以上的航空器，侧风分量限值为37km/h（20kt），但当跑道纵向摩擦系数偏小，致使刹车作用不良时，其侧风分量应不超过

24km/h（13kt）；

（2）对基准飞行场地长度为 1200m 至小于 1500m 的航空器，侧风分量限值为 24km/h（13kt）；

（3）对基准飞行场地长度小于 1200m 的航空器，侧风分量限值为 19km/h（10kt）。

为计算利用率，应选用不少于近 5 年的风分布的统计资料，要求每日对风的观测次数至少为 8 次，观测的时间间隔应相同。

5.3.2 风向分析

风向分析可采用图解法确定，可按下述步骤进行：

（1）向机场或附近所在地（新建机场时）气象站收集不少于 5 年的风向和风速资料（每天为 8 次以上，等时间间隔观测的 16 个风向的风速记录），同时对云层高小于或等于 152m 和能见度小于或等于 1.6m 的坏天气情况给予注明。

（2）把搜集到的数据按不同方位和风速编成统计表，分为全部天气和坏天气情况两张，如表 5.3.1 和表 5.3.2 所示。

表 5.3.1　某机场全部天气风向风速统计表　　　　　（单位：次）

风速	风　向																无风	总计	比例（%）
	N	NNE	NE	ENE	E	ESE	SE	SSE	S	SSW	SW	WSW	W	WNW	NW	NNW			
无风																	4192	4192	36.4
1~3	590	489	446	434	298	274	316	417	376	87	47	27	27	28	92	194		4142	36.0
4~5	251	221	174	150	27	84	194	376	472	72	31	10	8	9	31	112		2222	19.3
6~7	70	45	17	14	10	9	55	114	278	56	33	13	1	1	7	34		757	6.6
8~10	3		1	2	3	2	27	77	34	20	5	1	1	1		4		181	1.6
11~14	1					1		1	6	7	5	1						22	0.2
15~21								1		1								2	0.0
>21																			
总计	915	755	637	599	337	370	567	936	1204	255	139	60	38	39	131	344	4192	11518	100
比例（%）	7.9	6.6	5.5	5.2	2.9	3.2	4.9	8.1	10.5	2.2	1.2	0.5	0.3	0.3	1.1	3.0	36.4	100	0

（3）依据统计表，绘制风徽图，也称风向玫瑰图，或称风力负荷图，如图 5.3.1 和图 5.3.2 所示。首先，在图纸上确定各同心圆的半径，半径大小应根据统计表中不同

的风速按比例绘制；然后，将不同方向和速度的风出现的频率，填入图中相应的扇形分格内；接着，在一张透明纸条上绘一条直线，按相同比例再确定该直线的两条平行边线，两平行边线到中线的距离即为机型容许侧风风速大小；最后，将透明纸放在风徽图上，以中线通过圆心。绕此中心旋转透明纸，直到两条边线之间所覆盖的各扇形分格内的频率总和达到最大。如边线切割的分格不足一格，则目测其覆盖的比例。若两条边线所覆盖的各扇形分格内的频率总和大于等于 95%，则从风徽图的外圈读取中线所指的方向，此即为平行于主导风向的跑道方向，如图 5.3.1 所示，某机场风徽图中，透明纸条两边线所覆盖的各扇形分格内的频率总和约为 97.3%；但若两条边线所覆盖的各扇形分格内的频率总和不足 95%，则需另外做一个透明纸条，中线依然穿过圆心，经旋转后，将两条透明纸条边线所覆盖的各扇形分格内的频率总和相加，若大于等于 95%，则机场跑道需要根据两纸条中线所在方位，结合用地限制情况，将跑道构形布局成开口 V 形跑道或交叉跑道。图 5.3.2 的两个透明纸条覆盖的区域面积之和为 99.8%。需要注意的是，由于气象台的风向资料采用的是真北方位，而跑道的方位习惯以磁北表示，二者的表示方式有区别。

表 5.3.2　某机场坏天气风向风速统计表　　　　　　（单位：次）

风速	风向																无风	总计	比例(%)
	N	NNE	NE	ENE	E	ESE	SE	SSE	S	SSW	SW	WSW	W	WNW	NW	NNW			
无风																	429	429	23.1
1~3	115	173	145	131	82	73	61	53	38	10	4	5	1	4	18	36		949	51.1
4~5	40	52	43	45	11	19	35	56	46	6	2		1		2	11		369	20.2
6~7	12	7	2	2		1	7	11	21	8	1	2						74	4.0
8~10				3	7	2	1	2										15	0.8
11~14						1						1						2	0.1
15~21																			
>21																			
总计	167	232	190	181	100	95	105	122	105	24	7	8	2	4	20	47	429	1838	100
比例(%)	9.1	12.6	10.3	9.8	5.4	5.2	5.7	6.6	5.7	1.3	0.4	0.4	0.1	0.2	1.1	2.6	23.3	100	0

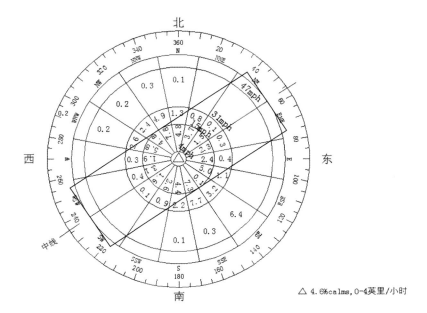

图 5.3.1　某机场的风徽图

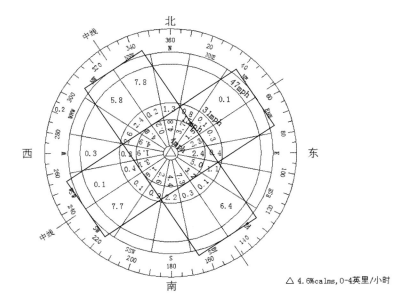

图 5.3.2　某机场坏天气的风徽图

59

对一个拟建的场址来说，常常没有记录下来的风的数据，如果处于这种情况，应参照附近观测站的记录。如果周围地区相当平坦，这些观测站的记录应能表示拟建机场场地的风的情况。但是，如果拟建场址属于丘陵地区，则风向和风速往往受地形影响较大，那么利用离场址有一定距离的观测站的记录可能与实际情况不符，必须加以注意。

思考练习题

1. 简述单条跑道构形的优缺点。
2. 简述平行跑道容量的影响因素。
3. 简述交叉跑道和开口 V 形跑道的运行策略。
4. 简述风徽图的绘制步骤。

6 机场容量评估

机场系统的容量很大程度上决定了航空运输系统的整体效能。机场容量通常指在某一交通单元（如跑道、停机坪/停机位、终端区等）在一定的系统结构（跑道构形、空域结构、飞行程序等）确定基础之上所表征的机场单位时间能处理一定交通流量的能力，即能服务飞机的运行架次，包括出发和到达架次。机场容量反映了系统各设施的服务效率，决定了整个系统的容量。

机场容量是跑道容量、滑行道系统容量以及停机位/停机坪容量的总称。通过对机场容量进行科学评估，找出制约机场综合保障能力的瓶颈，不仅能为机场进行改扩建提供科学依据，而且有利于机场各项设施的统筹协调发展。本章主要对跑道、滑行道和机坪容量评估方法进行介绍，分析机场各子系统容量的影响因素，阐述容量、需求与延误之间的关系。

6.1 跑道容量评估

6.1.1 跑道容量的概念

跑道容量实际上是一个随机变化的量，一般可分为最大容量和实际容量。最大容量（又称为饱和容量、极限容量）是指在不考虑延误，并在连续的服务状态下，以符合空中交通管理规定为前提，在单位时间内跑道系统能够提供服务的飞机最大的架次数，它反映了整个跑道系统最大的理论服务能力。最大容量实际上是一种无约束容量，它不考虑除安全以外的其他约束条件，其前提条件是飞机占用跑道的时间极短，停机位足够多，各种设备有效服务支持等。

实际容量是在可接受延误水平下（FAA 建议每次运行的平均延误为 4 分钟），单位时间内跑道系统所能服务的飞机总架次。由于各个机场条件不同，对于接受延误水平定义不统一规定，因此没有统一的标准。

在欧美一些发达国家的机场，还会将跑道最大容量的 85%~90% 作为机场的公布容量。公布容量将延误作为衡量服务水平的一个主要指标，指在满足合理服务水平条件下，机场每小时可以服务的飞机运行架次。例如英国伦敦希思罗机场公布容量为 78~82 架次/小时；英国曼彻斯特机场公布容量为 42 架次/小时，双平行跑道运行时公布容量约为 80 架次/小时；法国巴黎戴高乐机场公布容量为 76~82 架次/小时。

6.1.2 跑道容量的影响因素

1. 跑道数量与构形

跑道的数量和在特定时间能够使用跑道的数量是决定跑道容量的关键因素。对于多条跑道的机场，由于跑道构形、噪声限制及天气条件的影响，机场可同时使用的跑道数量可能少于机场跑道数量。例如，波士顿洛根机场和阿姆斯特丹史基浦机场各有 5 条跑道，但是可以同时使用的跑道不超过 3 条，这是由于跑道系统的几何构形和噪声限制的缘故。相比之下，亚特兰大哈茨菲尔德机场有 4 条跑道，在每天最繁忙的时候，4 条跑道可同时使用。

另外，跑道构形决定了跑道运行时的相互依赖程度。在我国，机场一般为单条跑道或平行跑道。通常情况下，单条跑道从跑道构形上来讲对机场系统的容量影响不大，但当跑道为两条或两条以上时，其构形和使用方案对容量会有较大影响。

2. 机型组合

机型组合影响到飞机间隔和速度，从而影响到机场空侧容量。通常，相似的机型组合比差异明显的组合更利于跑道容量的优化。这是由于机型组合差异较大，飞机在起飞和着陆时，空管人员要根据各种不同机型的尾流间隔和速度等因素对飞机的管制间隔作出调整，而相似的机型组合将简化空管人员工作，提高工作效率。

3. 运行组合和先后顺序

机场空侧容量还需要考虑机场出发和到达的运行组合顺序。对于大多数空中交通管理（ATM）系统，给定同样机型组合，只用于出发的跑道，其容量通常高于只用于到达的跑道所提供的容量。当跑道采用混合运行时，考虑到安全、管制员的工作量和飞机运行成本等原因，到达飞机比出发飞机更有优先权，此时管制员需进行起飞与着陆的混合运行，确保跑道实际容量最大化。

4. 空中交通管制间隔规定

国际民航组织规定，飞机在进行航路或航线飞行时，应当按照所配备的飞行高度层飞行。在终端区内无论方向如何，其高度层按照 300m 的间隔标准划分。

在我国，因为流量、设备等差异，各地的管制单位依据实际情况制定了不同的空中交通管理规则和管制方法，一般高度间隔是统一的，对于水平间隔的要求有所不同。

表 6.1.1　雷达管制下最小间隔规定

运行组合	ICAO（nm）			FAR（nm）			CCAR（km）		
前/后	轻型	中型	重型	轻型	中型	重型	轻型	中型	重型
轻型（L）	3	3	3	3	3	3	6	6	6
中型（M）	5	3	3	4	3	3	10	6	6
重型（H）	6	5	4	6	5	4	12	10	8

5. 气象条件

（1）能见度和云高

能见度和云高是决定机场运行最低标准的两个重要参数，包括起飞最低标准、目视盘旋进近最低标准，以及有 ILS 提供方位和下滑引导的精密进近的最低标准。

当机场受大雾、雷暴等恶劣天气或者跑道及其他关键设施受损等因素的影响，不满足最低运行标准，飞机无法正常滑行、起飞和着陆，将导致机场大面积的延误。

（2）风速和风向

风速和风向会影响跑道的运行方向以及可使用的跑道构形，从而影响限制空侧容量。

我国空中交通管理规则规定飞机应当逆风起降，但是当跑道长度、坡度和净空条件允许，飞机也可以在风速不大于 3m/s 时顺风起飞和着陆，但应先获得塔台管制员的许可。

6. 空中交通管理（ATM）的状态及性能设备

ATM 系统包括空管人员和设备设施。空管人员是 ATM 系统的核心，训练有素、积极性高的员工是取得跑道大容量的先决条件。同时，性能良好设备设施也为空管人员提供了飞机精确的信息，对空管人员下达正确指令起着重要作用。

7. 机场终端区空域结构和特点

机场空侧区域与附近其他机场、自然障碍物和相邻建筑的相对位置决定了飞机进离场航线。一般情况下，某个机场终端区空域结构不会随时间的变化而变化。终端区进离场定位点的位置和各定位点流量的比例，以及进离场航线等都对空侧容量有很大影响。为执行减噪程序，避开居民区或障碍物，飞机必须按照完全相同的进场航路离场，使得机场容量受到很大限制。另外，当两个或两个以上机场距离较近时，各机场飞机的运行会相互影响，有可能导致一个或几个机场飞机地面等待或者空中等待。

此外，跑道容量还与机场滑行道系统设置的完善和合理程度、管制方式等因素有关。

6.1.3 跑道容量的评估模型

1. 跑道容量的一般定义和基本假设

跑道容量定义为单位时间内跑道能服务的最大飞机架次，一般用对所有类型飞机服务时间的加权平均值表示。

$$C = 1/E[T] \tag{6.1.1}$$

$$E[T] = \sum_{i=1}^{n} \sum_{j=1}^{n} P_{ij} T_{ij} \tag{6.1.2}$$

式（6.1.1）和式（6.1.2）中：

C——跑道容量；

$E[T]$——跑道的平均服务时间；

P_{ij}——j 型飞机尾随 i 型飞机的概率；

T_{ij}——j 型飞机尾随 i 型飞机时，前后两机之间的时间间隔。

2. 单跑道运行间隔模型

如果忽略不同类型飞机对间隔的随机属性，则机场使用规则中针对不同类型飞机的间隔规定可以表示如下：

$$AROR(i) = AR_i \tag{6.1.3}$$

$$DROR(i) = DR_i \tag{6.1.4}$$

$$DDSR(ij) = t_d \tag{6.1.5}$$

$$DASR(j) = \delta_d / v_j \tag{6.1.6}$$

$$AASR(ij) = \begin{cases} \dfrac{\delta_{ij}}{v_j} & (v_i \le v_j) \\[2ex] \dfrac{\delta_{ij}}{v_i} + \gamma\left(\dfrac{1}{v_j} - \dfrac{1}{v_i}\right) & [\,v_i > v_j(\,*\,)\,] \\[2ex] \dfrac{\delta_{ij}}{v_j} + \gamma\left(\dfrac{1}{v_j} - \dfrac{1}{v_i}\right) & [\,v_i > v_j(\,*\,*\,)\,] \end{cases} \tag{6.1.7}$$

式（6.1.3）~式（6.1.7）中：

$AROR(i)$（Arrival Runway Occupy Requirement）——相继到达飞机的跑道占用时间规定，前机 i 清空跑道前，后机不得进入跑道；

$AASR(ij)$（Arrival-Arrival Separation Requirement）——相继到达飞机的时间间隔规定，使相继到达飞机的空中间隔不违反空管最小间隔规定；

$DDSR(ij)$（Departure-Departure Separation Requirement）——相继起飞飞机的时间间隔规定，使相继起飞飞机的空中间隔不违反空管最小间隔规定；

$DASR(j)$（Departure-Arrival Separation Requirement）——起飞/到达飞机的时间间隔规定，该间隔规定为即将到达的飞机与将要起飞的飞机提供足够的间隔，以保证它们之间的空中间隔不违反空管最小间隔规定；

$DROR(i)$（Departure Runway Occupy Requirement）——相继起飞飞机的跑道占用时间规定，起飞飞机清空跑道后，随后起飞飞机才能上跑道；

AR_i——到达飞机 i 的跑道占用时间（飞机从跑道入口到清空跑道的时间）；

DR_i——起飞飞机 i 的跑道占用时间（飞机开始沿跑道经过跑道端的时间）；

t_d——空管规则规定的两架起飞飞机间的最小起飞间隔时间；

δ_d——空管规则规定的允许起飞飞机进入跑道时，最后进近飞机距跑道入口的最小距离；

v_i——前机的最后进近速度；

v_j——后机的最后进近速度；

δ_{ij}——两架飞机的最小允许间距；

γ——公共进近航路的长度。

对于前机速度小于后机的相继到达的飞机，最小间隔距离出现在跑道入口处，如图 6.1.1 所示。对于前机速度大于后机速度的相继到达飞机，相应的最小间隔出现在公共进近航路入口处。由于最小间隔可能位于公共进近航路入口的内侧或外侧，式（6.1.7）对应这两种形式分别进行了表示。其中，（*）式表示相继到达飞机对在公共进近航路入口的内侧达到最小间距，如图 6.1.2 所示；（**）式表示相继到达飞机对在公共进近航路入口的外侧达到最小间距，如图 6.1.3 所示。

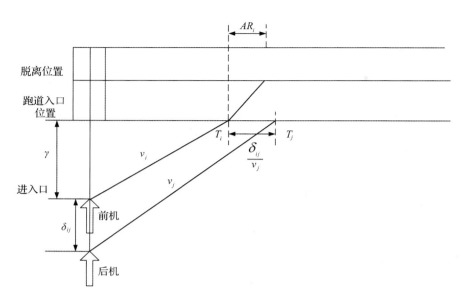

图 6.1.1 渐近态势的时—空图

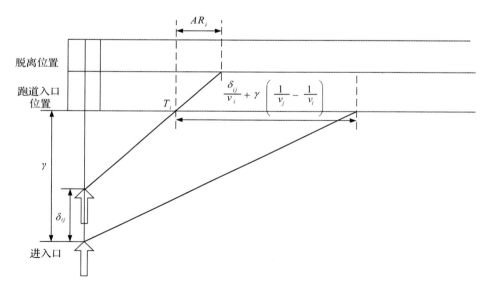

图 6.1.2 渐远态势的时—空图（在公共进近航路入口的内侧达到最小间隔）

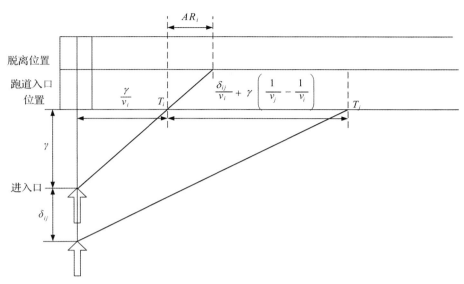

图 6.1.3　渐远态势的时—空图（在公共进近航路入口的外侧达到最小间隔）

如果考虑不同类型飞机对间隔以及飞机占用跑道时间的随机属性，假设均服从正态分布；为了确保不以高于 P_v 的概率违反空管最小间隔的规定，管制员一般需要在间隔规定之外加入额外的缓冲时间，如图 6.1.4（a）和（b）所示。

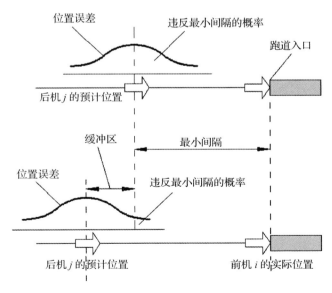

（a）靠近态势图

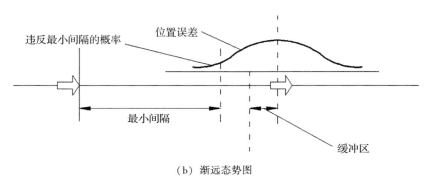

（b）渐远态势图

图 6.1.4   相继到达飞机对的缓冲时间示例

设飞机的跑道占用时间和到达飞机对在跑道入口的实际间隔时间相互独立，并且 $AR_i \sim N(\overline{AR_i}, \sigma_R^2)$，$T_{ij}(AA) \sim N[AROR(i) - \overline{AR_i}, \sigma_0^2]$ 则

$$[T_{ij}(AA) - AR_i] \sim N[AROR(i) - \overline{AR_i}, \sigma_0^2 + \sigma_R^2] \quad (6.1.8)$$

令

$$Z = \frac{[T_{ij}(AA) - AR_i] - [AROR(i) - \overline{AR_i}]}{\sqrt{\sigma_0^2 + \sigma_R^2}} \quad (6.1.9)$$

则 $Z \sim N(0, 1)$ 为标准正态分布。

快速出口滑行道的位置和类型直接影响飞机的跑道占用时间，如图 6.1.5 所示。

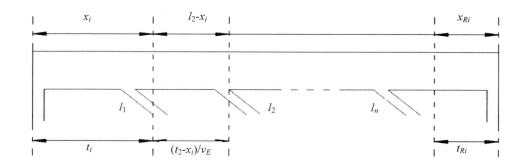

图 6.1.5   跑道—快速出口滑行道布局图

因此，从快速出口滑行道脱离的 i 类飞机的跑道占用时间为：

$$AR_i = t_i + \frac{l_n - x_i}{v_E} + t_c \tag{6.1.10}$$

如果错过了最后一个快速出口滑行道，飞机将从端口的直角出口滑行道脱离跑道，此时 i 类飞机的跑道占用时间为：

$$AR_i = t_i + \frac{l - x_{Ri} - x_i}{v_{RE}} + t_{Ri} \tag{6.1.11}$$

i 类飞机的跑道占用时间的期望可表示为：

$$E(AR_i) = \sum_{n=1}^{N+1} p_n AR_i(n) \tag{6.1.12}$$

式（6.1.10）~式（6.1.12）中：

x_i、t_i——i 类飞机从跑道入口减速到脱离速度 v_E 所经过的距离和时间；

x_{Ri}、t_{Ri}——i 类飞机从高速脱离速度 v_E 减速到直角退出速度 v_{RE} 所经过的距离和时间；

t_c——i 类飞机从跑道转出至完全脱离的时间；

l——跑道全长；

l_n——第 n 个快速出口滑行道距跑道入口的距离（共有 n 个跑道出口）；

p_n——i 类飞机从第 n 个出口滑行道脱离跑道的概率。

对于某一确定类型的飞机和快速出口滑行道类型，v_E 和 t_c 是定值。

相继到达飞机对 i、j 在跑道入口处的实际间隔时间小于前机 i 的跑道占用时间的概率为 $p_v = P[T_{ij}(AA) < AR_i]$，此时违反管制规则，即

$$p_v = P\left\{ \frac{[T_{ij}(AA) - AR_i] - [AROR(i) - \overline{AR_i}]}{\sqrt{\sigma_0^2 + \sigma_R^2}} < -\frac{[AROR(i) - \overline{AR_i}]}{\sqrt{\sigma_0^2 + \sigma_R^2}} \right\} \tag{6.1.13}$$

因此，相继到达飞机 i、j 在跑道入口处的间隔时间不违反管制规则的概率 q_v 为：

$$q_v = (1 - p_v) = P\left\{ Z < \frac{[AROR(i) - \overline{AR_i}]}{\sqrt{\sigma_0^2 + \sigma_R^2}} \right\} \tag{6.1.14}$$

相继到达飞机的跑道占用时间规定为:

$$AROR(i) = \overline{AR_i} + \sqrt{\sigma_0^2 + \sigma_R^2}\,\Phi^{-1}(q_v) \tag{6.1.15}$$

与相继到达飞机的跑道占用时间规定类似,设起飞飞机从开始滑跑到经过跑道端的跑道占用时间与起飞飞机对开始滑跑的实际间隔时间相互独立,并且 $DR_i \sim N(\overline{DR_i},\ \sigma_R^2)$,$T_{ij}(DD) \sim N[DROR(i),\ \sigma_0^2]$,则相继起飞飞机 i、j 开始滑跑的实际间隔时间小于前机 i 跑道占用时间的概率为 $p_v = P[T_{ij}(DD) < DR_i]$,此时违反管制规则。设 $q_v = 1 - p_v$ 为相继起飞飞机 i、j 在跑道端的间隔时间不违反管制规则的概率,则相继起飞飞机的跑道占用时间规定为:

$$DROR(i) = \overline{DR_i} + \sqrt{\sigma_0^2 + \sigma_R^2}\,\Phi^{-1}(q_v) \tag{6.1.16}$$

VFR 下由飞行员掌握飞机间隔,进近飞机间的最小间隔大都在跑道入口处达到,与最后进近路线的长度无关,因此在 VFR 条件下,

$$AASR(ij) = \frac{\delta_{ij}}{v_j} + \sigma_0 \Phi^{-1}(q_v) \tag{6.1.17}$$

IFR 下,设 $T_{ij}(AA)$ 为随机变量,且跑道占用时间小于该值。$\overline{T_{ij}(AA)}$ 表示 $T_{ij}(AA)$ 的期望。设 M_{ij} 为不考虑误差时 i、j 飞机对在跑道入口处的时间间隔,B_{ij} 为管制员加入的缓冲区时间,则

$$\overline{T_{ij}(AA)} = M_{ij} + B_{ij} \tag{6.1.18}$$

$$T_{ij}(AA) = M_{ij} + B_{ij} + e_0 \tag{6.1.19}$$

式中,e_0——相继到达飞机 i、j 对间隔时间的随机项,$e_0 \sim N(0,\ \sigma_0^2)$。

相继到达飞机对中,当前机的进近速度小于后机的进近速度时,出现渐近态势,前机到达跑道入口时,后机与之间距不能小于最小间隔。因此,连续进近飞机的间隔违反空管规则的概率可以表示为:

$$p_v = P\left(\frac{\delta_{ij}}{v_j} + B_{ij} + e_0 < \frac{\delta_{ij}}{v_j}\right) \tag{6.1.20}$$

$$p_v = P(B_{ij} < -e_0) \tag{6.1.21}$$

因此，缓冲区的大小为：

$$B_{ij} = \sigma_0 \Phi^{-1}(q_v) \qquad (6.1.22)$$

式中，$q_v = (1 - p_v)$。

相继到达飞机对中，当前机的进近速度大于后机的进近速度时，出现渐远态势。设在公共进近航路入口的内侧达到严格意义上的最小间距，则前机到达公共进近航路入口内侧距离为 σ_{ij} 的这一点时，后机必须在入口以外，否则将违反空管最小间距的规定，相应的概率为：

$$p_v = P\left[\frac{\delta_{ij}}{v_j} + \left(\frac{\gamma}{v_j} - \frac{\gamma}{v_i}\right) + B_{ij} + e_0 < \frac{\delta_{ij}}{v_i} + \left(\frac{\gamma}{v_j} - \frac{\gamma}{v_i}\right)\right] \qquad (6.1.23)$$

因此缓冲区的大小为：

$$B_{ij} = \sigma_0 \Phi^{-1}(q_v) - \delta_{ij}\left(\frac{1}{v_j} - \frac{1}{v_i}\right) \qquad (6.1.24)$$

与渐近态势相比，渐远态势中的缓冲区要小，且随着前后飞机速度差异的增加递减，甚至出现负值。由于缓冲区不取负值，因此最小时为零。

综合渐近和渐远两种态势，IFR 条件下相继到达飞机的时间间隔规定为：

$$AASR(ij) = \begin{cases} \dfrac{\delta_{ij}}{v_j} + \sigma_0 \varphi^{-1}(q_v), & v_i \leq v_j \\[3mm] \dfrac{\delta_{ij}}{v_i} + \gamma\left(\dfrac{1}{v_j} - \dfrac{1}{v_i}\right) + \sigma_0 \varphi^{-1}(q_v) - \delta_{ij}\left(\dfrac{1}{v_j} - \dfrac{1}{v_i}\right), & v_i > v_j \end{cases} \qquad (6.1.25)$$

与相继到达飞机的时间间隔规定类似，连续起飞飞机开始滑跑的实际间隔时间违反空管规则的概率可以表示为：

$$p_v = P\left[T_{ij}(DD) < t_d\right] = P(t_d + B_{ij} + e_0 < t_d) = 1 - q_v \qquad (6.1.26)$$

因此缓冲区的大小为：

$$B_{ij} = \sigma_0 \Phi^{-1}(q_v) \qquad (6.1.27)$$

相继起飞飞机的时间间隔规定为：

$$DDSR(ij) = t_d + \sigma_0 \varphi^{-1}(q_v) \tag{6.1.28}$$

进近飞机因任何原因需要复飞时，必须保证起飞飞机与复飞飞机间的安全间隔。因此，到达飞机距跑道入口指定距离之前，并且在跑道清空的条件下才能放飞一架飞机。设 $T_{ij}(DA)$ 为起飞/到达飞机的实际间隔时间，$T_{ij}(DA) \sim N[\overline{T_{ij}(DA)}, \sigma_0]$。IFR 条件下定义 δ_d 为该态势下到达飞机与放飞飞机的最小间距，则

$$T_{ij}(DA) = \frac{\delta_d}{v_i} + B_{ij} + e_0 \tag{6.1.29}$$

起飞/到达飞机的实际间隔时间违反空管规则的概率可以表示为：

$$p_v = P\left[T_{ij}(DA) < \frac{\delta_d}{v_i}\right] = P\left(\frac{\delta_d}{v_i} + B_{ij} + e_0 < \frac{\delta_d}{v_i}\right) \tag{6.1.30}$$

因此缓冲区的大小为：

$$B_{ij} = \sigma_0 \Phi^{-1}(q_v) \tag{6.1.31}$$

式中，$q_v = (1 - p_v)$。

起飞/到达飞机的时间间隔规定为：

$$DASR(i) = \frac{\delta_d}{v_i} + \sigma_0 \varphi^{-1}(q_v) \tag{6.1.32}$$

3. 单跑道到达容量模型

若飞机对最小的空中间隔时间小于前机的跑道占用时间，则将飞机对的间隔时间调整为前机的跑道占用时间，得

$$T_{ij}(AA) = \max[AROR(i), AASR(ij)] \tag{6.1.33}$$

将连续、相继到达的飞机对在跑道入口的间隔时间进行加权求和，得到跑道平均服务时间为：

$$E[T(AA)] = \sum_{i=1}^{n} \sum_{j=1}^{n} p_{ij} T_{ij}(AA) \tag{6.1.34}$$

式中，$E[T(AA)]$——跑道对到达飞机的平均服务时间；

p_{ij}——飞机 j 在 i 之后的概率，假设飞机随机排序，则 $p_{ij} = p_i p_j$，$\sum_{i=1}^{n} \sum_{j=1}^{n} p_{ij} = 1$，$p_{ij} \geq 0$。

计算跑道对到达飞机平均服务时间的倒数，即为单跑道到达容量：

$$C_A(AA) = \frac{1}{E[T(AA)]} \tag{6.1.35}$$

式中，$C_A(**)$ 括号中的字母表示跑道的使用策略，包括 AA（到达—到达）、DD（起飞—起飞）和 DA（起飞—到达）。

4. 单跑道离场容量模型

若飞机对最小的起飞时间间隔小于前机的跑道占用时间，则将飞机对的间隔时间调整为前机的跑道占用时间，得到：

$$T_{ij}(DD) = \max[DROR(i), DDSR(ij)] \tag{6.1.36}$$

将连续、相继起飞的飞机对开始滑跑的间隔时间进行加权求和，得到跑道平均服务时间：

$$E[T(DD)] = \sum_{i=1}^{n} \sum_{j=1}^{n} p_{ij} T_{ij}(DD) \tag{6.1.37}$$

式中，$E[T(DD)]$——跑道对起飞飞机的平均服务时间；

p_{ij}——飞机 j 在飞机 i 之后的概率，假设飞机随机排序，则 $p_{ij} = p_i p_j$，$\sum_{i=1}^{n} \sum_{j=1}^{n} p_{ij} = 1$，$p_{ij} \geq 0$。

计算跑道对起飞飞机平均服务时间的倒数，即为单跑道离场容量：

$$C_D(DD) = \frac{1}{E[T(DD)]} \tag{6.1.38}$$

5. 单跑道混合运行模型

单跑道进行到达/起飞操作时，由于起飞飞机之间、到达飞机之间、起飞飞机与到达飞机之间的间隔都必须满足管制规定，因此，起飞流和到达流之间相互耦合，混合运行关系如图 6.1.6 所示。

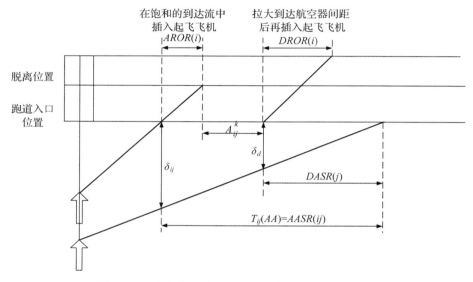

图 6.1.6　考虑位置误差时跑道混合操作的时—空图

当跑道混合运行时，跑道使用优先权划分为四个等级：优先级 1，到达飞机对出发飞机有优先权，且以最小安全间隔紧密排列；优先级 2，到达飞机与起飞飞机使用跑道具有同等优先权。此时飞机起飞流与到达流的比例大致持平；优先级 3，调节到达流与起飞流的比例大约为 1：2；优先级 4，起飞飞机使用跑道具有明显优先权。到达流与起飞流的比例大约为 1：3。

设 $T = [T_{ij}]_{n\times n}$ 为到达飞机的时间间隔矩阵，$I = [I_{ij}]_{n\times n}$ 为跑道空闲时间矩阵，$[AROR(i)]_{n\times 1}$ 为前机占用跑道时间矩阵，则

$$[I_{ij}]_{n\times n} = [T_{ij}]_{n\times n} - [AROR(i)]_{n\times 1}[1 \quad \cdots \quad 1]_{1\times n} \qquad (6.1.39)$$

矩阵维数 n 由机队中飞机类型的数目决定，如机队包括重、大、小型飞机，则 n 等于 3。

设 $DDSR^*(ij)$ 表示两机初始航迹夹角大于 45°时起飞飞机的间隔规定，p_0 表示这些飞机对在所有起飞飞机中占有的比例，则

$$E[DDSR] = (1 - p_0) \sum_{i=1}^{n} \sum_{j=1}^{n} p_{ij} DDSR(ij) + p_0 \sum_{i=1}^{n} \sum_{j=1}^{n} p_{ij} DDSR^*(ij) \quad (6.1.40)$$

设 $A^k = [A_{ij}^k]_{n \times n}$ 为过渡矩阵，其中 A_{ij}^k 表示在飞机对 i、j 之间插入 k 架飞机时，跑道的空闲时间，则

$$[A_{ij}^k]_{n \times n} = [I_{ij}]_{n \times n} - [1 \quad \cdots \quad 1]_{1 \times n}^T \times [DASR(j)]_{n \times 1}^T$$
$$- (k - 1) [1 \quad \cdots \quad 1]_{1 \times n}^T E[DDSR] [1 \quad \cdots \quad 1]_{1 \times n} \quad (6.1.41)$$

增加 k，直到 A_{ij}^k 为负值，表示该到达飞机对 i、j 之间至多能插入 $(k - 1)$ 架飞机，相应的单跑道容量为：

$$C(DA) = C_A(DA) \left(1 + \sum_{i=1}^{n} \sum_{j=1}^{n} p_{ij} n_{ij\max}\right) \quad (6.1.42)$$

式中，$C(DA)$ ——跑道混合使用时的容量；

$\qquad C_A(DA)$ ——跑道混合使用时到达飞机的架次；

$\qquad n_{ij\max}$ ——一对降落飞机之间可以插入的最大起飞架次数；

$\qquad \sum_{i=1}^{n} \sum_{j=1}^{n} p_{ij} n_{ij\max}$ ——在一对到达飞机间插入的起飞飞机的平均数。

对应优先级 2 至 4，设定优先权系数 k 分别取 1、2、3，构造 S 矩阵为：

$$S = [S_{ij}]_{n \times n} = k [1 \quad \cdots \quad 1]_{1 \times n}^T E[DDSR] [1 \quad \cdots \quad 1]_{1 \times n} - [I_{ij}^{k_{ij}}]_{n \times n} \quad (6.1.43)$$

式中，$[I_{ij}^{k_{ij}}]_{n \times n}$ ——在到达飞机对 i、j 之间最大插入 k_{ij} 架起飞飞机时的跑道空闲时间矩阵。

得到到达飞机间隔时间矩阵为：

$$T_S = [T_{ij}]_{n \times n} + [S_{ij}]_{n \times n} = [T_{ij} + S_{ij}]_{n \times n} \quad (6.1.44)$$

因此，考虑跑道使用优先级的单跑道混合容量为：

$$C^*(DA) = C_A(DA) + C_D(DA)$$
$$= \left[\frac{1}{\sum_{i=1}^{n} \sum_{j=1}^{n} p_{ij}(T_{ij} + S_{ij})}\right] \left[1 + \sum_{i=1}^{n} \sum_{j=1}^{n} p_{ij}(n_{ij\max} + k)\right] \quad (6.1.45)$$

6. 平行双跑道容量模型（独立平行仪表进近）

此时，平行双跑道可以实施独立平行进近和独立仪表离场，将双跑道系统视作两条单跑道系统。

设 $C_A(AA)$ 表示一条跑道降落容量；$C_D(DD)$ 表示一条跑道起飞容量；$C_A(DA)$ 表示一条跑道混合使用时到达容量；$C_D(DA)$ 表示一条跑道混合使用时起飞容量。则两条同时用于降落时有：

$$C(TA) = 2C_A(AA) \qquad (6.1.46)$$

两条同时用于起飞：

$$C(TD) = 2C_D(DD) \qquad (6.1.47)$$

一条用于起飞，一条用于降落：

$$C(OAOD) = C_A(AA) + C_D(DD) \qquad (6.1.48)$$

一条混合运行，一条只用于降落：

$$C(OMOA) = C_A(DA) + C_D(DA) + C_A(AA) \qquad (6.1.49)$$

一条混合运行，一条只用于起飞：

$$C(OMOD) = C_A(DA) + C_D(DA) + C_D(DD) \qquad (6.1.50)$$

两条均混合运行：

$$C(TM) = 2[C_A(DA) + C_D(DA)] \qquad (6.1.51)$$

7. 平行双跑道容量模型（相关平行仪表进近模式，到达流与起飞流相互独立）

由于起飞流和到达流之间没有影响，起飞流之间也没有影响，所以两起一降、两起、一降一起运行时容量模型与上述相同。下面阐述其他三种情况。

当两条跑道都用于降落时，由于到达流相互影响，平行双跑道采用相关平行进近方式，如图 6.1.7 所示。

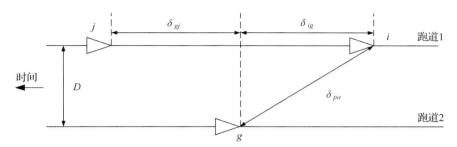

图 6.1.7 相关平行仪表进近示意图

图 6.1.7 中, D 为跑道中心线距离, δ_{pa} 为在相邻 ILS 航道上连续进近的飞机的斜距间隔规定, δ_{ig} 、 δ_{gj} 分别为 i 、 g 与 g 、 j 沿跑道方向的纵向最小间隔。

飞机对 i 、 j 在跑道入口处的时间间隔为:

$$T_{ij}^{(g)}(AA) = \max\left[\, AROR(i) \,,\ AASR(ij) \,,\ AASR(ig) + AASR(gj) \,\right] \quad (6.1.52)$$

设 $\delta'^2 = \delta_{pa}^2 - D^2$ ，根据单跑道运行间隔模型中关于具有随机属性间隔的描述，可分别得到 $ARSR(ig)$ 、 $AASR(gi)$ ，则同一 ILS 航向道上跑道对到达飞机的平均服务时间为:

$$T(AA) = E\left[\, T_{ij}^{(g)}(AA) \,\right] = \sum_{i=1}^{n} \sum_{j=1}^{n} \sum_{g=1}^{n} p_{ij} p_g T_{ij}^{(g)}(AA) \quad (6.1.53)$$

式中, p_g ——为机型 g 的比例。

因此，当两条跑道均用于降落时的容量为:

$$C(TA) = \frac{2}{T(AA)} \quad (6.1.54)$$

式中, $C(TA)$ ——在到达流相关情况下，两跑道同时用于降落时的容量;

$T(AA)$ ——同一 ILS 航道上降落飞机的时间间隔。

当一条跑道混合运行，另一条仅用于着陆，由于到达流相互影响，平行双跑道采用相关平行进近程序和独立仪表离场程序，如图 6.1.8 所示（空心箭头为着陆飞机，实心箭头为起飞飞机）。

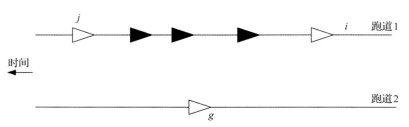

图 6.1.8　到达流相关、到达起飞相互独立运行模式示意图

飞机对 i、j 在跑道入口处时间间隔为：

$$T_{ij}^{(g)}(AA) = \max \left[AROR(i),\ AASR(ij),\ AASR(ig) + AASR(gj) \right] \quad (6.1.55)$$

设到达飞机间隔时间矩阵 $T = [T_{ij}]_{n \times n}$ 为：

$$T_{ij} = \sum_{g=1}^{n} p_g T_{ij}^{(g)}(AA) \quad (6.1.56)$$

设跑道空闲矩阵 $I = [I_{ij}]_{n \times n}$ 为：

$$[I_{ij}]_{n \times n} = [T_{ij}]_{n \times n} - [AROR(i)]_{n \times 1} [1 \cdots 1]_{1 \times n} \quad (6.1.57)$$

式中，$[AROR(i)]_{n \times 1}$——前机跑道占用时间矩阵。

设 $A^k = [A_{ij}^k]_{n \times n}$ 为过渡矩阵，其中，A_{ij}^k 是在到达 i、j 飞机对中插入最多 k 架起飞飞机时的跑道空闲时间阵，则

$$[A_{ij}^k]_{n \times n} = [I_{ij}]_{n \times n} - [1 \cdots 1]_{1 \times n}^T \times [DASR(j)]_{n \times 1}^T$$
$$- (k-1) [1 \cdots 1]_{1 \times n}^T E[DDSR] [1 \cdots 1]_{1 \times n} \quad (6.1.58)$$

当 $A_{ij}^k \geq 0$ 时，表示在该 i、j 到达飞机对之间插入 k 架起飞飞机后跑道仍然有空闲时间，k 值继续增加，致使 A_{ij}^k 变为负数，这时表示同一跑道上的一对到达飞机之间最多只能插入 $(k-1)$ 架飞机。设 $n_{ij\max}$ 表示同一跑道上的一对降落飞机之间可以插入的最大起飞架次数，则当一条跑道用于混合运行，另一条用于降落时的容量为：

$$C(OMOA) = \frac{C(TA)}{2} \left(2 + \sum_{i=1}^{n} \sum_{j=1}^{n} p_{ij} n_{ij\max} \right) \quad (6.1.59)$$

当两条跑道都用于起飞/降落时，两条跑道的起飞流独立，一条跑道的起飞流与另一条跑道的到达流独立。因此，可以在同一 ILS 航向道上连续进近的飞机间插入起飞飞机，而不用考虑相邻跑道起飞飞机和进近飞机对插入起飞飞机的影响。在相关平行进近模式的基础上，可以得到两条跑道都用于混合运行的容量为：

$$C(TM) = 2\left[\frac{C(TA)}{2}\left(1 + \sum_{i=1}^{n}\sum_{j=1}^{n}p_{ij}n_{ij\max}\right)\right] \tag{6.1.60}$$

8. 平行双跑道容量模型（两跑道的起飞流与到达流都相关）

当两条跑道都用于起飞时，两条跑道上的飞机交错起飞，此时可以忽略前机尾流的影响，但仍需满足两机空中最小雷达间距。由于交错起飞的飞机空中保持的间距是对角线间距，在起飞航向上的投影小于同航迹连续放飞飞机的纵向间距，因此可以减小放飞的时间间隔。两条跑道均用于起飞时的容量为：

$$C(TD) = C(DD) \tag{6.1.61}$$

式中，$C(DD)$——将双跑道视为单一跑道时的起飞容量。

当一条跑道用于着陆，另一条用于起飞时，双跑道系统可以视为一条没有跑道占用时间限制的单跑道，只是起飞/到达间隔要求（DASR）基于对角线间距，如图 6.1.9 所示。

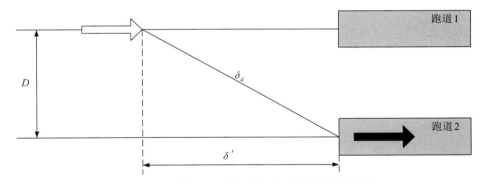

图 6.1.9　平行双跑道中的起飞/到达间隔示意图

设 δ' 为 δ_d 的投影，则有 $\delta'^2 = \delta_d^2 - D^2$，带入式（6.1.32），并将跑道空闲时间矩阵变换为 $[I_{ij}]_{n\times n} = [T_{ij}]_{n\times n}$，其余部分的模型建立与单跑道起飞/到达容量模型相同，得到当一条跑道用于降落，另一条跑道用于起飞时的双跑道容量为：

$$C(OAOD) = C(DA) \qquad (6.1.62)$$

式中，$C(DA)$ ——将双跑道系统视作一条单跑道时的混合容量。

当一条跑道用于起飞/降落，另一条跑道用于起飞时，模型的建立与"一条跑道用于降落，另一条跑道用于起飞"类似，并且由于飞机交错起飞，可以忽略尾流影响，得到一条跑道用于起飞/降落、另一条跑道用于起飞的双跑道容量为：

$$C(OMOD) = C(DA) \qquad (6.1.63)$$

当两条跑道均用于着陆时，模型的建立与"两条跑道的到达流相关，而到达流与起飞流相互独立"时考虑平行相关进近的容量模型完全相同。

两条跑道都用于起飞/降落时，到达飞机交错降落，可以在到达飞机之间插入起飞飞机，一架飞机落地的同时，另一架飞机可以在另一条跑道上起飞，并且可以不考虑前机的尾流影响和跑道占用时间的影响，如图 6.1.10 所示。

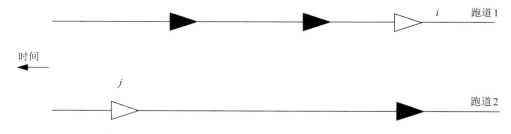

图 6.1.10　起飞流和到达流相关，两条跑道都采用混合运行时的时—空图

在"一条跑道用于起飞/降落，另一条跑道用于起飞"模型的基础上，设 $\delta'^2 = \delta_{ij}^2 - D^2$，带入式（6.1.25），得到两条跑道均用于混合操作时的双跑道容量为：

$$C(TM) = C(DA) \qquad (6.1.64)$$

6.2　滑行道容量模型

滑行道系统容量是指在单位时间内，在跑道系统和停机位之间，滑行道系统所能服务的飞机的架次数。一般来说，对于大多数的民用机场，滑行道系统的容量要远远大于其所服务的跑道系统容量和停机坪/停机位的容量。

　　滑行道系统的网络构形因机场而异，容量的瓶颈点易出现在滑行道与滑行道的交叉点、两个交叉点之间的短滑行道、滑行道与跑道的交叉点、跑道出口与滑行道结合的位置等。根据滑行道系统的基本结构和运行特点，分为单向运行滑行道、双向运行滑行道及滑行道交叉点，分别运用模型对其系统容量进行评估。

　　1. 单向运行滑行道容量模型

　　此时飞机只能沿着一个方向滑行，其容量定义为加权平均滑行速度与加权平均机头距离的比值，即

$$C = \frac{v}{H} \qquad (6.2.1)$$

式中，C——单向运行滑行道容量；
　　　H——平均机头距离；
　　　v——平均滑行速度。

$$H = E[H_{ij}] = \sum_{i=1}^{n} \sum_{j=1}^{n} p_{ij} H_{ij} \qquad (6.2.2)$$

式中，H_{ij}——前机 i 与后机 j 的机头距；
　　　p_{ij}——前机 i 与后机 j 的机头距权重。

$$v = E[v_i] = \sum_{i=1}^{n} p_i v_i \qquad (6.2.3)$$

式中，v_i——i 机型的滑行速度；
　　　p_i——i 机型的滑行速度权重。

　　2. 双向运行滑行道容量模型

　　在双向运行滑行道上，飞机以组为单位单方向运行，换方向时必须是单方向运行的飞机全部脱离滑行道后，另一组不同方向的飞机才能进入滑行道。飞机组的第一架飞机进入滑行道至最后一架飞机退出的时间间隔 T 为：

$$T = \frac{L + A + (N-1)H}{v} \qquad (6.2.4)$$

式中，L——双向运行滑行道长度；

A ——最后一架飞机的机身长度；

H ——平均机头距；

v ——平均滑行速度。

相应的，双向运行滑行道容量为：

$$C = \frac{Nv}{L + A + (N - 1)H} \tag{6.2.5}$$

式中，N ——飞机组包括的飞机架数，当飞机组包含的飞机数不同时，N 可取加权平均值，权重为各飞机组出现的概率。

3. 滑行道交叉点容量模型

滑行道交叉点容量同双向运行滑行道容量类似：

$$C = \frac{Nv}{x + A + (N - 1)H} \tag{6.2.6}$$

式中，x ——禁止区域的长度。当一组飞机在此区域内活动时，另一滑行道上的飞机禁止进入该区域，如滑行道交叉口上两对向设置的中间等待位置标志之间的距离。

6.3 停机坪/登机门容量模型

机坪容量一般分为静态容量和动态容量。静态容量是指机场现有停机位的数量，它表明在任意时刻停机位可以容纳飞机的最大数量，一般不与跑道系统和滑行道系统等容量作比较。动态容量是指在连续服务的要求下，机坪在单位时间以内可以服务飞机的最大架次，它为各机位占用时间的期望的倒数。机坪动态容量受到停机位数量、类型、机场高峰小时起降架次、机位占用时间、机队组合、使用率以及停机位的使用限制等因素的影响，其具体计算有多种方法，计算结果也有一定差异。本节假定机位的使用率为100%，根据是否考虑机型组合分两种情况分别计算动态容量。

1. 不考虑机型运行比例的机坪动态容量

$$C_g = \frac{60}{T_i} \tag{6.3.1}$$

式中，C_g——单个机位的容量；

　　　T_i——第 i 种机型的过站时间，min。

　　2. 考虑机型运行比例的机坪动态容量

$$C_g' = \min\left(\frac{G_i}{T_i M_i}\right) \qquad (6.3.2)$$

式中，G_i——接受 i 种机型的机位数量；

　　　T_i——第 i 种机型的过站时间，min；

　　　M_i——第 i 种机型的比例，%。

　　例 6.3.1　某机场共有 12 个机位，分别指定给了不同类型的飞机使用，数据如表 6.3.1 所示，请分别按照是否考虑机型比例计算该机坪的动态容量。

表 6.3.1　某机场机位组成及高峰小时飞机运行情况

飞机类别	机位组别	机位数量 G	百分比 M（%）	平均占用时间 T（min）
1	A	2	10	30
2	B	4	30	40
3	C	6	60	50

解：（1）忽略混合交通的影响

A 组机位的单机位容量 $C_A = 1/T_A = \dfrac{1 \times 60}{30} = 2.0$（架次/h）

B 组机位的单机位容量 $C_B = 1/T_B = \dfrac{1 \times 60}{40} = 1.5$（架次/h）

C 组机位的单机位容量 $C_C = 1/T_C = \dfrac{1 \times 60}{50} = 1.2$（架次/h）

则机坪动态容量为 $C_g = (2 \times 2.0) + (4 \times 1.5) + (6 \times 1.2) = 17.2$（架次/h）

（2）考虑混合交通的影响

A 组机位的小时容量 $C_A' = G_A/T_A M_A = \dfrac{2 \times 60}{30 \times 10\%} = 40$（架次/h）

B 组机位的小时容量 $C_B' = G_B/T_B M_B = \dfrac{4 \times 60}{40 \times 30\%} = 20$（架次/h）

C 组机位的小时容量 $C_C' = G_C/T_C M_C = \dfrac{6 \times 60}{50 \times 60\%} = 12$（架次/h）

由于容量最小的门位组别为 C，由此得到机坪动态容量为 12（架次/h）。

思考练习题

1. 简述影响跑道容量的因素。
2. 滑行道系统容量瓶颈点往往在哪些地点和区域产生？
3. 简述机坪容量的分类及定义。
4. 某机场共有 18 个机位，分别指定给了不同类型的飞机使用，数据如下表所示，请按照是否考虑机型比例，分别确定机场的机坪动态容量。

某机场机位组成及高峰小时飞机运行情况

飞机类别	机位组别	机位数量 G	百分比 M（%）	平均占用时间 T（min）
1	A	4	20	30
2	B	8	50	40
3	C	6	30	50

7　跑　道

　　跑道是保障航空器在机场安全运行的重要场所，是机场工程的核心组成部分。本章主要介绍跑道的分类、物理特性、长度的影响因素及修正方法、跑道公布距离以及跑道道面承载强度报告方法。

7.1　跑道分类

　　按照国际民航组织关于《目视和仪表飞行程序设计规范》（Doc 8168）中对航空器进场着陆程序的设计规范，可将跑道分为非仪表跑道（Non-instrument runway）和仪表跑道（Instrument runway）。非仪表跑道指供航空器用目视进近程序飞行的跑道；仪表跑道指供航空器用仪表进近程序飞行的跑道。根据所提供的仪表进近类型不同，跑道分为：

　　（1）非精密进近跑道：装有目视助航设备并在着陆方向至少提供方向引导的非目视助航设备的仪表跑道；

　　（2）Ⅰ类精密进近跑道：装有仪表着陆系统及目视助航设备，供决断高不低于60m和能见度不小于800m或跑道视程不小于550m时飞行的仪表跑道；

　　（3）Ⅱ类精密进近跑道：装有仪表着陆系统及目视助航设备，供决断高低于60m但不低于30m和跑道视程不小于300m时飞行的仪表跑道；

　　（4）Ⅲ类精密进近跑道：装有仪表着陆系统引导航空器至跑道并沿其表面着陆滑行的仪表跑道。根据仪表着陆系统的性能要求，Ⅲ类精密进近跑道还可以分为三类：

　　①ⅢA：用于决断高小于30m或不规定决断高以及跑道视程不小于175m时运行；

　　②ⅢB：用于决断高小于15m或不规定决断高以及跑道视程小于175m但不小于50m时运行；

　　③ⅢC：用于不规定决断高和跑道视程时运行。

7.2 跑道长度

7.2.1 跑道长度影响因素分析

跑道长度的影响因素诸多，如航空器最大起飞和着陆重量、航空器起飞与着陆特性、机场所在地环境、地形限制等。

1. 航空器最大起飞和着陆重量

最大起飞重量指航空器在适航证上所规定的该型航空器在起飞时所许可的最大重量。航空器的起飞重量越大，在保持相同的离地迎角的情况下，航空器的离地速度越小，而推重比（航空器总重量和发动机推力比）下降，使起飞的加速度和爬升梯度减小，所对应的起飞距离增加。据统计，航空器的起飞重量每增加1%，起飞滑跑距离增加约2%，起飞空中段距离增加约1%~2%。

最大着陆重量指航空器在着陆时的承受能力，该值主要对跑道入口速度和跑道的摩擦系数产生影响，进而影响着陆距离。对于大型航空器，因为其航程较长，在航行途中消耗较多燃油，着陆时的重量远小于起飞重量；而对短程航空器，如 DC-9，因为航程距离短，不会消耗大量燃油，故应按照最大起飞重量的荷载来设计最大着陆重量。

2. 航空器起飞和着陆特性

航空器的起降性能是影响跑道长度的主要因素。根据《运输类航空器适航标准》（CCAR-25）的要求，本书从四种情况来分析跑道长度的构成：全部发动机有效的正常起飞、一台关键发动机失效后继续起飞、一台关键发动机失效后中断起飞及着陆。假设：①研究对象为涡轮多发航空器；②当航空器基准飞行场地长度一定，默认使用满足运行的最小跑道长度、最大的净空道和停止道长度；③跑道无入口内移情况。

（1）正常起飞

航空器从地面开始加速滑跑到航空器离地高度不低于 1500 英尺，完成从起飞到航路上升构型的转换，速度不小于 $1.25V_S$，爬升梯度达到法规规定值的过程称为起飞。起飞过程可划分为起飞场道阶段和起飞航道阶段，研究航空器起降性能对跑道长度的影响应集中在起飞场道阶段，即航空器从地面开始速滑跑到航空器离地高度 35 英尺，速度不小于起飞安全速度 V_2 的过程，通常包括地面滑跑段和起飞空中段。而起飞的航道阶段则开始于基准零点（常选择航空器离地 35 英尺时在道面上投影点作为基准零点）到起飞结束的过程。起飞过程剖面如图 7.2.1 所示。

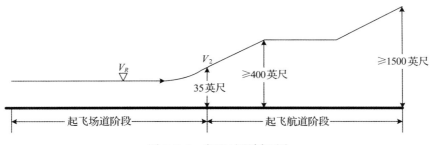

图 7.2.1　起飞过程剖面图

所有发动机正常情况下，完成起飞所需距离和全发起飞滑跑距离如图 7.2.2 所示。FAR 要求全发起飞距离 L_{OD} 为航空器从地面开始加速滑跑和离地 35ft 所经过的水平距离 D_{35} 的 1.15 倍，即

$$L_{OD} = 1.15 D_{35} \qquad (7.2.1)$$

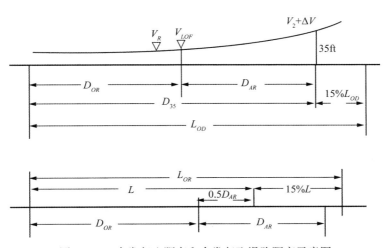

图 7.2.2　全发起飞距离和全发起飞滑跑距离示意图

全发起飞滑跑距离 L_{OR} 是航空器地面滑跑距离 D_{OR} 与起飞空中段距离之和的 1.15 倍，即

$$L_{OR} = 1.15\left(D_{OR} + \frac{D_{35} - D_{OR}}{2} \right) = \frac{1.15 D_{35} + 1.15 D_{OR}}{2} \qquad (7.2.2)$$

航空器全发起飞距离为全发起飞滑跑距离与净空道之和。因此，净空道距离 L_{CWY} 可表示为：

$$L_{CWY} = L_{OD} - L_{OR} \tag{7.2.3}$$

（2）继续起飞

若航空器在起飞过程中关键发动机一发失效，此时航空器速度大于决断速度，航空器应继续起飞。因发动机故障造成的推力损失，航空器的实际起飞距离 D_{35}' 将增大。且关键发动机失效越晚，继续起飞距离就越短，反之越长。净空道的设置需求同正常起飞，不过由于涡轮发动机的故障发生概率很小，故不需要另外 15% 安全距离。

$$L_{OD}' = D_{35}' \tag{7.2.4}$$

$$L_{OR}' = \frac{L_{35}' + D_{OR}'}{2} \tag{7.2.5}$$

$$L_{CWY}' = L_{OD}' - L_{OR}' \tag{7.2.6}$$

（3）中断起飞

若关键发动机一发失效时，航空器速度小于决断速度，飞行员应制动停止，此过程称之为加速停止或中断起飞，所需的距离为加速停止距离 L_{AS}。关键发动机一发失效时间越早，该距离越短，反之越长。加速停止距离由起飞滑跑距离与停止道长度 L_{SWY} 之和构成。

$$L_{SWY} = L_{AS} - L_{OR}' \tag{7.2.7}$$

（4）着陆

航空器着陆时，由于航空器在跑道入口的高度与速度偏差相对较大，因此，航空器着陆距离 L_{LD} 应比理想状况的停止距离 L_{SD} 增加 2/3 的余量。

$$L_{LD} = L_{SD}/0.6 \tag{7.2.8}$$

若跑道长度用 L_{RW} 表示，则跑道长度、停止道、净空道构成场地长度为 L。场地长度、跑道长度、停止道、净空道长度分别为：

$$
\begin{aligned}
L &= \max(L_{OD}, L_{OD}', L_{AS}, L_{LD}) \\
L_{RW} &= \max(L_{OR}, L_{OR}', L_{LD}) \\
L_{SWY} &= L_{AS} - L_{RW} \\
L_{CWY} &= \max(L - L_{AS}, L_{OD} - L_{OR}, L_{OD}' - L_{OR}')
\end{aligned} \tag{7.2.9}
$$

将起飞和着陆距离进行对比，如图7.2.3所示。

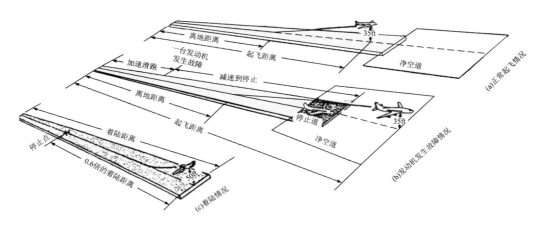

图7.2.3　起飞与着陆距离示意图

例 **7.2.1**　某机场跑道长度的设计航空器的起降性能特性为：正常起飞：D_{OR} = 1800m，D_{35} = 2200m；继续起飞：D_{OR}' = 2100m，D_{35}' = 2600m；加速停止距离：L_{AS} = 2500m，着陆 L_{SD} =1300m。根据上述信息设计双向起降跑道。

解：（1）正常起飞：

$$L_{OD} = 1.15D_{35} = 2530\text{m}$$

$$L_{OR} = \frac{L_{OD} + 1.15D_{OR}}{2} = 2300\text{m}$$

$$L_{CWY} = L_{OD} - L_{OR} = 230\text{m}$$

（2）关键发动机一发失效的起飞：

$$L_{OD}' = D_{35}' = 2600\text{m}$$

$$L_{OR}' = \frac{L_{OD}' + D_{OR}'}{2} = 2350\text{m}$$

$$L_{CWY}' = L_{OD}' - L_{OR}' = 250\text{m}$$

（3）着陆：

$$L_{LD} = L_{SD}/0.6 = 2167\text{m}$$

由式（7.2.9）求得场地各组成部分的长度为：

$$L = \max(L_{OD}, L_{OD}{}', L_{AS}, L_{LD}) = 2600\text{m}$$

$$L_{RW} = \max(L_{OR}, L_{OR}{}', L_{LD}) = 2350\text{m}$$

$$L_{SWY} = L_{AS} - L_{RW} = 150\text{m}$$

$$L_{CWY} = \max(L - L_{RW}, L - L_{AS}) = 250\text{m}$$

3. 影响跑道长度的其他因素

（1）机场标高。机场标高越高，空气密度越低，从而引起航空器的升力减少，发动机的推力下降，起飞加速度减小；另一方面使得相同起飞重量的离地速度、着陆的入口速度增加，起飞距离增加。表7.2.1展示了部分机场标高与跑道长度的关系。

表7.2.1　部分机场标高、跑道长度与可起降最大机型

机场四字代码	飞行区等级	标高（m）	跑道长度（m）	可起降最大机型
ZGSZ	4E	3.72	3400	B747-400
ZSSS	4E	2.83	3400	B747-400
ZYTL	4E	32.6	3300	B747-400
ZULS	4E	3569.5	4000	B747-400
ZUBD	4D	4334.76	4200	B757减载
ZUGY	4E	1138.89	3200	B767
ZGHA	4D	65.6	2600	B767、A300

注：源自张光辉. 中国民用机场［M］. 北京：中国民航出版社，2008。

（2）温度。发动机推力受温度升高的影响，当温度高于某一限值时，发动机推力随温度上升而急剧下降，如图7.2.4所示。高温下跑道长度的延长率大于低温时的延长率，所以温度上升引起的跑道长度的延长率随温度升高而加大。在15℃～35℃范围内，温度每上升1℃，跑道长度约需延长1%左右。

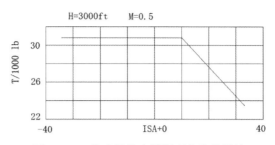

图 7.2.4　发动机推力随温度变化的规律

（3）地面风。地面风的风向和风速影响地速（航空器与空气的相对速度），从而影响航空器起降时在跑道上的滑跑距离。逆风滑跑时，离地地速小，滑跑距离比无风时短。反之，顺风滑跑时，离地地速大，滑跑距离比无风时长。因此，逆风越大，跑道长度越短；顺风越大，跑道长度越长。若跑道双向起降，航空器应保持逆风起降，风的影响可不计；单向起降的跑道，在规划跑道时必须考虑计入顺风的不利影响。

（4）跑道坡度。以起飞为例，若跑道存在纵坡，则由于重力沿航迹方向的分力作用，会使航空器加速度增大或减小：下坡起飞，加速度增大，起飞滑跑距离缩短；上坡起飞，加速度减小，起飞滑跑距离增长。

（5）跑道表面状况。如果跑道表面光滑而坚实，则摩擦系数小，航空器加速度大，滑跑距离短。反之，跑道表面粗糙不平或松软，滑跑距离就长。跑道表面状况与摩擦系数的关系如表 7.2.2 所示。

表 7.2.2　跑道表面状况与摩擦系数的关系

跑道表面状况	不刹车时平均摩擦系数	刹车时平均摩擦系数
干燥混凝土道面	0.03～0.04	0.30
潮湿混凝土道面	0.05	0.30
干燥坚硬草地	0.07～0.10	0.30
潮湿草地	0.10～0.12	0.20
覆雪或积冰道面	0.10～0.12	0.10

此外，机场所设的跑道长度还受场址大小和净空状况、土地限制、产权范围、发展规划、建设与维护费用等因素的影响。

7.2.2　跑道长度的修正

首先在标准大气条件、海平面、无风、平坡条件下确定航空器起飞和着陆性能所需的基准场地长度，然后分别根据机场所在地的具体条件对起飞长度和着陆长度进行修正，最后，将起飞和着陆情况下两个修正结果对比，取较大值作为最终跑道长度。

1. 高程修正

与标准海平面相比，机场标高每增加300m，跑道基本长度延长7%。

2. 温度修正

将机场的基准温度与该机场标高对应的大气标准温度进行比较，每增加1℃，经过高程修正后的跑道长度值增加1%。

3. 长度验证

如果上述两步修正量超过基准长度的35%，则需进行专门的研究来确定修正值；否则，应进行纵坡修正。

4. 纵坡修正

按照跑道的有效坡度计算，纵坡坡度每增加1%，经过温度修正后的跑道长度增加10%。

例7.2.2　机场高程为500m，500m高程的标准大气温度为12℃，机场基准温度为25℃，跑道有效纵坡为0.5%。基准条件下所需的起飞长度为2500m，着陆长度为2100m。请按机场实际条件进行长度修正。

解：（1）起飞长度修正

①高程按7%/300m进行修正，则修正后的长度为：

2500×7%×500/300+2500＝2792（m）

②温度按1%/1℃进行修正，则高程和温度修正后的长度为：

2792×1%×（25-12）+2792＝3154（m）

③上述两项的修正长度为原长度的3154/2500＝1.26倍，小于135%。

④有效坡度按10%/1%进行修正，则标高、气温和坡度修正后的长度为：

3154×10%×0.5%/1%+3154＝3320（m）（修正结果按10m取整）

（2）着陆长度修正

高程按7%/300m进行修正，则修正后的长度为：

2100×7%×500/300+2100＝2350（m）（修正结果按10m取整）

（3）修正后的跑道长度应为3320m。

例 **7.2.3** 机场高程为 150m，150m 高程的标准大气温度为 14℃，机场基准温度为 24℃，跑道有效纵坡为 0.5%。航空器的基准飞行场地长度为 1700m，标准条件下着陆所需跑道长度为 2100m。请按机场实际条件进行长度修正。

解：（1）起飞长度修正

①高程按 7%/300m 进行修正，则修正后的长度为：

1700×7%×150/300+1700＝1760（m）

②温度按 1%/1℃进行修正，则高程和温度修正后的长度为：

1760×1%×（24−14）+1760＝1936（m）

③上述两项的修正长度为原长度的 1936/1700＝1.14 倍，小于 135%。

④有效坡度按 10%/1%进行修正，则标高、气温和坡度修正后的长度为：

1936×10%×0.5%/1%+1936＝2040（m）（修正结果按 10m 取整）

（2）着陆长度修正

高程按 7%/300m 进行修正，则修正后的长度为：

2100×7%×150/300+2100＝2180（m）（修正结果按 10m 取整）

（3）修正后的跑道长度应为 2180m。

7.2.3 公布距离

机场跑道每个方向的公布距离（Declared Distance）必须包括：

（1）可用起飞滑跑距离（Take-off Run Available—TORA）：公布的可用于并适用于航空器起飞时进行地面滑跑的跑道长度。

（2）可用起飞距离（Take-off Distance Available—TODA）：可用起飞滑跑距离加上净空道的长度。

（3）可用加速停止距离（Accelerate-Stop Distance Available—ASDA）：可用起飞滑跑距离加上停止道的长度。

（4）可用着陆距离（Landing Distance Available—LDA）：公布的可用于并适用于航空器着陆时进行地面滑跑的跑道长度。

跑道各部分可用距离典型组合情况如图 7.2.5 所示，图中航空器从左向右运行。

不设置停止道或净空道且跑道入口在跑道端时，上述四个公布距离与跑道长度相同，如图 7.2.5（a）所示。若仅设有净空道，则可用起飞距离将有所增加，而其他三个公布距离不变，如图 7.2.5（b）所示。若仅设有停止道，则可用加速停止距离将有所增加，其他三个公布距离不变，如图 7.2.5（c）所示。对于入口内移的跑道，其可用着陆距离等于跑道全长减去该进近方向跑道入口内移的距离，其他三个公布距离不变，如图 7.2.5（d）所示。图 7.2.5（e）、（f）则表示设有停止道和净空道以及跑道入口内移的各种情况。

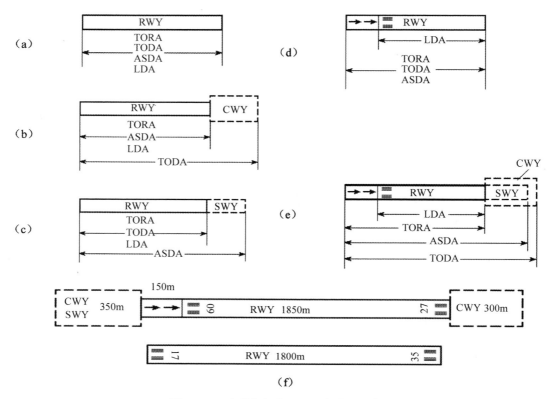

图 7.2.5　跑道各部分可用距离典型组合

　　表 7.2.3 显示图 7.2.5（f）两个跑道的公布距离资料。如果跑道的某个方向由于飞行上的原因禁止用于起飞或着陆，或既不能用于起飞也不能用于着陆，则应用"不适用"或缩写"NU"的字样予以公布。

表 7.2.3　某跑道的公布距离　　　　　　　　　　（单位：m）

RWY	TORA	ASDA	TODA	LDA
09	2000	2000	2300	1850
27	2000	2350	2350	2000
17	NU	NU	NU	1800
35	1800	1800	1800	NU

7.3 跑道的其他几何特性

7.3.1 跑道宽度

影响跑道宽度的主要因素有：航空器主起落架横向外侧轮距；航空器起降的操纵性能及驾驶员的操纵水平；气象条件，如侧风和能见度；导航设备和目视助航设施等。

此外，跑道宽度设计时还应考虑跑道表面污染物（雪、雨水等）、航空器在接地带附近偏离中线的程度、橡胶积累、航空器进近方式和速度等。因此，跑道宽度由航空器主起落架横向外侧轮距 T_M、航空器起飞和着陆时相对跑道中心线的横向偏离度 T_O，以及附加安全宽度三部分组成，如图 7.3.1 所示。其中，相关调查表明，航空器起飞和着陆时对跑道中心线的横向偏离度近似呈正态分布，而 75% 的飞行运行中 T_O 值在 1.77~3.56m 之间。不同飞行区等级的跑道最小宽度如表 7.3.1 所示。

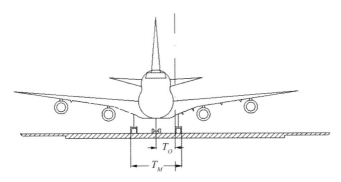

图 7.3.1 跑道宽度组成

表 7.3.1 跑道最小宽度 （单位：m）

飞行区指标 I	飞行区指标 II					
	A	B	C	D	E	F
1	18	18	23	–	–	–
2	23	23	30	–	–	–
3	30	30	30	45	–	–
4	–	–	45	45	45	60

注：1. 飞行区指标 I 为 1 或 2 的精密进近跑道宽度应不小于 30m。

2. 表中数据源自《民用机场飞行区技术标准》（MH 5001—2013）。

7.3.2 跑道坡度

跑道坡度分为纵坡和横坡，其中对航空器运行性能影响较大的是跑道的纵坡。

1. 跑道纵坡

（1）跑道纵坡限制

为了使航空器平顺、舒适和安全地起飞和降落，对跑道的纵坡坡度值、坡度变化量、变坡处的竖曲线半径和最小坡长等均有一定限制。跑道纵坡的限制如表 7.3.2 所示。

表 7.3.2 跑道各部分的最大纵坡限制值

飞行区指标 I	1	2	3	4
跑道中线上最高、最低点高差与跑道长度的比值	2%	2%	1%	1%
跑道两端各四分之一长度	2%	2%	0.8%ᵃ	0.8%
跑道其他部分	2%	2%	1.5%	1.25%
相邻两个纵向坡度的变化	2%	2%	1.5%	1.5%
变坡曲线的最小曲率半径（m） 其曲面变率，每 30m 为	7500 0.4%	7500 0.4%	15000 0.2%	30000 0.1%

注：a. 指适合用于 Ⅱ 类或 Ⅲ 类精密进近跑道，否则为 1.5%。

表中数据源自《民用机场飞行区技术标准》（MH 5001—2013）。

（2）变坡点的间距

为了避免跑道过近的起伏或大的纵向变坡，两个相邻曲线纵向变坡点间的最小水平距离 D 应满足：

$$D = \text{Max}\{M \times (|X - Y| + |Y - Z|), 45\} \qquad (7.3.1)$$

其中 X、Y、Z 为相邻变坡的坡度，如图 7.3.2 所示。M 为曲率半径，当飞行区指标 I 为 4 时，取 30000m；当飞行区指标 I 为 3 时，取 15000m；当飞行区指标 I 为 2 或 1 时，取 5000m。

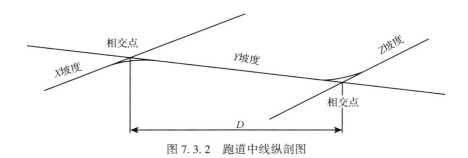

图 7.3.2　跑道中线纵剖图

例 **7.3.1**　某机场飞行区指标 Ⅰ 为 3，设 $X = +1.0\%$；$Y = -0.5\%$；$Z = +0.5\%$，则两变坡点的最小间距 $D = 15000 \times (|X - Y| + |Y - Z|) = 15000 \times (0.015 + 0.01) = 375$m。

例 **7.3.2**　某机场飞行区指标 Ⅰ 为 2，设 $X = -0.05\%$；$Y = +0.02\%$；$Z = +0.01\%$，则两变坡点的最小间距 $D = 5000 \times (|X - Y| + |Y - Z|) = 5000 \times (0.0007 + 0.0001) = 4$m，按照规定，$D$ 取 45m。

（3）视距

在跑道纵向变坡不能避免的地方，应具有下列无障碍的视线：

飞行区指标 Ⅱ 为 C、D、E、F 的跑道，在高于跑道 3m 的任何一点，可以通视至少半条跑道长度内的高于跑道 3m 的任何其他点。

飞行区指标 Ⅱ 为 B 的跑道，在高于跑道 2m 的任何一点，可以通视至少半条跑道长度内的高于跑道 2m 的任何其他点。

飞行区指标 Ⅱ 为 A 的跑道，在高于跑道 1.5m 的任何一点，可以通视至少半条跑道长度内的高于跑道 1.5m 的任何其他点。

当不设置全长度的平行滑行道时，在单跑道全长应提供无障碍视线。

2. 跑道横坡

在有侧风的湿跑道上，排水不良会使航空器产生飘滑。为加速排水，应在跑道表面中线两侧设置坡度对称的双面坡。整条跑道长度的横坡坡度应基本上保持一致，应符合表 7.3.3 中的规定值。在与其他跑道或滑行道相交处，考虑到排水需要，宜在相交位置设置较平缓的坡度以均匀过渡。

表 7.3.3　跑道横坡限值　　　　　　　　　　　　　（单位：%）

飞行区等级指标 Ⅱ	A	B	C	D	E	F
最大横坡限制	2	2	1.5	1.5	1.5	1.5
最小横坡限制	1	1	1	1	1	1

注：表中数据源自《民用机场飞行区技术标准》（MH 5001—2013）。

7.3.3 跑道强度和表面

跑道的强度应能承受使用该跑道的航空器的运行要求。其表面既要保证有良好的摩阻特性，同时也要有良好的平整度，不会对航空器起飞或着陆产生不利影响。

7.4 与跑道区域相关的设施

7.4.1 跑道道肩

跑道道肩（Runway Shoulder）是紧靠跑道铺筑面边缘经过整备作为跑道铺筑面与邻接面之间过渡用的地区，以免航空器偶然侧滑出跑道时结构遭受损坏，并能承受偶然在道肩上运行的车辆荷载，如图7.4.1所示。

道肩应自跑道的两边对称地向外延伸，跑道及其道肩的总宽度，对于飞行区等级指标Ⅱ为D或E的跑道应不小于60m，对于飞行区等级指标Ⅱ为F的跑道应不小于75m。道肩与跑道相接处的表面应与跑道表面齐平，其横坡应不大于2.5%。

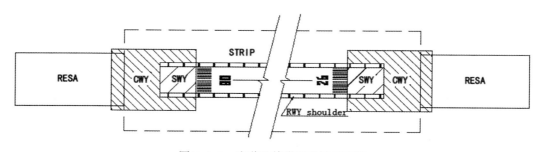

图7.4.1 跑道及其附属设施示意图

7.4.2 跑道掉头坪

跑道端头未设有联络道或掉头滑行道时，需设置跑道掉头坪（Runway Turn Pad）以便航空器进行180°转弯，如图7.4.2所示。其位置一般设置在滑行路线的左侧。

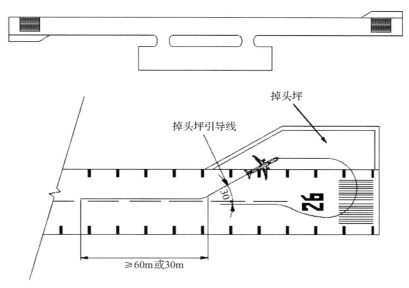

图 7.4.2 典型跑道掉头坪布置示意图

跑道掉头坪与跑道的交接角不应超过 30°，航空器的鼻轮转向角不应超过 45°。掉头坪的设计应使得航空器驾驶舱沿跑道掉头坪标志转弯时，航空器起落架的任何机轮至掉头坪边缘的净距应不小于表 7.4.1 中的规定值。

表 7.4.1　航空器主起落架外侧主轮与掉头坪道面边缘之间的最小净距

（单位：m）

飞行区等级指标Ⅱ	净　距
A	1.5
B	2.25
C	3.0（航空器纵向轮距[a]小于 18m 时） 4.5（航空器纵向轮距[a]大于或等于 18m 时）
D	4.5
E	4.5[b]
F	4.5[b]

注：a. 纵向轮距是指前轮至主起落架几何中心的距离。

　　b. 在恶劣气象条件及由此导致的道面摩阻特性降低的情况下，最小净距应不小于 6m。

　　表中数据源自《民用机场飞行区技术标准》（MH 5001—2013）。

跑道掉头坪的纵向和横向坡度应与相邻跑道道面的坡度相同，且能防止跑道掉头坪表面积水并且便于地表水的迅速排放。其强度应至少与相邻跑道的强度相同，并能承受航空器的缓行和急转弯对道面所造成的较高应力。此外，掉头坪还应能提供与相邻跑道一致的良好摩阻特性和平整度。

跑道掉头坪应设道肩，其宽度应足以防止预计使用该跑道掉头坪的航空器的喷气气流所侵蚀，防止任何可能的外来物损伤航空器发动机，并容纳要求最严格的航空器的最外侧发动机。道肩的强度和结构应确保航空器偶然滑出跑道时不致造成结构的损坏，并能承受偶然通行的车辆荷载。

7.4.3　停止道

停止道（Stopway—SWY）是在可用起飞滑跑距离末端以外供航空器在中断起飞时能在其上停住的一块长方形场地，如图 7.4.3 所示。

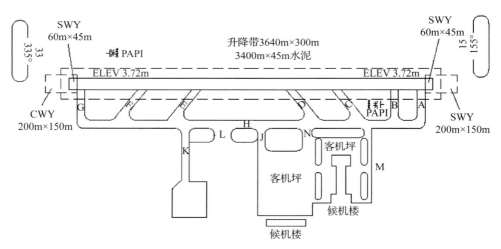

图 7.4.3　机场道面系统示意图

停止道的宽度必须与它所连接的跑道的宽度相同，其坡度和变坡应与跑道规定的纵坡和横坡的坡度一致。

停止道的强度设计要求能确保使用该停止道的航空器中断起飞时不致引起航空器结构的损坏。其摩阻特性应等于或高于相邻跑道的表面摩阻特性。

7.4.4　净空道

净空道（Clearway—CWY）是经过修整的使航空器可以在其上空初始爬升到规定高度的一块长方形场地或水面，如图 7.4.3 和图 7.4.4 所示。

净空道的长度不超过可用起飞滑跑距离的一半，宽度自跑道中线延长线向两侧延伸至少75m，净空道的地面不应突出于1.25%升坡的平面。

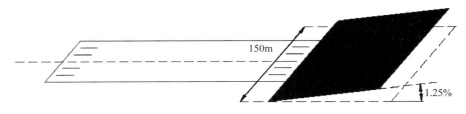

图 7.4.4 净空道示意图

净空道范围内不应设有对空中的航空器安全有危害的设备或装置，因航行需要设置的设备或装置应满足易折要求，安装高度应尽可能低。

7.4.5 升降带

升降带（Strip）包括跑道及与之相连接的停止道（如设有）。其设置目的是用来减小航空器冲出跑道遭受损失的危险，保证航空器在起飞或着陆运行过程中在其上空安全飞过。

升降带的长度应在跑道入口前，自跑道或停止道端向外至少延伸60m，对于飞行区指标Ⅰ为1的非仪表跑道，该值为30m。

升降带宽度自跑道中线及其延长线向每侧延伸距离应不小于表7.4.2中的规定值。

表 7.4.2　升降带宽度　　　　　　　　　　　　（单位：m）

跑道运行类型	飞行区指标Ⅰ			
	1	2	3	4
仪表跑道	75	75	150	150
非仪表跑道	30	40	75	75

注：表中数据源自《民用机场飞行区技术标准》（MH 5001—2013）。

升降带平整的最小范围自跑道中线及其延长线向两侧延伸距离应不小于表7.4.3的规定。

表 7.4.3　升降带平整的最小范围　　　　　　　　（单位：m）

跑道运行类型	飞行区指标 I			
	1	2	3	4
仪表跑道	40	40	75	75
非仪表跑道	30	40	75	75

注：表中数据源自《民用机场飞行区技术标准》（MH 5001—2013）。

　　飞行区指标 I 为 3 或 4 的精密进近跑道的升降带宜进行较大范围的平整，如图 7.4.5 所示，同时还应考虑设置在升降带内的导航设施对场地平整的要求。

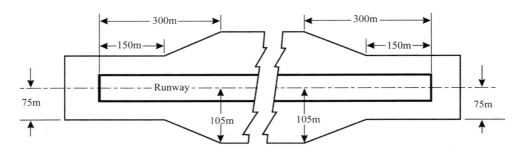

图 7.4.5　飞行区指标 I 为 3 或 4 的精密进近跑道的升降带建议平整范围

　　与跑道、道肩或停止道相接部分的升降带的表面必须与跑道、道肩或停止道的表面齐平，不得高于跑道、道肩或停止道边缘，并且不宜低于跑道、道肩或停止道边缘 30mm 以上。

　　升降带平整范围内不得设置开口的排水明沟。若有结构物并且其表面需与升降带表面齐平时，可采用从结构物顶部向下放坡到至少比升降带表面低 0.3m 的方法来消除直立面，如图 7.4.6 所示。凡其功能不需要在表面上的其他物体，应埋至不小于 0.3m 的深处。

　　位于升降带内可能对航空器构成危险的物体，应被认为是障碍物并应尽可能地将其移去。除了航空器运行所必需的目视助航设备或出于航空器安全目的应安放在升降带内的设备设施外，升降带下列范围内不应有固定的物体：

　　（1）飞行区指标 I 为 4 和飞行区指标 II 为 F 的 I 、II 、III 类精密进近跑道，距跑道中线两侧各 77.5m 以内；

　　（2）飞行区指标 I 为 3 或 4 的 I 、II 、III 类精密进近跑道，距跑道中线两侧各 60m 以内；

　　（3）飞行区指标 I 为 1 或 2 的 I 类精密进近跑道，距跑道中线两侧各 45m 以内。

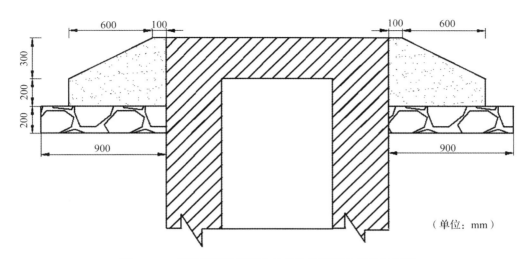

图 7.4.6 升降带平整范围内结构物的混凝土保护示意图

当跑道用于起飞或着陆时，升降带上述区域内不应有可移动的物体。

升降带平整范围内的坡度不应超过表 7.4.4 中的限制。升降带平整范围以外任何部分的横坡升坡应不超过 5%，条件允许时，降坡宜不超过 5%。

表 7.4.4　升降带平整范围的坡度限制值　　　　　　（单位：m）

飞行区指标 I	1	2	3	4
纵坡	2	2	1.75	1.5
横坡	3	3	2.5	2.5

注：表中数据源自《民用机场飞行区技术标准》（MH 5001—2013）。

升降带平整范围内的土面应有适当的强度，确保航空器偶尔滑出跑道的情况下对航空器的危害减到最小。

7.4.6　跑道端安全区

跑道端安全区（Runway End Safety Area—RESA）位于升降带两端外侧，对称于跑道中线延长线。其作用是减小航空器过早接地或冲出跑道时遭受损坏的危险，并能承受救援和消防车辆在其上通行。

跑道端安全区的长度应自升降带端向外延伸至少 90m。飞行区指标 I 为 3 或 4 的宜为 240m；飞行区指标 I 为 1 或 2 的仪表跑道宜为 120m。跑道端安全区的宽度至少是与之相邻的跑道宽度的两倍，并应尽可能不小于与之相连接的升降带平整部分的宽度。

位于跑道端安全区内可能对航空器构成危险的物体，应被认为是障碍物并尽可能地移除。必须设在跑道端安全区内的运行所需的设备或装置，应采取措施消除结构直立面，参见图 7.4.6。

跑道端安全区的坡度应使该地区的任何部分都不突出进近面或起飞爬升面。纵坡的变坡应尽可能地平缓，避免急剧变坡或反坡，降坡不大于 5%。横坡的升坡或降坡均不大于 5%，并应满足通信导航和目视助航设施场地要求，不同坡度之间的过渡应尽可能地平缓。

7.4.7 防吹坪

防吹坪（Blast Pad）是指紧邻跑道端部、用以降低航空器喷气尾流或螺旋桨洗流对地面侵蚀的场地。当其他铺筑面可以起到防吹坪作用时可不单独设置。防吹坪自跑道端向外延伸应不小于表 7.4.5 中的规定值，其宽度应不小于跑道道面和道肩的总宽度。

表 7.4.5　防吹坪的最小长度　　　　　　　　（单位：m）

飞行区指标 Ⅱ	防吹坪的最小长度
A	30
B	45
C、D	60
E、F	60，宜为 120

注：表中数据源自《民用机场飞行区技术标准》（MH 5001—2013）。

防吹坪表面应与其相连的跑道表面齐平。其坡度应满足升降带及跑道端安全区相应部位的坡度要求，且应能承受航空器尾流的吹蚀，确保航空器过早接地或冲出跑道时对航空器的危害最小。

7.5 跑道道面承载强度报告方法

为使机场道面结构能满足航空器运行和停放要求，国际民航组织（ICAO）对最大起飞全重超过 5700kg 的航空器，制定了一套道面强度评价和报告方法，称为 ACN—PCN 法。ACN 即航空器等级序号（Aircraft Classification Number），表示航空器对相应土基强度的道面相对影响的数字，其大小取决于道面类型和土基强度。PCN 即道面等级序号（Pavement Classification Number），表示不受飞行次数限制的道面承载强度的数字，由机场建设部门提供。

表 7.5.1 列举了常见航空器在刚性和柔性道面上的 ACN，当航空器的质量介于全重和基本重量之间时，可用式（7.5.1）计算该质量对应的 ACN 值。

$$ACN_{实} = ACN_{最大} - \frac{W_{最大} - W_{实际}}{W_{最大} - W_{空机}} \times (ACN_{最大} - ACN_{最小}) \qquad (7.5.1)$$

表 7.5.1　航空器在刚性和柔性道面上的 ACN 值

航空器类型	全重基本重量	胎压	柔性道面土基 CBR				刚性道面土基 K（MN/m³）			
			高	中	低	特低	高	中	低	特低
			A	B	C	D	A	B	C	D
	kN	MPa	15	10	6	3	150	80	40	20
A310-300	1480 1108	1.19	44 30	50 33	61 39	77 52	40 27	48 32	57 38	65 44
A319-100	632 382	0.89	30 17	32 18	36 19	42 23	31 17	34 19	37 20	39 22
A320-200	725 402	1.03	37 19	39 19	44 21	50 25	40 20	43 21	45 23	48 24
A321-200	877 461	1.46	49 23	52 24	58 26	63 30	56 26	59 28	62 29	64 31
A330-200	2137 1650	1.34	57 42	62 44	72 50	98 67	48 37	56 40	66 47	78 55
A330-300	2088 1638	1.31	55 41	60 44	70 50	94 66	46 36	54 39	64 46	75 54
A340-500/600	3590 1750	1.42	70 29	76 31	90 34	121 42	60 29	70 28	83 32	97 37
A380-800	5514 2758	1.47	71 29	79 31	99 35	136 48	53 25	61 26	76 29	94 34
A380-800（4Wheel Main Gear）	5514 2758	1.47	62 27	68 28	80 31	108 39	55 25	64 26	76 30	88 35
B737-300	623 325	1.4	35 16	37 17	41 18	45 21	40 19	42 20	44 21	46 22

续表

航空器类型	全重基本重量	胎压	柔性道面土基 CBR				刚性道面土基 K（MN/m^3）			
			高	中	低	特低	高	中	低	特低
			A	B	C	D	A	B	C	D
	kN	MPa	15	10	6	3	150	80	40	20
B737-400	670 350	1.28	38 18	40 18	45 20	49 23	43 20	45 21	47 22	49 23
B737-500	596 320	1.34	33 16	35 16	39 18	43 21	38 18	40 19	42 20	43 21
B737-600	645 357	1.3	35 18	36 18	40 19	45 22	39 20	41 21	44 22	45 23
B737-700	690 370	1.39	38 18	40 19	44 20	49 23	43 21	46 22	48 23	50 24
B737-800	777 406	1.47	44 21	46 21	51 23	56 26	51 24	53 25	56 26	57 27
B737-900	777 420	1.47	44 21	46 22	51 24	56 28	51 24	53 26	56 27	57 28
B747-100/100B/100SF	3350 1700	1.55	49 21	54 22	65 25	86 32	46 20	54 22	64 25	73 29
B747-100SR	2690 1600	1.04	36 19	38 20	46 22	64 29	29 16	35 18	43 21	50 25
B747-200B/200C/200F/200M	3720 1750	1.38	55 22	62 23	76 26	98 34	51 20	61 22	72 26	82 30
B747-300/300M/300SR	3720 1760	1.31	55 22	62 23	76 26	98 37	50 19	60 22	71 25	82 30
B747-400/400F/400M	3905 1800	1.38	59 23	66 24	82 27	105 35	54 20	65 23	77 27	88 31
B747-400D（Domestic）	2729 1782	1.04	36 22	39 23	47 26	65 34	30 18	36 20	43 24	51 29
B747-SP	3127 1500	1.26	45 18	50 19	61 21	81 28	40 16	48 18	58 21	67 25
B757-200Series	1134 570	1.24	34 14	38 15	47 17	60 23	32 13	39 15	45 18	52 20

航空器类型	全重基本重量	胎压	柔性道面土基 CBR				刚性道面土基 K（MN/m³）			
			高	中	低	特低	高	中	低	特低
			A	B	C	D	A	B	C	D
	kN	MPa	15	10	6	3	150	80	40	20
B757-300	1200 640	1.24	36 16	41 17	51 20	64 27	35 15	42 17	49 21	56 24
B767-200	1410 800	1.31	39 19	42 20	50 23	68 29	34 18	41 19	48 22	56 26
B767-200ER	1726 830	1.31	50 20	56 21	68 24	90 31	45 18	54 20	64 24	74 27
B767-300	1566 860	1.38	44 21	49 22	59 25	79 33	40 19	48 22	57 25	65 29
B767-300ER	1748 890	1.38	53 22	59 23	72 26	94 35	48 20	57 23	68 26	78 31
B777-200	2433 1400	1.38	51 25	58 27	71 31	99 43	40 23	50 23	65 28	81 35
B777-200ER	2822 1425	1.38	63 25	71 27	90 32	121 44	53 23	69 25	89 31	108 39
B777-200X	3278 1600	1.38	78 29	90 32	114 38	148 53	61 27	80 27	104 34	126 43
B777-300	2945 1600	1.48	68 30	76 23	97 38	129 53	54 27	69 28	89 35	109 43
B777-300X	3190 1600	1.48	76 30	86 32	110 38	143 53	61 27	79 28	101 35	122 43
MD-11	2805 1200	1.38	67 24	74 25	90 27	119 34	58 22	69 23	83 26	96 30

注：表中数据源自《民用机场飞行区技术标准》（MH 5001—2013）。

1. 报告道面强度的格式

采用"ACN—PCN"公布道面承载强度时，采用如下报告格式：
PCN 值/道面类型/土基强度/胎压限制/评定方法
报告格式中各参数的含义及数值如图 7.5.1 所示。

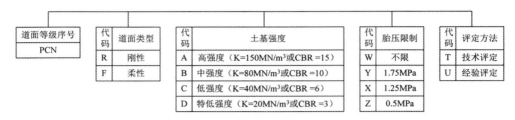

图 7.5.1　道面强度报告格式

如设置在中强度土基上的刚性道面的承载强度，用技术评定法评定道面等级序号为80，无胎压限制，则其报告资料为：PCN 80/R/B/W/T。

设置在高强度土基上的性质类似柔性道面的组合道面的承载强度，用航空器经验评定法评定的道面等级序号为 50，最大允许胎压为 1.25MPa，则其报告资料为：PCN50/F/A/X/U。

设置在中强度土基上的柔性道面的承载强度，用技术评定法评定的道面等级序号为40，最大允许胎压为 0.80MPa，则其报告资料为：PCN 40/F/B/0.80MPa/T。

温差变化大的机场或受季节影响较大的机场因土基强度不同，可能报告有几个PCN 值。一条跑道上的 PCN 值最好相同，否则易出现裂缝、塌陷。

对拟供起飞质量等于或小于 5700kg 航空器使用的道面的承载强度应报告下列资料：

①最大允许的航空器质量；

②最大允许的胎压。

如：4000kg/0.70MPa。

2. "ACN—PCN" 法

"ACN—PCN" 法就是用某一跑道的 PCN 值与某一航空器相应的 ACN 值进行比较，以判定该型航空器能否在该跑道上运行的一种方法。

一般当 ACN≤PCN，且胎压满足要求，则符合道面强度的运行限制。

但当 ANC＞PCN，满足下述条件时，则允许有限制地超载运行：

①道面没有呈现破坏迹象，土基强度未显著减弱；

②对柔性道面，ACN 不超过 PCN 的 10%；对刚性道面或以刚性道面为主的复合道面，ACN 不超过 PCN 的 5%；

③年超载运行的次数不超过年总运行次数的 5%。

也可令 $ACN_{实}=PCN$，利用式（7.5.1）求取 $W_实$，从而通过限载的方法来满足航空器的使用。

例 7.5.1　B737-300 型航空器能否在 PCN 90/R/B/W/T 的跑道上起降？

解：由表 7.5.1 可知，B737-300 型航空器在刚性道面中强度土基类型跑道上的ACN 值最大为 42，小于道面的 PCN 值 90，该型航空器的胎压为 1.4MPa，而此道面对胎压无限制，故从满足道面强度要求上讲该型航空器可在该跑道上起降。

例 7.5.2 B747-400 可否在 PCN 75/R/C/X/T 的跑道上运行？

解：因为该机型在该道面的 $ACN_{最大}=77$，$ACN_{最小}=27$，$PCN=75$，可有两种该机型的运行限制方法：

（1）限制运行次数

由于 $1.05PCN=78.75$ 大于 $ACN_{最大}=77$，而且胎压符合要求，若道面没有呈现破坏迹象，土基强度未显著减弱的情况下可以在该跑道上有限次数运行，即年超载运行次数在年总运行次数的 5% 以内。

（2）限制运行重量

因为该机型在该道面上的 $ACN_{最大}=77$，$ACN_{最小}=27$，令 $ACN_{实际}=PCN=75$，由 7.5.1 得：

$$ACN_{实} = ACN_{最大} - \frac{W_{最大} - W_{实际}}{W_{最大} - W_{空机}} \times (ACN_{最大} - ACN_{最小})$$

$$75 = 77 - \frac{3905 - W_{实际}}{3905 - 1800} \times (77 - 27)$$

得 $W_{实际} = 3820.8kN$

又胎压符合要求，故该机型在限重 3820.8kN 及以下时，可在该跑道上无限次数地运行。

例 7.5.3 MD-11 型航空器可否使用 PCN25/F/B/X/T 的跑道？

解：该机型在该道面的 $ACN_{最大}=74$，$ACN_{最小}=25$，故该机型不能使用该跑道。

思考练习题

1. 简述跑道停止道和净空道的位置关系与作用。

2. 已知道面尺寸如下：跑道 4000m×60m，跑道两端的净空道均为 200m×150m，停止道均为 60m×60m，RESA 均为 240m×120m，请画出跑道、停止道、净空道、升降带和跑道端安全区的示意图。

3. 简述跑道长度的影响因素。

4. 机场高程为 600m，600m 高程的标准大气温度为 11.4℃，机场基准温度为 25℃，跑道有效纵坡为 0.3%。基准条件下所需的起飞长度为 2400m，着陆长度为 2200m。请按机场实际条件进行跑道长度修正。

5. 各跑道公布距离的含义是什么？

6. 全重的 B757-200 型航空器在 PCN90/R/B/W/T、PCN50/F/A/Y/U、PCN70/R/C/X/T 和 PCN67/F/B/X/T 的道面上运行时的 ACN 值分别是多少？

7. B747-400 可否在 PCN56/R/B/W/T 的跑道上运行？

8 滑行道系统

滑行道是指在陆地机场设置供飞机滑行并将机场的一部分与其他部分之间连接的规定通道。滑行道系统的各组成部分为实现机场各项功能、提高机场运行效率起着重要的媒介和过渡作用。本章主要对滑行道系统的构成、滑行道的物理特性、快速出口滑行道的特性及设计方法、旁通和绕行滑行道的设计要求、滑行道桥的设置、各类等待位置的设置方法等作以介绍。

8.1 概述

8.1.1 滑行道系统的组成

滑行道系统由主滑行道、入口和出口滑行道、快速出口滑行道、机坪滑行道、机位滑行通道、辅助滑行道等构成。

主滑行道又称平行滑行道，是航空器由站坪通向跑道两端的主要通道，一般与跑道平行，如图 8.1.2 中编号为 J 的滑行道。

入口和出口滑行道，又称联络滑行道（联络道），主要位于平行滑行道与跑道之间，如图 8.1.1 中编号为 1、2、3、4 的滑行道。

快速出口滑行道是一条与跑道相连接成一锐角的滑行道，并且在设计上允许着陆航空器用比在其他滑行道上较高的速度转弯脱离跑道，从而把占用跑道时间减小到最低限度，如图 8.1.2 中编号为 B 和 D 的滑行道。

机坪滑行道是滑行道系统中位于机坪上的部分，主要供航空器穿越机坪使用，大多设在机坪边缘，如图 8.1.3 所示。

机位滑行通道指由机坪滑行道分出，是机坪的一部分，指定仅作为供航空器进出机位用的滑行道，如图 8.1.3 所示。

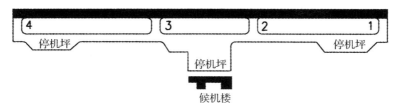

图 8.1.1 简单构形的机场跑道和滑行道系统

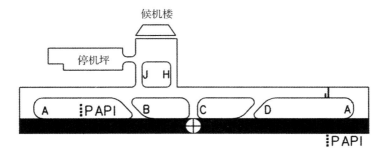

图 8.1.2 机场容量较图 8.1.1 大的机场跑道和滑行道系统

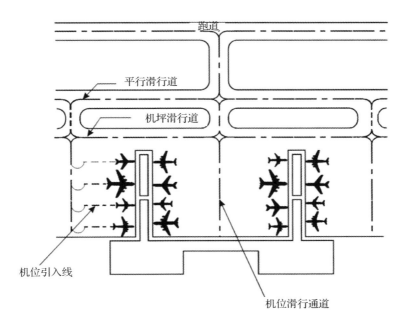

图 8.1.3 机坪上的滑行道

8.1.2 滑行道系统的平面布局

滑行道系统的平面布局应能使着陆的航空器迅速离开跑道，且不与滑行中的航空器相干扰，并尽量避免延误随后着陆的航空器。同时，滑行道系统还提供航空器由航站区进入跑道的通道。

滑行道系统的平面布局应遵循以下原则：

（1）滑行路线应以最短的距离连接机场各功能分区，从而减少航空器地面滑行时间和费用；

（2）滑行路线应力求简单，从而避免复杂的说明并且不引起驾驶员的混淆；

（3）滑行道路应尽量用直线。必须改变方向时，应设置适当的转弯半径、增补面等，以使航空器能尽快脱离；

（4）滑行道尽量多设单向交通段，确保航空器滑行安全，减少延误；

（5）滑行道应尽量避免穿越跑道和其他滑行道；

（6）滑行道系统各组成部分发挥作用应均衡，避免"瓶颈"现象；

（7）滑行道设计应使得各组成部分的使用寿命最长，便于未来扩建使用；

（8）滑行路线应避开公众易于接近的地区；

（9）滑行道布局应尽可能避免干扰助航设备或地面车辆的使用；

（10）滑行道系统的所有部分应从航空器的管制塔台看得到。

8.1.3 分阶段建设的滑行道系统

为了减少机场工程造价，避免滑行道系统利用率过低，可根据机场的实际需要分阶段建设滑行道系统，逐步完善。滑行道系统的设置应与机场近期跑道容量相匹配，如图8.1.4所示，分阶段建设步骤如下：

（1）当跑道使用率较低时，滑行道系统可由跑道两端的掉头滑行道和从跑道到停机坪的联络滑行道组成，如图8.1.4（a）所示；

（2）随着机场需求增加，跑道使用率接近或达到中等水平，滑行道系统可由部分平行滑行道连接一个或两个掉头坪或掉头滑行道组成，如图8.1.4（b）所示；

（3）当机场需求进一步增长，为与跑道使用率相匹配，可将部分平行滑行道补全，如图8.1.4（c）所示；

（4）当跑道使用率接近饱和时，除跑道两端的出口滑行道外，还可增建快速出口滑行道来提高跑道容量，如图8.1.4（d）所示；

（5）随着需求的增加，可继续修建等待坪和绕行滑行道，以便进一步提高跑道容量，如图8.1.4（e）所示；

（6）当航空器需要沿两个方向滑行时，可考虑在平行滑行道之外再修建一条滑行道，形成双平行滑行道系统，如图8.1.4（f）所示。

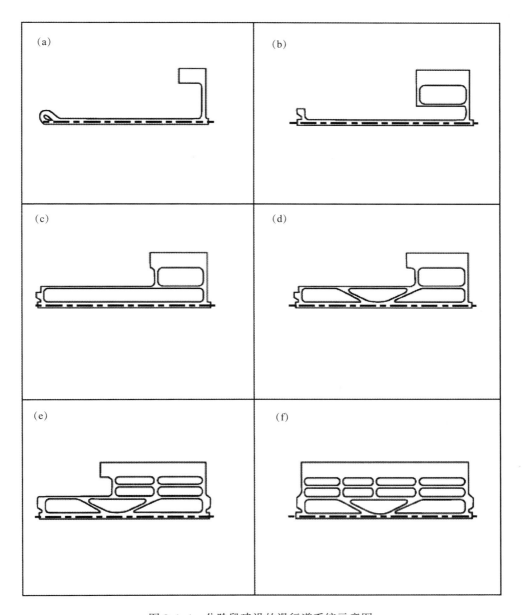

图 8.1.4　分阶段建设的滑行道系统示意图

8.2 物理特性

8.2.1 滑行道的宽度

滑行道的宽度应使准备使用该滑行道的航空器驾驶舱保持在滑行道中线标志上时，航空器主起落架外侧主轮与滑行道道面边缘之间的净距满足表8.2.1的规定。

表 8.2.1 航空器主起落架外侧主轮与滑行道道面边缘之间的最小净距

（单位：m）

飞行区指标Ⅱ	净　距	滑行道道面的最小宽度
A	1.5	7.5
B	2.25	10.5
C	航空器前后轮距<18m时，3.0 航空器前后轮距≥18m时，4.5	航空器前后轮距<18m时，15 航空器前后轮距≥18m时，18
D	4.5	航空器外侧主起落架轮距<9m时，18 航空器外侧主起落架轮距≥9m时，23
E	4.5	23
F	4.5	25

注：①飞行区指标Ⅱ为F且交通密度为高时，机轮至滑行道道面边缘净距宜大于4.5m，以允许较高的滑行速度。
　　②表中数据源自《民用机场飞行区技术标准》（MH 5001—2013）。

滑行道直线段部分的最小宽度 W_T 主要与拟运行的最大机型主轮外轮距和净距要求有关，如图8.2.1所示，关系式如下：

$$W_T = T_M + 2C \qquad (8.2.1)$$

式中，T_M——拟运行最大机型主轮外轮距；

　　　C——规定的最小净距，见表8.2.1所示。

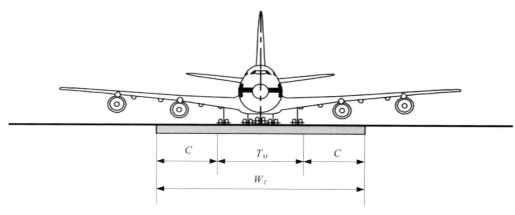

图 8.2.1　滑行道宽度示意图

8.2.2　滑行道的弯道

滑行道的方向应尽可能少变和小变，若不能避免弯道，弯道曲率半径应与使用该滑行道的航空器操作性能及正常滑行速度相适应，如表 8.2.2 所示。

表 8.2.2　航空器转弯速度对应的弯道半径

速度（km/h）	弯道半径（m）
16	15
32	60
48	135
64	240
80	375
96	540

注：表中数据源自《机场设计手册》第二部分"滑行道、机坪和等待坪"。

8.2.3　连接处和交叉处

为了便于航空器的活动及运行安全，在滑行道与跑道、机坪和其他滑行道的连接处和交叉处应提供增补面（fillet）。增补面的设计应保证当航空器在通过连接处或交叉处时，外侧主轮与道面边缘保持表 8.2.1 中规定的最小净距，如图 8.2.2 所示。增补面的强度应与其连接的滑行道相同。

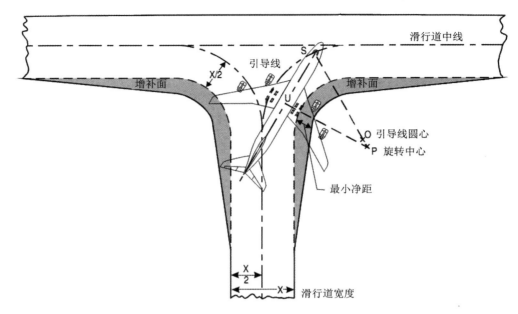

图 8.2.2　滑行道弯道增补面示意图

8.2.4　滑行道的最小间隔距离

为保证航空器地面滑行安全，《国际民用航空公约》附件 14《机场》及《民用机场飞行区技术标准》（MH 5001—2013）规定了两条平行滑行道之间、一条滑行道与固定障碍物及滑行道与跑道之间的最小间距，如表 8.2.3 所示。

表 8.2.3　滑行道的最小间距　　　　　　　　（单位：m）

飞行区指标Ⅱ	仪表跑道中线距滑行道中线的距离				非仪表跑道中线距滑行道中线的距离				滑行道中线距滑行道中线的距离	滑行道中线（不包括机位滑行通道）距物体的距离	机位滑行通道中线到物体的距离
	飞行区指标Ⅰ										
	1	2	3	4	1	2	3	4			
A	82.5	82.5	—	—	37.5	47.5	—	—	23.75	16.25	12
B	87	87	—	—	42	52	—	—	33.5	21.5	16.5
C	—	—	168	168	—	—	93	—	44	26	24.5
D	—	—	176	176	—	—	101	101	66.5	40.5	36
E	—	—	—	182.5	—	—	—	107.5	80	47.5	42.5
F	—	—	—	190	—	—	—	115	97.5	57.5	50.5

注：表中数据源自《民用机场飞行区技术标准》（MH 5001—2013）。

1. 平行滑行道之间的间隔

假定两平行滑行道上滑行的航空器都可能向对方侧向偏移至滑行道边缘时，在翼尖保持适当的净距时的间隔，如图8.2.3所示，即

$$S_1 = WS + 2C + Z_1 \qquad (8.2.2)$$

式中，S_1 ——平行滑行道之间的间隔；

WS ——翼展，见表8.2.4；

C ——主起落架外轮与滑行道边缘的净距，见表8.2.1；

Z_1 ——翼尖净距，见表8.2.4。

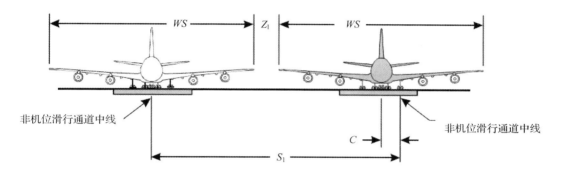

图8.2.3 平行滑行道间隔示意图

2. 非机位滑行通道与物体之间的间隔

非机位滑行通道与物体之间的间隔是假设滑行道上的航空器可能向物体侧向偏移至滑行道边缘时，在翼尖保持适当的净距时的间隔，如图8.2.4所示，即

$$S_2 = 0.5WS + C + Z_2 \qquad (8.2.3)$$

式中，S_2 ——非机位滑行通道中线与物体之间的最小距离；

Z_2 ——翼尖至物体的净距，见表8.2.4。

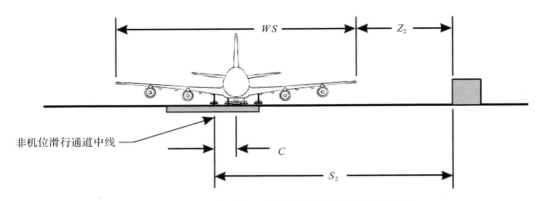

图 8.2.4 非机位滑行通道与物体之间的间隔示意图

3. 机位滑行通道与物体之间的间隔

由于航空器在机位滑行通道滑行速度较低，因此，航空器可能向物体的侧向偏移量较其他滑行道小。机位滑行通道与物体之间的间隔如图 8.2.5 所示，即

$$S_3 = 0.5WS + d + Z_3 \tag{8.2.4}$$

式中，S_3 ——机位滑行通道中线与物体之间的最小距离；

d ——主起落架侧向偏移，小于 C，见表 8.2.4；

Z_3 ——翼尖至物体的净距，见表 8.2.4。

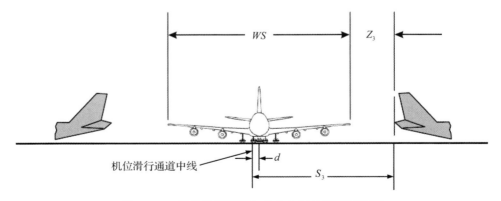

图 8.2.5 机位滑行通道与物体之间的间隔示意图

4. 跑道与平行滑行道的间隔

假定位于滑行道中线上的航空器不伸入升降带内，跑道与平行滑行道的间隔如图 8.2.6 所示，即

$$S_4 = (SW + WS)/2 \qquad (8.2.5)$$

式中，S_4——滑行道与平行滑行道之间的最小距离；

SW——升降带宽度。

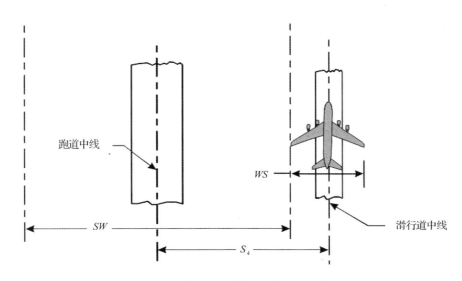

图 8.2.6　跑道与平行滑行道间隔示意图

参数 WS、Z_1、Z_2、Z_3、d 取值取决于飞行区指标 II，如表 8.2.4 所示。

表 8.2.4　各参数标定　　　　　　　　　　　（单位：m）

飞行区指标 II	WS	Z_1	Z_2	Z_3	d
A	15	3	4.5	3	1.5
B	24	3	5.25	3	1.5
C	36	4.5	7.5	4.5	2
D	52	7.5	12	7.5	2.5
E	65	7.5	12	7.5	2.5
F	80	7.5	12	7.5	2.5

注：表中数据源自《机场设计手册》第二部分"滑行道、机坪和等待坪"。

8.2.5　滑行道的视距和坡度

1. 视距

飞行区指标Ⅱ为 C、D、E 和 F 的机场，在高于滑行道 3m 的任何一点，能够看到离该点最少 300m 距离内的全部滑行道的表面；

飞行区指标Ⅱ为 B 的机场，在高于滑行道 2m 的任何一点，能够看到离该点最少 200m 距离内的全部滑行道的表面；

飞行区指标Ⅱ为 A 的机场，在高于滑行道 1.5m 的任何一点，能够看到离该点最少 150m 距离内的全部滑行道的表面。

2. 横坡

滑行道横坡主要作用是防止道面表面积水，《国际民用航空公约》附件 14《机场》对横坡坡度的规定参见表 8.2.5。另外，《民用航空飞行区技术标准》（MH 5001—2013）规定滑行道横坡还应不小于 1%。

表 8.2.5　滑行道横坡

飞行区指标Ⅱ	坡度
C、D、E 或 F	不大于 1.5%
A 或 B	不大于 2%

注：表中数据源自《国际民用航空公约》附件 14《机场》。

3. 纵坡

滑行道纵坡不能超过规定值，如表 8.2.6 所示。

表 8.2.6　滑行道纵坡

飞行区指标Ⅱ	坡度
C、D、E 或 F	不大于 1.5%
A 或 B	不大于 3%

注：表中数据源自《民用机场飞行区技术标准》（MH 5001—2013）。

4. 纵向变坡

滑行道应尽量避免出现纵向变坡，当无法避免时，从一个坡度过渡到另一个坡度的变化率（最小曲率半径）应不超过表8.2.7的规定。

表 8.2.7 滑行道纵向变坡

飞行区指标 Ⅱ	变坡曲线的变化率（最小曲率半径）
C、D、E 或 F	每 30m，不大于 1%（3000m）
A 或 B	每 25m，不大于 1%（2500m）

注：表中数据源自《民用机场飞行区技术标准》（MH 5001—2013）。

8.2.6 滑行道的强度和表面

1. 强度要求

滑行道的强度至少等于其所服务的跑道强度，这是由于同其所服务的跑道相比，其道面要承受较大的交通密度和因航空器缓行和停留而产生的较高的应力。

2. 表面

滑行道表面应平整，且具有适当的摩阻特性。《民用机场飞行区技术标准》（MH 5001—2013）要求新建快速出口滑行道表面的平均纹理深度宜不小于 1.0mm，其他滑行道道面平均纹理深度应不小于 0.4mm。

8.3 快速出口滑行道

快速出口滑行道（Rapid Exit Taxiway）适用于交通密度为高的机场。其与跑道的交角介于 25° 与 45° 之间，最好为 30°，如图 8.3.1 所示。一条跑道上有多条快速出口滑行道时，交角宜相同。

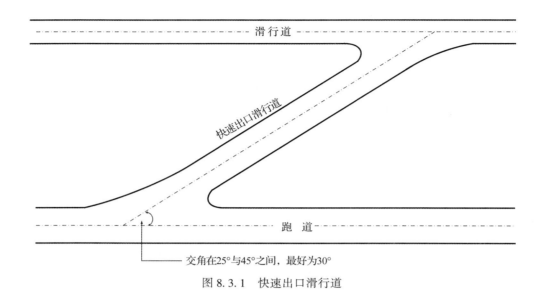

交角在25°与45°之间，最好为30°

图 8.3.1　快速出口滑行道

8.3.1　快速出口滑行道的数量

快速出口滑行道的数量与航空器类型以及高峰小时每种类型航空器运行的数量有关。例如，在某个大型繁忙机场，主要有 C、D 两类航空器，则跑道在着陆方向上只需要设置两条快速出口滑行道；若有 A、B、C、D 四类航空器，且每类航空器的高峰小时运行的架次所占比例基本相同，则有必要修建四条快速出口滑行道。

8.3.2　快速出口滑行道的位置

快速出口滑行道转出点的位置，应根据航空器的入口速度、接地速度、开始转出速度、转出速度、减速度等因素计算确定。通常，利用三段法来确定快速出口滑行道的位置，即将跑道入口至航空器转出位置这段距离划分成三段，如图 8.3.2 所示，分别计算各段的长度，进而相加确定出快速出口滑行道转出位置至跑道入口的距离。

第一段：从跑道入口至航空器主轮接地的距离，通常被称为空中段，它与航空器类型有关，用 S_1 表示。一般来说，考虑到下坡和顺风的影响，可对 S_1 进行适当修正，当跑道表面存在下坡及有顺风影响时，航空器着陆距离较正常情况有所延长。故 S_1 的修正方法如下：对于 A、B 类航空器，每存在 0.25% 的下坡（用负值表示），该长度延长 30m（用正值表示，下同），C、D 类航空器延长 50m；对于 A、B 类航空器，每存在 5kt 的顺风（用正值表示），该长度延长 30m，C、D 类航空器延长 50m，如表 8.3.1 所示。

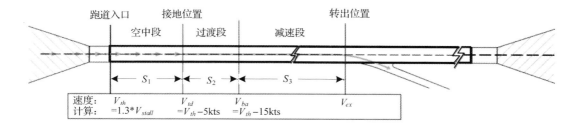

图 8.3.2 三段法示意图

表 8.3.1 S_1 的值及修正方法

航空器类型	A、B 类	C、D 类
S_1 值	250m	450m
下坡修正量	+30m/−0.25%	+50m/−0.25%
顺风修正量	+30m/+5kt	+50m/+5kt

注：表中数据源自《机场设计手册》第二部分"滑行道、机坪和等待坪"。

第二段：从主轮接地开始至建立起稳定的刹车状态为止，通常被称为过渡段，该段距离用 S_2 表示。假定过渡段所需时间为 10s，则

$$S_2 = 10 \times V_{av}$$

$$或\ S_2 = 5 \times (V_{th} - 10) \tag{8.3.1}$$

式中，V_{av}——平均地速，m/s；

V_{th}——跑道入口速度，kt。

此时，考虑逆风对 S_2 的影响，有

$$V_{th,\ ground} = V_{th} - V_{wind} \tag{8.3.2}$$

式中，V_{wind}——风速，kt。

第三段：从建立起稳定的刹车状态开始至航空器减速至转出速度为止，通常被称为减速段，用 S_3 表示。这段距离长短与减速度的大小有关。

$$S_3 = \frac{V_{ba}^2 - V_{ex}^2}{2a} \tag{8.3.3a}$$

式中，V_{ba}——建立起刹车时的速度，m/s；

  a——在潮湿跑道道面上该值为 1.5m/s^2；

  V_{ex}——正常转出速度，m/s。

$$或\ S_3 = \frac{(V_{th} - 15)^2 - V_{ex}^2}{8a} \tag{8.3.3b}$$

式（8.3.3b）中，速度的单位为 kt；其他参数同上。

例 **8.3.1** 某机场飞行区指标 I 为 4，航空器接地区域跑道纵坡为-0.75%，非仪表跑道全长 2500m，与平行滑行道水平距离为 120m。预计未来 10 年内设计高峰小时起降机型及其比例如表 8.3.2 所示，请确定该跑道快速出口滑行道的数量和位置。

表 8.3.2 设计高峰小时运行机型及所占比例 （单位:%）

机型	所占比例
B747	1.2
B777	1.2
A340	6.7
A319	0.2
B757	1.4
B767	1.7
B737	22.3
A330	6.4
A320	35.9
RJ	18.1
A321	4.9
合计	100.0

解：（1）由表 8.3.2 可知，该机场高峰小时运行机型所占比例较大的三种机型分别为 B737、A320 和 RJ。因此，对 C 和 D 类航空器的 S_1 进行修正：

$$S_1 = 450 + [(-0.75\%)/(-0.25\%)] \times 50 = 600\text{m}$$

（2）根据式（8.3.2）和式（8.3.3）对航空器的 S_2 进行修正，结果见表8.3.3。

表8.3.3 设计高峰小时运行机型及所占比例 （单位:%）

机型	V_{th}	$V_{wind} = 0\text{kt}$			$V_{wind} = 15\text{kt}$		
		$V_{th, ground}$	S_2	S_3	$V_{th, ground}$	S_2	S_3
B737	128	128	590	1016	113	515	752
A320	133	133	615	1112	118	540	836
RJ	121	121	555	888	106	480	642
机型	V_{th}	$V_{wind} = 20\text{kt}$			$V_{wind} = 25\text{kt}$		
		$V_{th, ground}$	S_2	S_3	$V_{th, ground}$	S_2	S_3
B737	128	108	490	673	103	465	597
A320	133	113	515	752	108	490	673
RJ	121	101	455	568	96	430	499

（3）根据式（8.3.3b）对 S_3 进行修正，结果如表8.3.3所示。式中 V_{ex} 由航空器转弯半径确定，两者对应关系如表8.3.4所示。在计算时，转出速度 V_{ex} 取 24 kt。

表8.3.4 转弯半径与设计速度和最佳操作速度的关系

转弯半径 R（m）	V_{des}（kt）	V_{op}（kt）
40	14	13
60	17	16
120	24	22
160	28	24
240	34	27
375	43	30
550	52	33

注：①V_{des} 表示设计速度，V_{op} 表示最佳运行速度。
②表中数据源自《机场设计手册》第二部分"滑行道、机坪和等待坪"。

（4）将上述计算结果相加，确定各机型在不同风速下的最佳转出点（OTP）位置，如表8.3.5所示。取各机型最佳转出点前100m和之后200m所构成的区域称为最佳转出区域（OTS）。以A320机型在逆风风速20kt为例，其最佳转出区域见图8.3.3。

表8.3.5　各机型在不同风速下最佳转出点（OTP）位置

机型	V_{wind} = 0 kt	V_{wind} = 15 kt	V_{wind} = 20 kt	V_{wind} = 25 kt
B737	2210m	1870m	1760m	1660m
A320	2330m	1980m	1870m	1760m
RJ	2040m	1800m	1620m	1530m

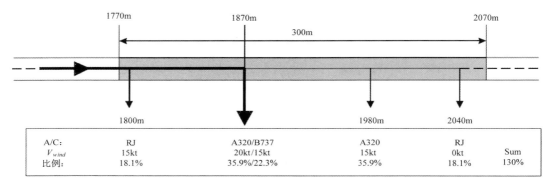

图8.3.3　A320机型逆风风速为20kt时的最佳转出点和最佳转出区域示意图

（5）根据各机型最佳转出区域中机型累计比例值中的最大值确定快速出口滑行道的数量和位置。如表8.3.6所示。由表中数据可知，机型比例累计值最高为170%，次高为157%，对应最佳转出点位置分别为1800m和1760m。两点之间的距离小于450m，故建议该跑道建立一条快速出口滑行道且距进近方向的跑道入口1800m。

表8.3.6　各种机型在最佳转出区域频率分布及频率累计值

OTP（m）	OTS（m）	V_{wind}（kt）			累计值（%）
		B737	A320	RJ	
1530	[1430，1730]	25	—	20，25	59
1620	[1520，1820]	20，25	25	15，20，25	135
1660	[1560，1860]	20，25	25	15，20	117
1760	[1660，1960]	15，20，25	20，25	15	157

OTP（m）	OTS（m）	V_{wind}（kt）			累计值（%）
		B737	A320	RJ	
1800	［1700，2000］	15，20	15，20，25	15	170
1870	［1770，2070］	15	15，20	0，15	130
1980	［1880，2180］	—	15	0	54
2040	［1940，2240］	0	15	0	76
2210	［2110，2410］	0	0	—	58
2330	［2230，2530］	—	0	—	36

8.3.3　快速出口滑行道的设计要求

飞行区指标Ⅰ为1或2时，快速出口滑行道转出曲线半径应满足航空器以65km/h（35kt）的速度在潮湿滑行道上转出，其转出曲线半径不小于275m，如图8.3.4所示；飞行区指标Ⅰ为3或4时，快速出口滑行道转出曲线半径应满足航空器以93km/h（50kt）的速度在潮湿滑行道上转出，其转出曲线半径不小于550m，如图8.3.5所示。

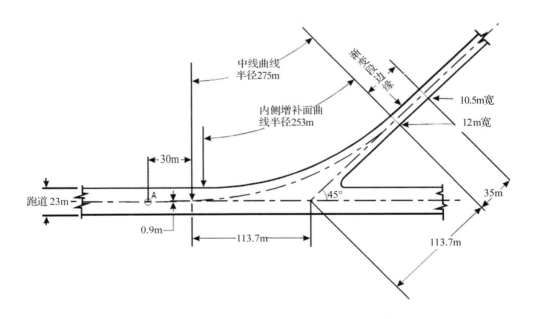

图8.3.4　飞行区指标Ⅰ为1或2的快速出口滑行道设计

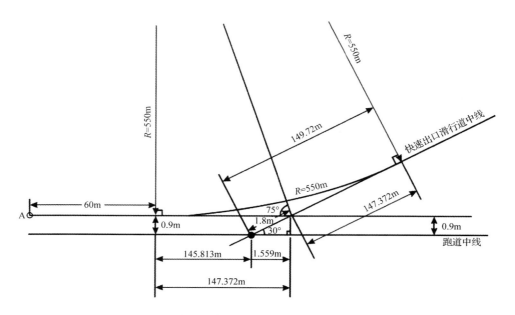

图 8.3.5　飞行区指标 I 为 3 或 4 的快速出口滑行道设计

快速出口滑行道在转出弯道后有一直线段，其长度使航空器滑行到与其相交的滑行道之前能完全停住。若快速出口滑行道中线与跑道中线交角为 30°时，直线段的最短长度如表 8.3.7 所示。

表 8.3.7　交角为 30°的快速出口滑行道直线段的长度　　　（单位：m）

飞行区指标 I	直线段的长度
1、2	35
3、4	75

注：表中数据源自《机场设计手册》第二部分"滑行道、机坪和等待坪"。

8.4　旁通滑行道和绕行滑行道

8.4.1　旁通滑行道

　　当机场交通密度为高时，宜设置旁通滑行道。旁通滑行道应位于跑道两端附近，平行于跑道端联络道，其间距应符合表8.2.3的要求。旁通滑行道的其他要求与普通滑行道一致，设置形式如图8.4.1所示。

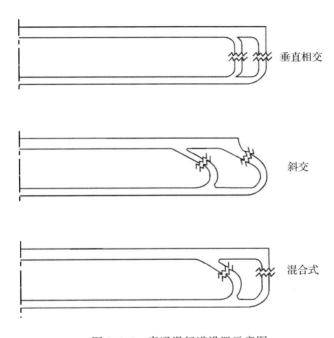

垂直相交

斜交

混合式

图8.4.1　旁通滑行道设置示意图

8.4.2　绕行滑行道

　　当运行需要时，宜设置绕行滑行道，用以减少航空器穿越跑道次数，如图8.4.2中编号为B的滑行道。绕行滑行道的设置不应影响ILS信号及航空器运行，其上运行的航空器不应超过该运行方式所需的障碍物限制面。绕行滑行道上运行的航空器不应干扰起飞和降落航空器驾驶员的判断，应根据运行需要，设置目视遮蔽物。

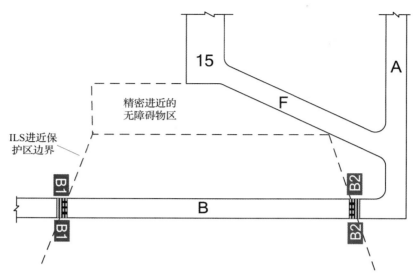

图 8.4.2　绕行滑行道示意图

8.5　滑行道道肩和滑行带

8.5.1　滑行道道肩

滑行道道肩（Shoulder）紧接道面，是道面与土面的一个过渡地带。其设置目的是防止伸出于滑行道边缘的喷气发动机吸入可能损坏发动机的石子或其他物体，避免滑行道附近地面被冲蚀，保证航空器偶然滑出时不至于造成结构损坏。同时，道肩应该能承受最大型应急车辆的车轮荷载。

飞行区指标Ⅱ为 C、D、E 或 F 的滑行道直线部分应设置道肩，它在滑行道两侧对称延伸，并使滑行道直线段道面及两侧道肩的总宽度应不小于表 8.5.1 的规定值。在滑行道弯道和连接处或交叉处等设有增补面的位置，道肩宽度应不小于其邻接的滑行道直线部分的道肩宽度。

表 8.5.1　滑行道与其道肩的最小总宽度　　　　　（单位：m）

飞行区指标Ⅱ	滑行道与其道肩的最小总宽度
C	25
D	38
E	44
F	60

注：表中数据源自《民用机场飞行区技术标准》（MH 5001—2013）。

8.5.2　滑行带

滑行带（Strip）是一个包含滑行道的区域，设置在滑行道的全长上、从滑行道的中线对称地向两边伸展，用以保护在其上滑行的航空器，并在航空器偶尔滑出滑行道时，尽量减少航空器损坏的危险。其平整范围在《国际民用航空公约》附件14《机场》（第六版）和《民用机场飞行区技术标准》（MH 5001—2013）中的规定有区别，如表 8.5.2 所示。

表 8.5.2　滑行带的平整范围　　　　　（单位：m）

飞行区指标Ⅱ	《国际民用航空公约》附件14《机场》	《民用机场飞行区技术标准》（MH 5001—2013）
A	11	11
B	12.5	12.5
C	12.5	18
D	19	26
E	22	32.5
F	30	40

注：表中数据源自《国际民用航空公约》附件14《机场》（第六版）和《民用机场飞行区技术标准》（MH 5001—2013）。

滑行带的表面应与滑行道或道肩（或设有）的边缘齐平，从毗连的滑行道表面的横坡量测，飞行区指标Ⅱ为 C、D、E 或 F 的滑行带经过平整的部分不应有大于 2.5% 的横向升坡；飞行区指标Ⅱ为 A、B 的滑行带不得大于 3%。滑行带内的开口排水明沟的开口边缘应位于滑行带平整范围外。滑行带平整范围以外的地面标高不应高于以滑行带平整范围边缘为起点、升坡为 5%（以水平面为基准）的斜面。此外，《国际民用航空公约》附件 14《机场》（第六版）建议滑行带在平整部分之外的任何部分的横向降坡应不大于 5%。

8.6　滑行道桥

由于机场的扩建，可能使用滑行道桥（Taxi Way on Bridge），以便跨越地面交通方式（如道路、铁路、隧道等）或露天水面（如河流、海湾等）。

由于运行安全和经济原因，设计应采用下述原则：

（1）地面交通各模式的路线应安排得使受影响的跑道或滑行道数目最少；

（2）尽量将地面交通模式集中起来，以便滑行道桥跨越路线最短；

（3）桥上的滑行道应设置成直线段，并在桥的两端各设一段直线，便于航空器对准，各段长度应至少是航空器纵向轮距的两倍，如表 8.6.1 所示；

（4）快速出口滑行道不应设在桥上；

（5）应避免桥的位置对 ILS、进近灯光或跑道/滑行道灯光有不良影响。

滑行道桥的结构强度应按拟使用该滑行道桥的最大机型的最大滑行重量进行设计，设置的全荷载宽度应不小于滑行道直线段道面加道肩的最小总宽度。为满足应急救援要求，还应提供救援和消防车辆的通道，以便车辆在规定的应答时间内从两个方向到达滑行道桥上的最大航空器。如果航空器的发动机悬于桥结构之外，还需考虑桥下邻近地区设置免受航空器发动机喷气吹袭的防护措施。此外，滑行道桥的坡度应满足排水要求，纵坡应满足滑行道纵坡要求。

表 8.6.1　滑行道桥两端的直线段最小长度　　　　　　　　　（单位：m）

飞行区指标 II	最小长度
A	15
B	20
C、D 或 E	50
F	70

注：表中数据源自《民用机场飞行区技术标准》（MH 5001—2013）。

8.7 等待坪、跑道等待位置、中间等待位置和道路等待位置

8.7.1 等待坪

等待坪（Holding Bay）是跑道端部附近，供飞机等待或避让的一块特定场地，用以提高飞机地面活动效率，一般设于交通密度中等或繁忙的机场。同时，航空器可在等待坪进行未能在停机坪进行的高度表校准和 INS 校准；另外，还可作为航空器发动机试车或建立 VOR 校准点的场地，其构形和细节设计如图 8.6.1 和图 8.6.2 所示。

等待坪所需面积由机位数量、航空器大小和使用频率确定，其大小必须使航空器间有足够的净距进行独立运行。为便于飞行员准确操纵航空器，等待坪上应设滑行引导线。

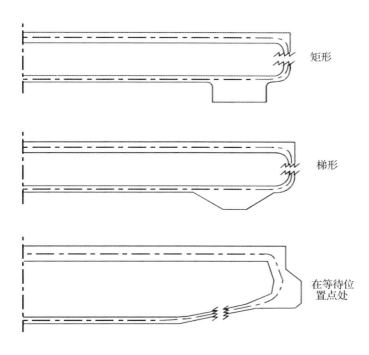

矩形

梯形

在等待位
置点处

图 8.7.1　等待坪构形

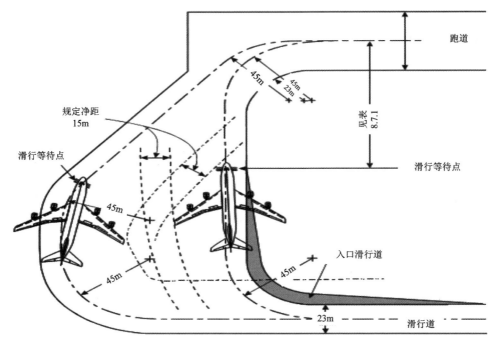

图 8.7.2 等待坪的细节设计

等待坪上的滑行等待点至跑道中线的距离见表 8.7.1。

表 8.7.1 跑道等待位置、道路等待位置以及等待坪至跑道中线的最小距离

（单位：m）

跑道运行类型	飞行区指标 I			
	1	2	3	4
非仪表跑道	30	40	75	75
非精密进近跑道	40	40	75	75
I 类精密进近跑道	60[b]	60[b]	90[a,b]	90[a,b,c]
II 类及 III 类精密进近跑道	—	—	90[a,b]	90[a,b,c]
起飞跑道	30	40	75	75

注：a. 如果等待坪、跑道等待位置或道路等待位置的高程低于跑道入口的高程，则每低 1 m，此最小距离可减少 5 m，反之，若每高 1m，此距离增加 5m，但以不突出内过渡面为准。

b. 为了避免干扰无线电助航设备，特别是下滑航道和航向设施，这一距离可能需根据实际情况有所增加。

c. 飞行区指标 II 为 F 时该距离应为 107.5 m。

8.7.2　跑道等待位置

跑道等待位置（Runway-holding Position）是指为保护跑道、障碍物限制面或 ILS 的临界/敏感区而设定的位置，在这个位置，行进中的航空器和车辆必须停住并等待，机场管制塔台另有批准的除外。临界区是位于航向信标和下滑信标附近规定的区域，ILS 运行过程中该区域的车辆、航空器会对 ILS 空间信号造成严重干扰。敏感区为临界区延伸的区域，ILS 运行过程中车辆、航空器等在该区域的停放和活动必须受到管制，以防止可能对 ILS 空间信号的干扰。滑行道与跑道相交处、跑道与跑道相交处须设立一个或多个跑道等待位置。若滑行道上滑行的飞机或行驶的车辆突出障碍物限制面或干扰无线电导航设备时，则应在该滑行道上设跑道等待位置。

跑道等待位置与跑道中线之间的距离应符合表 8.7.1 的规定。该距离还与机场海拔高度以及等待位置与跑道入口处的高差有关，通常建议在海拔大于 700m 的地方，表 8.7.1 中规定的飞行区指标 I 为 4 的精密进近跑道，其 90m 还应按下述加大：

（a）海拔在 700~2000m 时，超过 700m 的每 100m 增加 1m；

（b）海拔在 2000~4000m 时，13m 再加上超过 2000m 的每 100m 增加 1.5m；

（c）海拔在 4000~5000m 时，43m 再加上超过 4000m 的每 100m 增加 2m。

表 8.7.1 中，对飞行区指标 I 为 3 或 4 规定的 90m 的最小距离基于：航空器尾翼高 20m，机头至尾翼的最高部位距离 52.7m，机头高 10m，等待在与跑道中线成 45°角或更大的位置，未侵犯无障碍物区，并对超障高度/超障高（OCA/H）的计算无需说明。对飞行区指标 I 为 2 规定的 60m 距离基于：航空器尾翼高 8m，机头至尾翼的最高部位距离 24.6m，机头高 5.2m，等待在与跑道中线成 45°角或更大的位置，未侵犯无障碍物区。对飞行区指标 I 为 4 而飞行区指标 II 为 F 所定的 107.5m 距离的根据是：航空器尾翼高 24m，机头至尾翼的最高部位距离 62.2m，机头高 10m，等待在与跑道中线成 45°角或更大的位置，未侵犯无障碍物区。

8.7.3　中间等待位置

中间等待位置（Intermediate Holding Position）是指为控制交通而设定的位置，在这个位置，如果机场管制塔台指示滑行中的飞机和行进中车辆必须停住和等待，则它们必须在此位置停住并等待，直到再次放行时才能继续前进。

中间等待位置一般设置在有铺筑面的滑行道与滑行道的相交处、比邻滑行道的远距除冰/防冰设施的出口边界上以及要求规定出明确的等待界限处时，其目的在于进行地面运行交通控制，同时提醒飞行员注意加强观察、进行中间等待，以保持足够的安全净距。

8.7.4 道路等待位置

道路等待位置（Road-holding Position）是指定的可能要求车辆在此等待的位置。

思考练习题

1. 请画图表示机场滑行道系统中的平行滑行道、联络道、快速出口滑行道、机坪滑行道和机位滑行通道。

2. 简述滑行道宽度的确定原理。

3. 简述滑行道增补面的作用。

4. 快速出口滑行道的位置和数量的影响因素都有哪些？

5. 某机场飞行区指标 I 为 4，航空器接地区跑道纵坡为 -0.5%，仪表跑道全长 3000m，与平行滑行道水平距离为 550m。预计未来 10 年内起降机型及其比例如下表所示，请确定该跑道快速出口滑行道的数量和位置。

设计高峰小时运行机型及所占比例　　　　　　（单位:%）

机型	所占比例
B747	2.6
B777	1.2
A340	6.7
B767	1.7
B737	40.6
A330	6.4
A320	35.9
A321	4.9
合计	100.0

6. 简述绕行滑行道和旁通滑行道的区别。

7. 简述等待坪的作用。

8. 某机场海拔高度为 1300m，飞行区指标 I 为 4 的 I 类精密进近跑道，入口低于跑道等待位置 0.1m，则跑道等待位置至跑道中线的最小距离是多少？

9. 简述中间等待位置的设置目的。

9 机 坪

机坪（Apron）是指在陆地机场上划定的，供航空器上下旅客、装卸货物或邮件，加油、维修中停放之用的一块场地。机坪作为航空器、人员、车辆的主要作业活动场地，其安全问题越来越突出，因此，如何确保保障作业过程能够安全、有序、高效的进行是机坪设计的主要任务。本章主要介绍机坪的分类、设计的一般要求、客机坪布局形式、机坪面积的影响因素、除冰防冰设施等内容。

9.1 机坪的类型

机坪包括客机坪、货机坪、停机坪、维修和机库机坪、通用航空机坪、试车坪及其他地面服务机坪等。

客机坪（Passenger Terminal Apron）是一个设计为航空器机动和停放的地区，通常紧邻旅客航站设施设置。

货机坪（Cargo Terminal Apron）只用于航空器装卸货物和邮件，一般在紧邻货物航站楼的地方单设。

停机坪（Remote Parking Apron）是某些机场在客机坪以外分设的、供航空器停放较长时间的机坪。这种机坪可用于机组下机作短时休息或对暂时停场的航空器进行简易的定期修理和维护。

维修坪（Service and Hangar Aprons）是紧邻修理机库的露天地区，以便航空器能在其上进行维护。

通用航空机坪（General Aviation Aprons）用于通用航空器的停放、地面作业。

9.2 机坪设计的一般要求

虽然不同类型的机坪用途不尽相同，但机坪对安全、强度、坡度、运行效率、几何形状、灵活性及工程特性等设计要求基本相同。

1. 安全

在机坪上停放和运行的航空器要保持规定的净距，并按程序进入、在其中活动和脱离机坪。对停在机坪上的航空器进行服务时，必须保证运行安全。例如，为了避免机坪燃油火灾事故及蔓延，每个机位应有出水口用于机坪表面例行冲洗。把公众可以进入的地区和机坪区域隔离，以防止无关人员的侵入。规划机坪区域及附近的勤务道路和建筑时，必须考虑由航空发动机产生的极端高热和高速气流的吹蚀。航空器机位对使用它的航空器与任何邻近的建筑物、相邻位上的航空器、其他物体之间所保持必要安全距离称为最小净距，其设置应满足表 9.2.1 的要求。

表 9.2.1　机坪最小净距要求　　（单位：m）

飞行区指标Ⅱ	F	E	D	C	B	A
在滑行道（除机位滑行通道外）上滑行的航空器与机坪上停放的航空器、建筑物和其他物体之间的净距	17.5	15	14.5	10.5	9.5	8.75
在机位滑行通道上滑行的航空器与停放的航空器、建筑物和其他物体之间的净距	10.5	10	10	6.5	4.5	4.5
机位上停放的航空器与相邻机位上的航空器以及邻近的建筑物和其他物体之间的净距	7.5	7.5	7.5	4.5	3	3
停放的航空器主起落架外轮与机坪道面边缘的净距	4.5	4.5	4.5	4.5	2.25	1.5
机坪服务车道边线距停放航空器的净距	3	3	3	3	3	3

注：表中数据源自《民用机场飞行区技术标准》（MH 5001—2013）。

另外，当飞行区指标Ⅱ为 D、E、F 并且机头向内停放时：

（1）对于具有依靠目视停靠引导系统进行方位引导的机位，机位上停放的航空器与任何邻近的建筑物、另一机位上的航空器和其他物体之间的净距可适当减小；

（2）航站楼（包括固定的旅客廊桥）与机头之间的净距可减小至 3.75 m。

2. 效率

机坪的设计应确保航空器在其上活动自由、滑行距离短、延误少、加油等勤务保障设施设备能够符合要求。

3. 强度

机坪的每一部分应能承受航空器的通行，并能承受较高的通行密度和因航空器缓行或停留而产生的较高应力。

4. 坡度

包括机位滑行通道在内的机坪的坡度应能防止其表面积水，但应在满足排水要求下尽量平坦。机坪中机位区的坡度应不大于1%，《民用机场飞行区技术标准》（MH 5001—2013）建议该值宜为 0.4%~0.8%。

5. 灵活性

为适应未来机场需求量的增加及机型的增大，机坪设计应留有一定的扩建灵活性。

9.3 客机坪的基本布局

客机坪布局是影响航空器机坪运行、机坪运行服务的重要因素，客机坪的设计必须与航站楼设计相协调，同时兼顾机型、交通量、中转旅客及始发旅客数量等因素。

9.3.1 旅客登机

规划机坪布局时必须考虑拟使用的旅客登机方法。

1. 廊桥

廊桥的使用可以使得旅客使用航站楼二层直接登机。主要有两种廊桥：

（1）固定式廊桥（The Stationary Loading Bridge）。它是从航站的突出部伸出的短廊桥。航空器沿突出部，机头向内，在舱门正对桥的地方停住。桥向航空器伸出很短的距离，并在航空器主舱板和廊桥地板间做极小的调整。如图 9.3.1 所示。

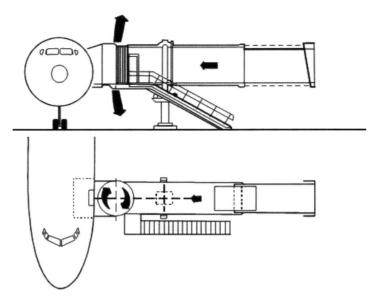

图 9.3.1　固定式廊桥

（2）驱动式廊桥（Apron-drive Loading Bridge）。可伸缩的跳板一端铰接在航站楼上，另一端由装有动力的双轮支撑。廊桥向航空器转动并伸长，直至碰到航空器的门。同航空器匹配的端部能作较大的上下移动，使其能用于不同舱板高度的航空器。如图 9.3.2 所示。

不同廊桥形式如图 9.3.3 所示。

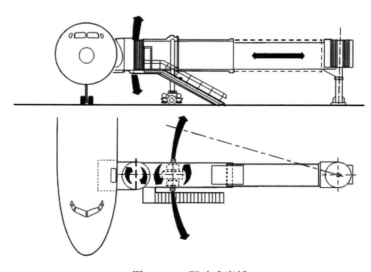

图 9.3.2　驱动式廊桥

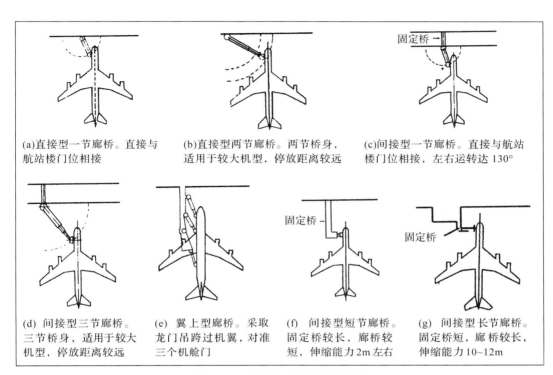

图 9.3.3　不同形式的廊桥示意图

2. 旅客登机的其他方法

旅客其他登机方法包括客梯车、旅客摆渡车及航空器自带的舷梯等。

9.3.2　客机坪布局形式

客机坪的布局形式与旅客航站楼的构型直接相关，可分为简易型、线型、廊道型、卫星型和开式机坪等。

1. 简易型

这种构型适用于交通量低的机场，如图 9.3.4 所示。航空器既可以机头向内停放，也可机头向外停放以便依靠自身动力滑出。在机坪边缘以及邻近航站楼处需提供足够的净距，或设置防护措施以减少尾喷气流造成的不利影响。这种形式允许机坪根据需求进行最大限度的扩张，对航空器的地面运行干扰最小。

141

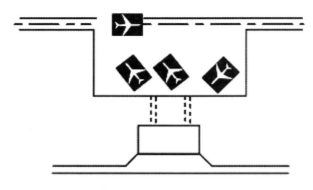

图 9.3.4　简易型客机坪示意图

2. 线型

线型客机坪通常被认为是对简易型客机坪的改进，如图 9.3.5 所示。该种构型形式允许航空器以一定角度或平行于航站楼停放。然而，研究表明机头向内停放/推出这种停放形式可以最大限度地减少航空器与机坪边缘及航站楼间的净距，进而提高机坪的利用效率。对于交通量高的机场，宜设置两条滑行道，避免航空器推出时引起滑行道的堵塞。当机坪需要扩建满足未来需求时，线型机坪具有较大的扩建灵活性。

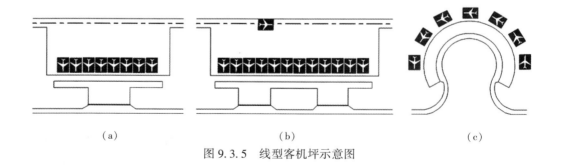

（a）　　　　　　　　　　（b）　　　　　　　　　　（c）

图 9.3.5　线型客机坪示意图

3. 指廊型

指廊型客机坪依据航站楼指廊构型的不同，布局有多种形式，如图 9.3.6 所示。航空器可沿指廊两侧以平行或机头向内形式停放。当只设一个指廊时，其空侧的扩建能力高于线型客机坪；当设置两个或多个指廊时，需要在两指廊之间设置两条滑行道，避免推出和滑入的航空器之间产生冲突，并且还需要考虑满足未来更大型航空器的停放和滑行的需要。

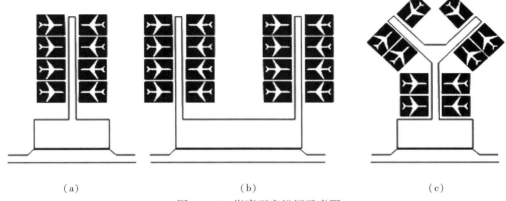

（a）　　　　　　　　　　　（b）　　　　　　　　　　　（c）

图 9.3.6　指廊型客机坪示意图

4. 卫星型

卫星型客机坪包括一个由航站楼分出的卫星厅以及环绕在其周围的门位组成，如图 9.3.7 所示。乘客通常通过埋设于地下的或地表的交通系统和升降电梯到达卫星厅。依据卫星厅的设置形式，航空器可以垂直、平行或斜角停放。

图 9.3.7　卫星型客机坪示意图

5. 开式（转运型）机坪

在开式机坪系统里，航空器成排地停在距航站楼较远的地方，如图 9.3.8 所示。机坪可靠近跑道设置，从而减少航空器的地面滑行距离。若每架航空器机位前后各设置一条滑行道，则航空器可以完全用其自身动力进出机位。

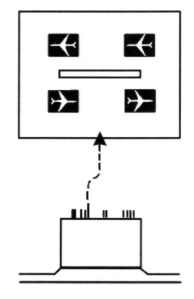

图 9.3.8　开式（转运型）机坪示意图

6. 组合式机坪

组合式机坪是指将开式（转运型）机坪与上述的任何一种机坪形式同时设置。

9.4　机坪面积

机坪的全部面积应能满足机场运行的需要。机坪面积取决于：使用该机坪的航空器大小和机动特性；该机坪的交通量；净距要求；进出航空器机位的方法；机位门数；航空器地面活动要求；滑行道和服务道路。

此外，影响机坪面积的因素还包括防吹坪，用于停放服务车辆、摆放设备的地区等。

9.4.1　航空器的大小及其机动性

机坪总面积的确定以航空器机身长度和翼展宽度为出发点，所有净距、滑行、服务等所需面积都必须与航空器"足印"结合进行确定；航空器的机动性主要考虑航空器转弯半径以及转动中心所在位置。

1. 航空器外形参数

航空器的机长或称全长，指航空器机头最前端至航空器尾翼最后端之间的距离。机高指航空器停放地面时，航空器外形的最高点（尾翼最高点）的离地距离。翼展指固定翼飞行器的机翼左右翼尖之间的距离。轮距使用较多的是纵向轮距和主起落架的外轮距。其外形及主要参数如图 9.4.1 所示，部分航空器外形参数尺寸如表 9.4.1 所示。

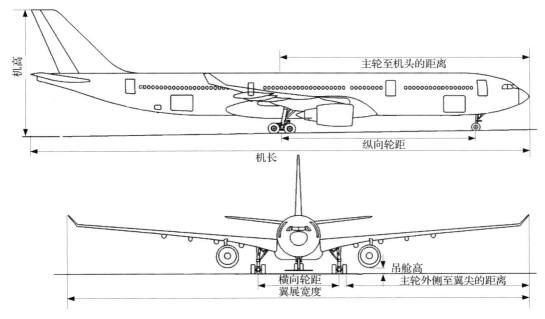

图 9.4.1 航空器主要外形参数

表 9.4.1 部分航空器外形参数

机型	翼展（m）	机身长（m）	最大起飞重量（kg）	最大着陆重量（kg）	转弯半径（m）	主轮距（m）
B747-400	64.3	68.5	385557	285766	45.7	11
B777-200IGW	60.9	63.73	287804	208652	27.3	11
B777-200A	60.9	63.73	287804	208652	27.3	11
A340-313	60.3	63.69	275000	190000	38.22	10.68
B747-SP	59.6	53.8	315700	204116	45.1	11

机型	翼展（m）	机身长（m）	最大起飞重量（kg）	最大着陆重量（kg）	转弯半径（m）	主轮距（m）
B747-200COMBI	59.5	68.5	377842	265351	46	11
MD-11	51.7	61.2	285990	213869	47.5	10.57
B767-300	47.6	53.7	163293	136077	37.4	9.3
B767-200ER	47.6	47.2	156489	126098	35.6	9.3
B767-300ER	47.57	54.94	184612	145149	37.27	9.3
A300-600	44.84	54.1	170500	130000	38.3	9.6
B707	44.1	46.1	150820	112000	17.98	6.73
B757-200	38.06	47.33	108862	89811	21.6	7.32
B737-800	34.31	39.5	70553	65310	21.8	5.71
A320	34.1	37.57	77000	64500	22.9	7.59
B727-200	32.9	46.7	83550	72575	19.28	5.72
MD-90	32.87	46.51	72803	64411	31.9	5.09
MD-80/81/82/83	32.87	45.06	67812	58967	31.9	5.08
B737-400	28.9	36.4	62820	54880	14.9	5.2
B737-200	28.35	30.53	56472	48534	12.1	5.23
B737-300	28.28	33.4	61234	51709	13.2	5.23

注：表中数据源自《民用机场飞行区技术标准》（MH 5001—2013）。

2. 转弯半径

转弯半径与航空器旋转中心的位置有关。在设计时，一般从旋转中心至航空器不同部位的距离，如至翼尖、机头或机尾所形成的几个半径中，确定出最大转弯半径，如图9.4.2所示。同时，转弯半径又是前起落架转动角的函数。最小转弯半径相应于航空器制造厂家所规定的前起落架最大转动角，转动角越大，转弯半径就越小。最大转动角度一般介于60°至80°之间。然而，最小转弯半径在实际中不常使用，因为这种转动会对轮胎产生磨耗，并有可能使道面表面受到磨损，故在设计时通常采用50°左右及更小的转动角度。一些典型运输机的最小转弯半径如表9.4.2所示。

表9.4.2　部分典型运输机转弯半径

机型	鼻轮转动角	转弯半径（m）
A300B-B2	50°	38.80[a]
A320-200	70°	21.91[c]
A330/A340-200	65°	45.00[a]
A330/A340-300	65°	45.60[a]
B727-200	75°	25.00[c]
B737-200	70°	18.70[a]
B737-400	70°	21.50[c]
B737-900	70°	24.70[c]
B747	60°	50.90[a]
B747-400	60°	53.10[a]
B757-200	60°	30.00[a]
B767-200	60°	36.00[a]
B767-400 ER	60°	42.06[a]
B777-200	64°	44.20[a]
B777-300	64°	46.80[a]
MD-82	75°	25.10[b]
MD-90-30	75°	26.60[b]

注：a——至翼尖；b——至机头前缘；c——至机尾。

表中数据源自《机场设计手册》第二部分"滑行道、机坪和等待坪"。

航空器旋转中心的确定方法如下：通过前起落架轮轴（按所需要的任何一个转动角）画一条线，再画一条通过两组主起落架轴线的线，它们的交点就是旋转中心。对有多于两个主起落架的航空器，如波音747，轴线则画在两组起落架之间的中间位置，如图9.4.2所示。

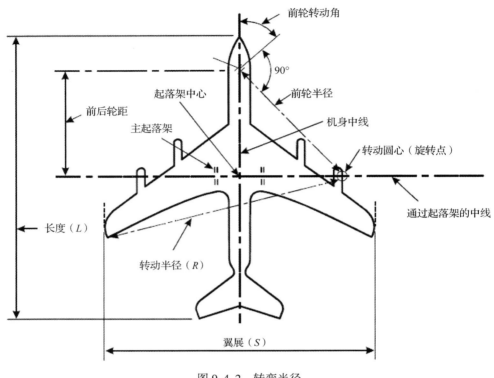

图 9.4.2　转弯半径

3. 航空器重量

航空器重量包括空机重量、商务载重、航程和备用燃油。

空机重量，或称航空器基本重量，指除商务载重（旅客及行李、货物邮件）和燃油外航空器作好执行飞行任务准备的航空器重量。

商务载重，航空器装载的旅客、行李、邮件、货物等重量的总和。

航程燃油和备用燃油。航程燃油量取决于飞行的距离、速度、气象条件、航空器飞行高度和商务载重。备用燃油量取决于目的地机场至附近备降机场的距离、规定的等待着陆时间的长短。

由此可见，最大机坪重量是航空器在地面运转时的最大允许重量，包括滑行和试车用的燃油。当航空器从机坪向跑道端部滑行时，要消耗部分燃油，从而减轻了一部分重量，但最大结构起飞重量与最大停机坪重量之间的差值往往较小。

航空器重量各组成部分分布的近似估计值如表 9.4.3 所示。可以看出，随着航空器的航程增大，航行燃油的百分率加大，而商务载重的百分率减小。

表 9.4.3　涡轮动力的客机重量各组成部分的平均分布（以起飞重量的百分率表示）

航空器类型	基本重量	商务载重	航行燃油	备用燃油
短程	66	24	6	4
中程	59	16	21	4
远程	44	10	41	5

4. 商务载重和航程

航空器的航程受许多因素的影响，其中最重要的是商务载重。一般而言，商务载重随航程的增加而减少，二者之间的关系如图 9.4.3 所示。A 点表示航空器在最大商务载重时所能飞的最远距离 R_a，该飞行距离所对应的商务载重为 P_a，此处航空器必须以其最大起飞重量起飞，但它的油箱并没有完全装满燃油。B 点表示如果航空器在航行开始油箱完全装满了燃油时它所能飞行的最远距离 R_b，这时相应商务载重为 P_b，此时航空器仍以最大起飞重量起飞。因此，为了将航行距离从 R_a 延长到 R_b，需要通过减少商务载重来增加航程。C 点表示航空器在不带任何商务载重时能飞行的最大距离，也将这个距离称为"转场距离"，在必要时用于交付航空器使用。若要飞行距离 R_c，则需要最大量的燃油量，但由于其商务载重为 0，因而其起飞重量小于最大起飞重量。

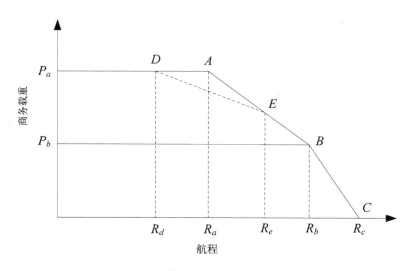

图 9.4.3　商务载重与航程之间关系的一般表现

有时，由于最大商务载重受最大着陆重量的限制，使得航空器以最大商务载重飞行的航程受到限制。此时，线段 DE 代表了商务载重和航程之间的折中。于是商务载重与航程的关系曲线就将沿着 DEBC 线，而不是 ABC 线。

此外，商务载重与航程的关系还取决于航路上的气象条件、飞行高度、速度、风和备用燃油量等。

5. 主起落架和前起落架上的静载荷

主起落架和前起落架之间的荷载分布取决于航空器类型和重心位置。为了保持稳定性，航空器在飞行中所能载运的任何总重量要按航空器重心在前和后的最大限度配载。因此，前起落架和主起落架之间载重的分布并不是一个常数。为了道面设计，一般假定前起落架支撑全重的 5%，其余由主起落架支撑。如果某机型有两个主起落架，则每个支撑重量的 47.5%。例如，航空器的起飞重量是 300000lb，则假设一个主起落架承载142500lb；而如果每个主起落架有 4 个轮子，则假定每个轮子各承载相等的重量，在本例中为 35625lb。

9.4.2 交通量

机坪所需的机位数量和尺寸，由预计使用该机场的航空器活动次数及机型大小决定。机坪容量无须按极端高峰时期需求量进行设计，但应能适应一个合理的高峰时期（典型高峰小时）的交通需求量，使延误降低到最低限度。

9.4.3 净距要求

停放航空器与任何邻近的建筑物、另一机位上的航空器、其他物体之间所提供的最小净距应满足表 9.2.1 的要求；与机位滑行通道和机坪滑行道中线的距离应不小于表 8.2.3 的规定。

9.4.4 航空器进出机位的方法

航空器进出机位的方法有自身动力进出、拖进推出以及自身动力进入和推出/拖出三种。在计算机坪面积时，这三种方法可归纳为自行机动（self-manoeuvring）和助以拖车（tractor-assisted）两种。

1. 自行机动进出机位

图 9.4.4（a）、（b）、（c）分别表示不同停放形式下依靠自身动力进入和滑出时机坪所需的面积。其中，图 9.4.4（a）和（b）的机位紧邻航站楼，需要航空器在转出或进入时作一次 180°转弯，此时，机坪面积由航空器转弯半径和航空器几何尺寸而定。这种停放方式较助以拖车的方式需要更多的机坪面积，但节约了用拖车所需的设备和人员费用，因此，适用于交通量低的机场。图 9.4.4（c）的停放方式占用机坪面积最大，

但航空器进入和滑出机位的操作却最为容易，此时机位间距取决于当相邻机位停放有航空器时入位航空器的转动角。另外，在设计时需注意航空器自滑进出机位所产生的喷气尾流会给相邻机位的地面服务人员及设备造成的不利影响。

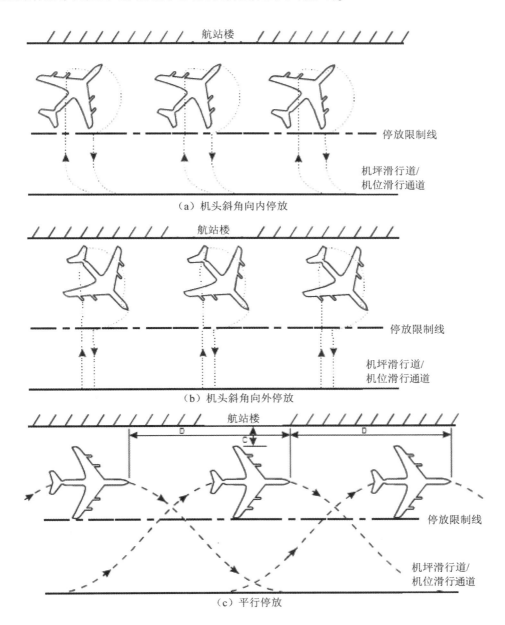

图 9.4.4　自行机动进出机位所需机坪面积示意图

2. 助以拖车进出机位

拖车的使用使航空器机位的间距以及航空器与航站楼的间距得以减小，从而提高了机坪的使用效率，同时还可避免航空器喷气尾流的不利影响，因而在交通量高的机场得到广泛应用。此种停放形式如图9.4.5所示。机头向内垂直停放时最小机位间距（D）等于翼展（S）加上所需净距（C）。

其他的进出方法和停放角度的几何图形要复杂得多，需要进行详细分析，同时，需要考虑航空器制造厂商所提供的技术参数，由于篇幅限制，在此不过多介绍。

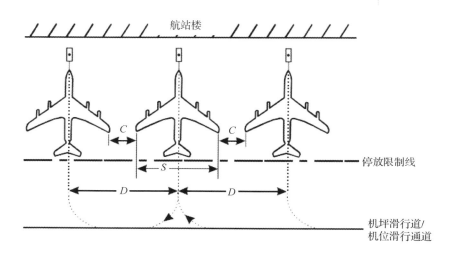

图9.4.5 助以拖车进出机位所需机坪面积示意图

9.4.5 航空器的地面服务

航空器过站时的机坪服务包括厕所服务、航食服务、行李处理、饮用水服务、加油、空调、氧气、拖车、供应电力和制动用压缩空气等等。图9.4.6为一架中型航空器的典型地面服务布局。航空器机头的右侧，机翼前方的地区常用作存放车辆和设备。

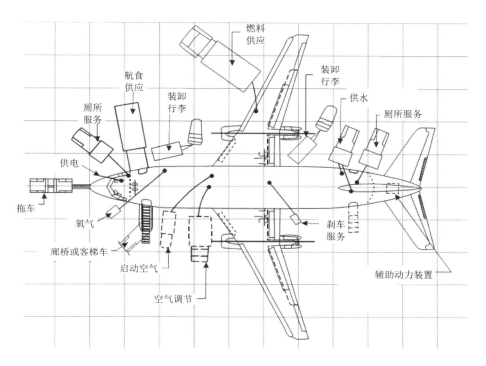

图 9.4.6　典型的航空器地面服务布局

9.4.6　滑行道和服务道路

　　机坪所需的总面积还包括机坪滑行道、机位滑行通道和必需的车辆服务道路。这些设施的位置视航站布局、跑道位置和机坪以外的服务，如航食工作间、油库等的位置而定。

　　服务道路通常设在紧邻并平行于航站楼的地方，或航空器机位的空侧一方，并平行于航空器机位滑行通道，如图 9.4.7 所示。所需的宽度视预期的交通量和是否需要建立单向交通系统而定。

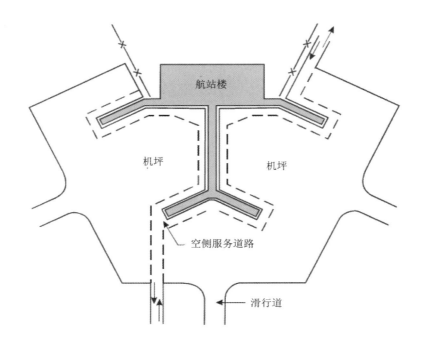

图 9.4.7　空侧服务道路布局示意图

9.5　除冰/防冰设施

9.5.1　除冰/防冰设施的位置

在可能出现结冰情况的机场应设置航空器除冰/防冰设施。除冰/防冰设施的位置应能保证除冰/防冰后的航空器在起飞前不致重新结冰。其可设置在邻近航站楼的区域或沿滑行道通向供起飞用的跑道的特定位置处（远距除冰/防冰设施）。

远距除冰/防冰设施可以提高近机位的利用率，缩短航空器除冰/防冰后的滑行距离，同时，还可设置排水设施用以收集和安全处理多余的除冰/防冰液。其设施应不突出障碍物限制面和干扰无线电助航设备，并使得塔台管制员能看到处理过的航空器。同时，还应考虑滑行航空器的喷气尾流对正在进行除冰/防冰处理的其他航空器或其后滑行航空器的影响，以防止降低处理效果。

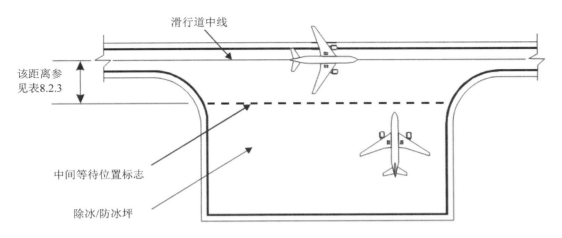

图 9.5.1 远距除冰/防冰设施示意图

9.5.2 除冰/防冰坪的尺寸和数量

1. 除冰/防冰坪的尺寸

除冰/防冰坪应包括供除冰/防冰航空器停放的内部场地以及供两部或更多的机动除冰/防冰设备运行的外围场地。因此，除冰/防冰坪的尺寸除应满足除冰/防冰航空器所需的停放面积外，航空器四周还应至少有3.8m净宽的道面供除冰防冰车辆运行。

2. 除冰/防冰坪数量的影响因素

除冰/防冰坪的数量应根据以下因素确定：
（1）气候条件。如果机场地区经常出现冻雨或者湿雪，则需要建设数量较多的除冰/防冰坪以减少冰雪天气造成的延误。
（2）待处理的机型。窄体航空器相对于宽体航空器除冰/防冰时间较短；而机身上安装发动机的航空器比在机翼下安装发动机的航空器除冰/防冰时间长。
（3）除冰/防冰方法。两步式除冰/防冰比一步式除冰/防冰需要更多的时间。
（4）出港流量。除冰/防冰坪必须满足出港航空器的需要，尽量减少可能出现的延误和拥堵。

9.5.3 除冰/防冰坪的坡度和强度

除冰/防冰坪应设置适当的坡度以保证场地良好的排水，能收集从航空器上流下的多余的除冰/防冰液，最大纵坡应尽可能小，而横坡应不超过1%。同时，除冰/防冰坪应能承受拟使用的最大型航空器，及较大的交通密度和因航空器滑行缓慢或停留而产生的较高应力。

9.5.4　环境考虑

从航空器流下的多余的除冰/防冰液，除了影响道面表面的摩阻性能外，还具有污染地下水的危险。研究表明，除冰/防冰液参与下的剥落属于物理损坏，主要由冻融循环引起。

思考练习题

1. 简述机坪设计要求。
2. 简述旅客登机方式及对机坪设计的影响。
3. 简述机坪的布局形式及各种布局形式的特点。
4. 简述航空器转弯半径的确定过程。
5. 航空器进出机位有哪些方法？它们对机坪设计有何影响？
6. 简述设计除冰/防冰坪面积和数量时应考虑的影响因素。

10 机场目视助航设施

机场目视助航系统包括道面标志、滑行引导标记牌和灯光系统，用以向起飞、着陆和滑行中的航空器驾驶员提供目视引导，从而保证航空器在机场内运行的安全与效率。因此，机场目视助航设施的完备性与规范性尤为重要。本章主要对机场道面标志、滑行引导标记牌及机场灯光系统的设置要求进行介绍。

10.1 机场标志系统

10.1.1 概述

1. 颜色和鲜明性

跑道标志为白色，滑行道标志、跑道掉头坪标志和飞机机位标志为黄色。停机坪安全线的颜色必须鲜明，并与航空器机位标志的颜色反差良好。选择涂刷道面标志所用油漆时，应考虑到减少由标志引起的不均匀摩擦特性的危险。

在夜间运行的机场，标志宜使用反光涂料以增强其可见性。

2. 跑道标志的中断

在两条或更多条跑道相交处，除跑道边线标志外，必须显示较重要的那条跑道的标志，而其他跑道的标志必须中断。较重要的那条跑道的边线标志在相交处可以连续，也可以中断。就显示跑道标志而言，跑道重要性顺序由高到低依次为精密进近跑道、非精密进近跑道、非仪表跑道。

跑道与滑行道相交处除跑道边线标志可以中断外，跑道的各种标志必须连续显示，而滑行道的各种标志必须中断。

10.1.2 跑道标志

跑道上的标志通常包括跑道号码标志、跑道入口标志、跑道中线标志、瞄准点标志、接地带标志和跑道边线标志,这些标志根据跑道的运行类型设置。

1. 跑道号码标志(Runway Designation Marking)

跑道号码用于航空器驾驶员对跑道的识别,通常由从进近方向看上去最接近跑道着陆磁方位角度的十分之一的整数两位数字组成,如图 10.1.1 所示。如得出的整数仅有一位,则应在该整数前加"0"。平行跑道的号码,从进近方向看去,自左至右,应依次增加如下字母:

——两条平行跑道:L、R;

——三条平行跑道:L、C、R;

——四条平行跑道:L、R、L、R;

——五条平行跑道:L、C、R、L、R 或 L、R、L、C、R;

——六条平行跑道:L、C、R、L、C、R。

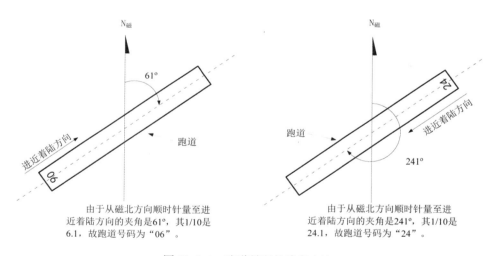

图 10.1.1　跑道号码的确定方法

四条及其以上平行跑道,一组相邻跑道号码标志的两位数字按上述方法确定,另一组相邻跑道号码标志的两位数字为次一个最接近跑道着陆磁方位角度数的十分之一的整数。跑道每一端都须设跑道号码标志,如图 10.1.2 所示。

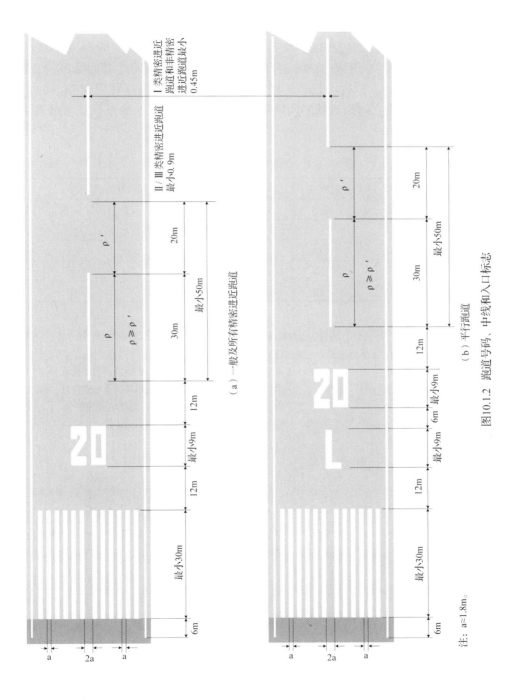

（a）一般及所有精密进近跑道

（b）平行跑道

图10.1.2 跑道号码、中线和入口标志

注：a≈1.8m。

2. 跑道入口标志（Runway Threshold Marking）

跑道入口指跑道可用着陆部分的起端，如图 10.1.2 所示。其由一组尺寸相同、位置对称于跑道中线的纵向线段组成，从距离跑道入口 6 m 处开始。该标志的线段至少30 m 长、约 1.80 m 宽、间距约 1.80 m，连续横贯跑道布置至距跑道边缘 3m 处或跑道中线两侧各27m 距离处，以得出较小的横向宽度为准。在线段连续横贯跑道时，最靠近跑道中线的两条线段之间用双倍的间距隔开。跑道入口标志的线段数目与跑道宽度的关系如表 10.1.1 所示。

表 10.1.1　跑道宽度与跑道入口标志

跑道宽度（m）	线段总数
18	4
23	6
30	8
45	12
60	16

如果因为障碍物的影响或其他原因而使跑道入口内移，则内移的跑道入口标志如图10.1.3 所示。

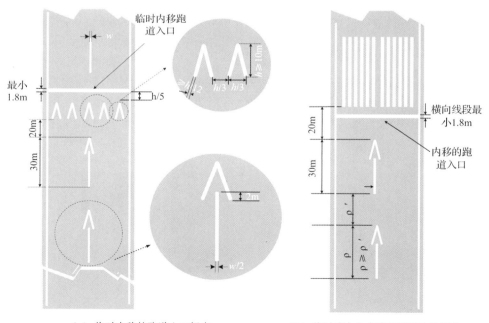

（a）临时内移的跑道入口标志　　　　（b）临时或永久内移的跑道入口标志

图 10.1.3　内移的跑道入口标志

箭头数量应按跑道的宽度确定，如表10.1.2所示。

表 10.1.2 建议的入口标志箭头尺寸及数量

跑道宽度（m）	h 值（m）	箭头数量
18	10.2	3
23		3
30		4
45	12	5
60		7

3. 跑道中线标志（Runway Centre Line Marking）

跑道中线标志用于航空器起飞和着陆滑跑时的方向引导，设在跑道两端跑道号码标志之间的跑道中线上，如图10.1.3所示。跑道中线标志由均匀隔开的线段和间隙组成，每线段加间隙的长度在 50~75m 之间。每一线段的长度必须至少等于间隙的长度或30m，取较大值。

4. 瞄准点标志（Aiming Point Marking）

瞄准点标志是飞行员实施进近着陆的重要目视下滑参考，仪表跑道的每一个进近端对称于跑道中线须设置瞄准点标志，如图10.1.4所示。该标志由两条长方形条块组成，条块的位置和尺寸等如表10.1.3所示。但在跑道装有目视进近坡度指示系统时，瞄准点标志的开始点必须与目视进近坡度指示系统起端重合。在设置接地带标志的地方，瞄准点标志的横向间距必须与接地带标志相同。

表 10.1.3 可用着陆距离与瞄准点标志的位置

位置和尺寸	可用着陆距离			
	<800m	800~<1200m	1200~<2400m	≥2400m
跑道入口至标志开始点距离	150m	250m	300m	400m
标志线段长度[a]	30~45m	30~45m	45~60m	45~60m
标志线段宽度	4m	6m	6~10m[b]	6~10m[b]
线段内边的横向间距	6m[c]	9m[c]	18~22.5m	18~22.5m

注：a. 规定范围较大的尺寸用于要求增加明显度时使用。

b. 横向间距可以在这些范围内变动，以使该标志被橡胶堆积物的污染减到最小程度。

c. 参照主起落架外轮的间距得出。

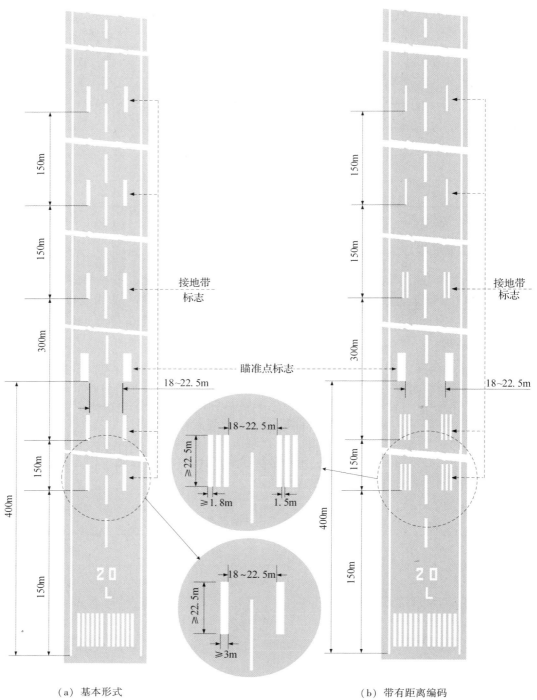

（a）基本形式 　　　　　　　　　　　　　　　　（b）带有距离编码

图 10.1.4　瞄准点标志和接地带标志

5. 接地带标志（Touchdown Zone Marking）

有铺筑面的仪表跑道和飞行区指标Ⅰ为3或4的有铺筑面的非仪表跑道应设接地带标志。该标志由若干对对称设置在跑道中线两侧的长方形标志块组成，如图10.1.4所示，成对标志块的纵向间距必须为150m，自距离跑道入口150m处开始。标志块的对数通常取决于可用着陆距离，而当一条跑道两端的进近方向都需设置该标志时，其对数则与跑道两端入口之间的距离有关，具体如表10.1.4所示。与瞄准点标志相重合或位于其50m范围内的接地带标志须删去。

表10.1.4 接地带标志对数量与可用着陆距离

可用着陆距离（或跑道入口之间的距离）	接地带标志对的数量
<900m	1
900~<1200m	2
1200~<1500m	3
1500~<2400m	4
2400m及以上	6

6. 跑道边线标志（Runway Side Stripe Marking）

有铺筑面的跑道应在跑道两侧设跑道边线标志。跑道边线标志应设在跑道两端入口之间的范围内，但与其他跑道或滑行道交叉处应予以中断。在跑道入口内移时，跑道边线标志保持不变。宽度大于等于30m的跑道，其边线标志线条宽至少应为0.9m，在较窄的跑道上，线条宽度至少为0.45m。

7. 跑道掉头坪标志（Runway Turn Pad Marking）

当设有跑道掉头坪时，必须设置提供连续的跑道掉头坪引导标志，以便使飞机能够完成180°转弯和对准跑道中线，如图10.1.5所示。

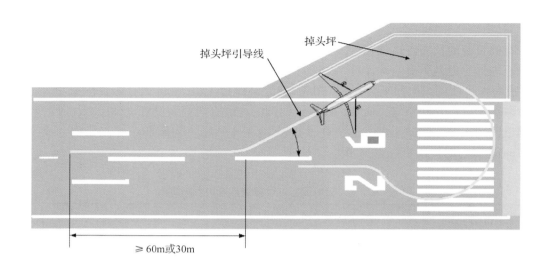

图 10.1.5　跑道掉头坪标志示意图

10.1.3　滑行道标志

1. 滑行道中线标志（Taxiway Centre Line Marking）

滑行道中线标志用以为航空器提供从跑道中线到各停机位之间的连续引导。出口滑行道与跑道相交处，滑行道中线标志应以曲线形式转向跑道中线标志，并平行于跑道中线（相距 0.9m）延伸至超过切点 60m（飞行区指标Ⅰ为 3 或 4）或 30m（飞行区指标Ⅰ为 1 或 2）处。

为防止和减少跑道入侵，当机场交通密度为中或高时，在与跑道直接相连的滑行道（单向运行的滑行道除外）上的 A 型跑道等待位置处，应设置增强型滑行道中线标志，如图 10.1.6（a）所示。当增强型滑行道中线标志与位于与之相距 47m 以内的另一个跑道等待位置标志相交时，其设置形式如图 10.1.6（b）所示；当增强型滑行道中线标志穿过位于与之相距 47m 以内的另一条滑行道时，应在交叉点的前后各 1.5m 处中断增强型滑行道中线标志，如图 10.1.6（c）所示；当存在两个相对的跑道等待位置标志且其间距小于 94m，其设置形式如图 10.1.6（d）所示。

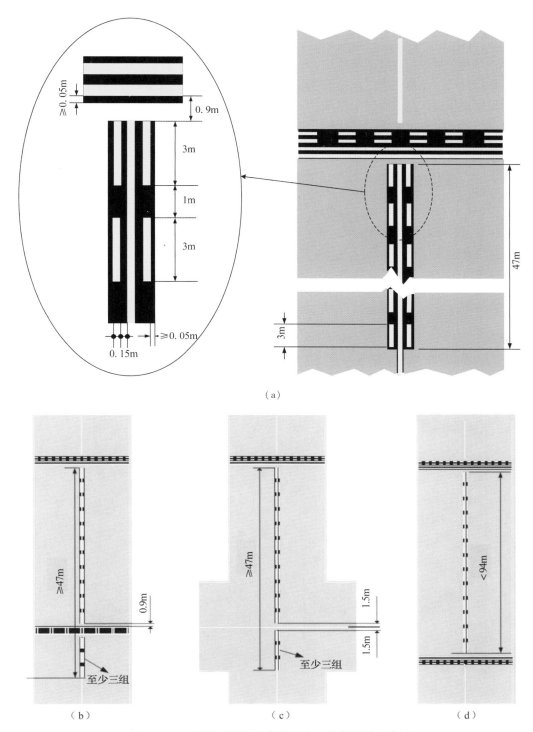

图 10.1.6　增强型滑行道中线标志（水泥混凝土道面）

2. 跑道等待位置标志（Runway-holding Position Marking）

跑道等待位置处应设跑道等待位置标志，该标志分为 A 型和 B 型两种，如图 10.1.7 所示。在滑行道与跑道相交处，跑道等待位置标志须为 A 型。在滑行道与I类、Ⅱ类或Ⅲ类精密进近跑道相交，并设有多个跑道等待位置标志时，最靠近跑道的跑道等待位置标志必须为 A 型，离跑道较远的跑道等待位置标志采用 B 型。在跑道与跑道相交处设置 A 型跑道等待位置标志，而且须垂直于作为滑行路线的那部分跑道中线。

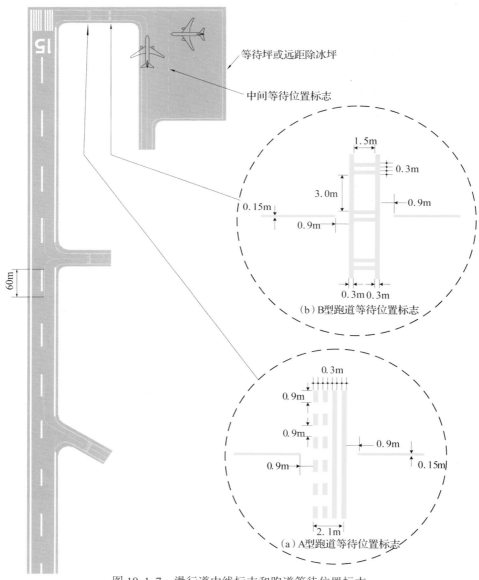

图 10.1.7　滑行道中线标志和跑道等待位置标志

如果 B 型跑道等待位置标志位于一个要求标志长度大于 60m 的地区，应按跑道类别增设"CATⅡ"或"CATⅢ"字样，如图 10.1.8 所示。

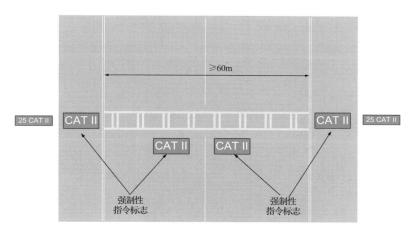

图 10.1.8　B 型跑道等待位置长度大于 60m 时增设的地面标志示意图

3. 中间等待位置标志（Intermediate Holding Position Marking）

该标志为虚线，横跨滑行道设置，如图 10.1.9 所示。在两条有铺筑面的滑行道相交处显示的中间等待位置，应与相交滑行道的近边有足够的距离以保证滑行中的航空器之间的安全净距。

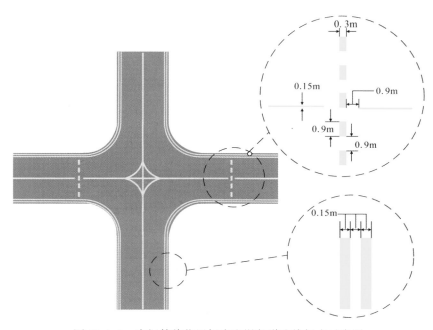

图 10.1.9　中间等待位置标志和滑行道边线标志示意图

4. 滑行道边线标志（Taxiway Edge Marking）

滑行道边线标志用以明确划分承重面与非承重面的界线，如图10.1.10所示。

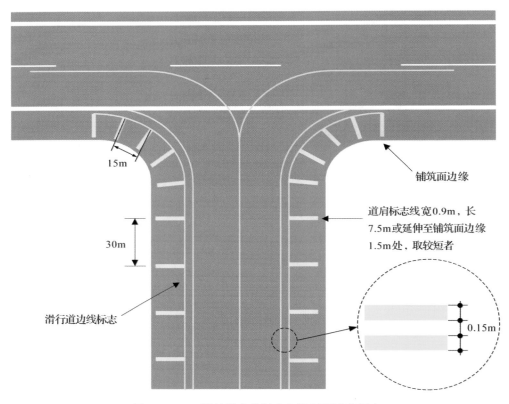

15m

30m

铺筑面边缘

道肩标志线宽0.9m，长7.5m或延伸至铺筑面边缘1.5m处，取较短者

滑行道边线标志

0.15m

图10.1.10　滑行道边线标志和滑行道道肩标志

5. 滑行道道肩标志（Taxiway Shoulder Marking）

滑行道、等待坪和停机坪筑的道肩用以防吹蚀或者防水浸蚀，在滑行道转弯处，或其他承重道面与非承重道面需要明确区分处，应在非承重道面上设置滑行道道肩标志，如图10.1.10所示。

10.1.4　机坪道面标志

1. 飞机机位标志（Aircraft Stand Marking）

在有铺砌面的机坪和除冰设施内规定的飞机停放位置上设有飞机机位标志。飞机机位标志一般应包括飞机机位识别标志（字母和/或数字）、引入线、转弯开始线、转弯线、对准线、停止线和引出线，如图 10.1.11 所示。

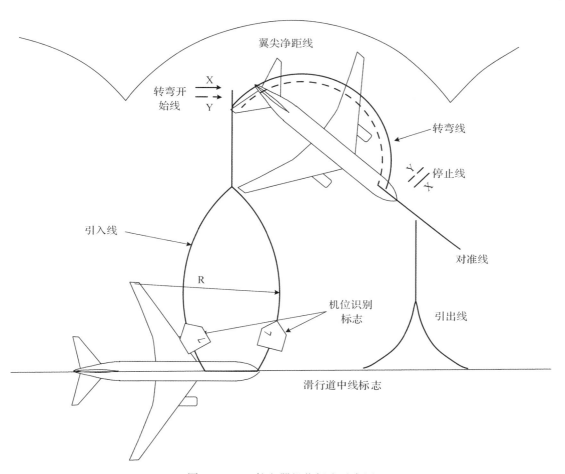

图 10.1.11 航空器机位标志示意图

（1）机位引入线

机位引入线提供从机位滑行通道进入特定的航空器机位的引导，对于机头向内的机位，引入线应标出机位中线直至航空器的停止位置。

引入线可以分为 A 型引入线、B 型引入线、C 型引入线和 D 型引入线四种，如图 10.1.12、图 10.1.13、图 10.1.14 和图 10.1.15 所示。

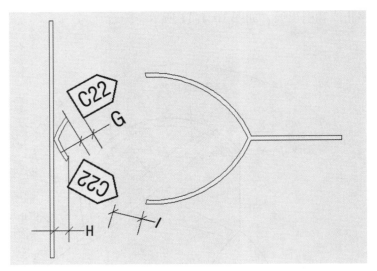

图 10.1.12　飞机机位 A 型引入线标志示意图

注：G、H、I 分别为 0.5 m、0.5 m 和 1 m。

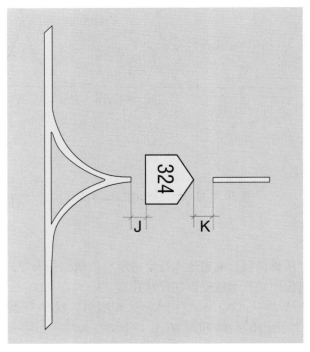

图 10.1.13　飞机机位 B 型引入线标志示意图

注：J、K 分别为 1 m 和 2 m。

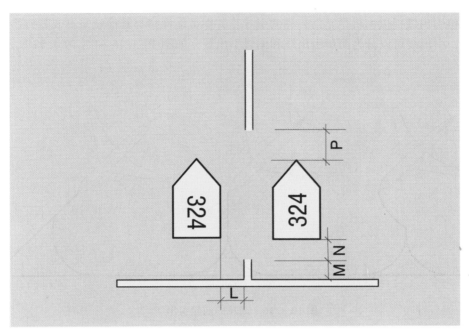

图 10.1.14　飞机机位 C 型引入线标志示意图

注：L、M、N、P 分别为 1 m、1 m、1 m、2 m。

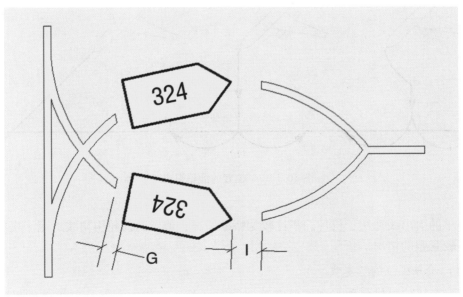

图 10.1.15　飞机机位 D 型引入线标志示意图

注：G、I 分别为 0.5 m、1 m。

（2）机位引出线

机位引出线提供由机位至滑行道的引导，并保证能保持与其他航空器或障碍物的规定的净距，引出线可以分为简单引出线和偏置引出线，如图 10.1.16 和图 10.1.17 所示。

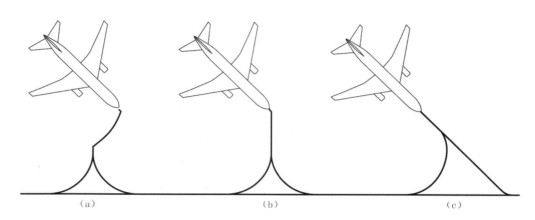

（a）　　　　　　　　　（b）　　　　　　　　　（c）

图 10.1.16　简单的前轮引出线

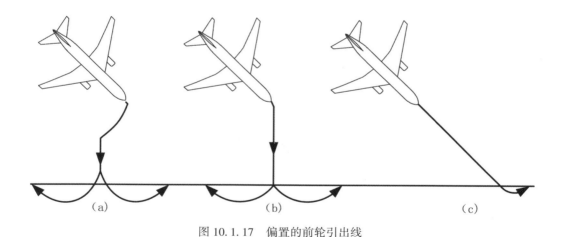

（a）　　　　　　　　　（b）　　　　　　　　　（c）

图 10.1.17　偏置的前轮引出线

简单的引出线适用于机坪面积比较宽裕的情况，偏置的前轮引出线适用于机坪面积相对比较紧张的情况。

（3）组合机位的标志线

当一个机位可供多种类型的航空器使用时（如一个供大型航空器停放的机位可供两架中小型航空器同时停放使用，或可供两个小型航空器同时使用的机位供某一大型航空器使用），可采用组合机位的标志线画法，此时机位要求最严格的航空器的机位标志线（主线）应为连续线，其余航空器的机位标志线（辅线）则应为断续线，如图10.1.18所示。

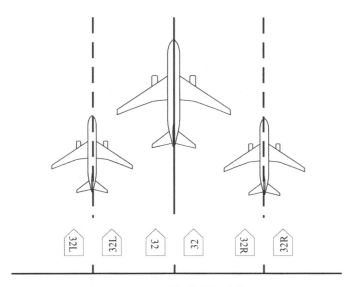

图 10.1.18 组合机位的标志线画法

（4）机位识别标志

机位识别标志用于对航空器停机位的识别，应设在引入线起端后一定距离处，标志大小应使驾驶舱内的飞行员能清楚辨识。机位识别标志的设置方式如图 10.1.19。

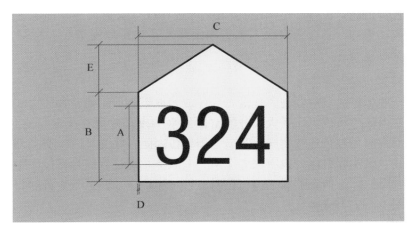

图 10.1.19 机位号码标志相关尺寸

注：A 为 4m，B 为 5m，C 随字符宽度而定，D 为 0.1m，E 为 2m。如果空间受限，A、B、E 可缩小一半。

（5）航空器前轮停止点标志

前轮（也称鼻轮）停止点标志用于标示航空器前轮的停止位置，由垂直于机位滑行引导线的短线和标注适用停放的机型编码组成，如图 10.1.20 所示。

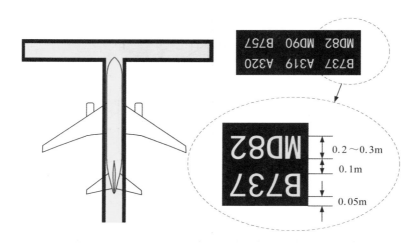

图 10.1.20　航空器前轮停止点标志示例（航空器编码设黑色背景）

2. 机坪安全线（Apron Safety Lines）

在有铺砌面的机坪上，应根据航空器停放的布局、地面设施和/或车辆的需要设置机坪安全线。机坪安全线包括机位安全线、翼尖净距线、廊桥活动区标志线、勤务道路边界线、行人步道线、设备和车辆停放/集结区边界线以及各类栓井标志等。廊桥活动区标志线和各类栓井标志应为红色，翼尖净距线及其他机坪安全线（包括标注的文字符号）均应为白色。

（1）机位安全线

机位安全线为停放航空器与其他滑行和停放的航空器、车辆及物体之间提供足够的安全净距，应由该停机位可用最大尺寸航空器的水平投影并留有规定安全净距来确定。机位安全线通常应为红色连续实线，当航空器机位净距存在交叉时，交叉部分的机位安全线应为虚线。机头和机尾处设有服务车道，且服务车道位置满足机位净距要求时，可不另设机位安全线。在航空器滑入停机位时，特种车辆、地面运行设备和物体应位于安全线外。如图 10.1.21 所示。

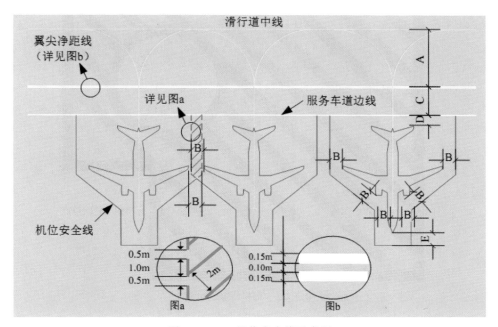

图 10.1.21　机位安全线示意图

注：A 为滑行道或机位滑行通道中线到翼尖净距线的距离，应满足表 8.2.3 的要求；

B 为飞机与相邻飞机及物体的净距，应满足表 9.2.1 的要求；

C 为服务车道宽度；

D 为服务车道边线距停放飞机的净距，应满足表 9.2.1 的要求；

E 为机头的安全净距，应满足表 9.2.1 的要求。

（2）翼尖净距线

为减少服务车辆、保障设备以及作业人员等对滑行飞机的干扰，保证机坪滑行道上飞机的运行安全，应设置翼尖净距线。其设置应符合表 8.2.3 中规定的滑行道中线或机位滑行通道中线与物体的净距要求。翼尖净距线应为白色双实线，如图 10.1.21 所示。

（3）廊桥活动区标志

廊桥活动区标志用于标注廊桥停放及活动时所经过的区域，区域边界应与廊桥的活动范围留有一定安全净距，形状根据廊桥厂家提供的廊桥活动范围确定，标志由廊桥驱动轮回位点和活动区两部分组成，如图 10.1.22 所示。

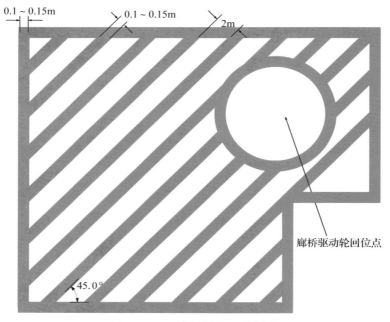

图 10.1.22　廊桥保护区示意图

（4）设备区标志

设备区包括设备（车辆）停放区、作业保障等待（集结/待命）区、轮挡放置区、拖把放置区等，这些区域都位于其他机坪安全线外，视机场实际运行情况划设，区域内所标注的文字符号应采用白色黑体字体。

①设备摆放区标志

设备摆放区标志用于标注摆放高度为1.5m（含）以下的小型设备（包括氮气瓶、千斤顶、六级以下小型工作梯、放水设备、非动力电源车等）的区域。该区域标志为白色矩形框，矩形长和宽不确定；框内有一处或多处"设备区"字样。设备摆放区标志的位置、形状和尺寸应以施划的图纸为准，如图10.1.23所示。

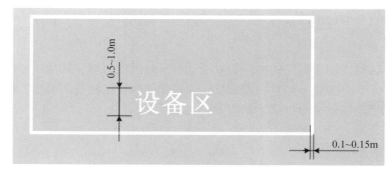

图 10.1.23　设备摆放区标志（图中的灰底为原道面颜色）

②特种车辆停车位标志

特种车辆停车位标志应为白色矩形，矩形大小应根据摆放车辆确定，矩形内应标注"XX 车专用位"字样。若对车辆停车方向有特殊要求，应增设停车方向指引标志，如图 10.1.24 所示。

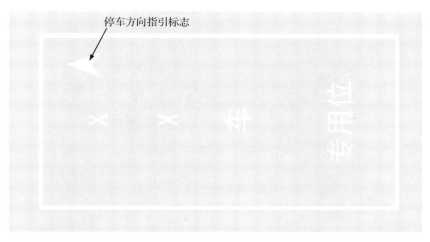

图 10.1.24　特种车辆停车位标志（图中的灰底为原道面颜色）

③集装箱、托盘摆放区标志

集装箱、托盘摆放区标志用于标注供托盘及集装箱长期停放的区域。该区域标志为矩形，内部有平行于对边的等距线段。集装箱、托盘摆放区标志的位置、形状及尺寸应以施划的图纸为准，如图 10.1.25 所示。

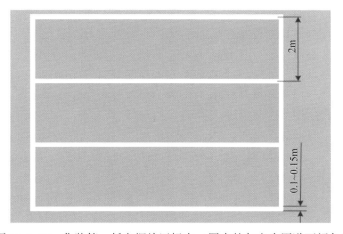

图 10.1.25　集装箱、托盘摆放区标志（图中的灰底为原道面颜色）

④车辆中转区

在机位区域保障作业等待区空间不足的情况下，宜在附近机坪寻找适合位置设置车辆中转区，供保障车辆临时停放。该区域一般为矩形，内部有一处或多处"车辆中转区"文字标注，如图 10.1.26 所示。

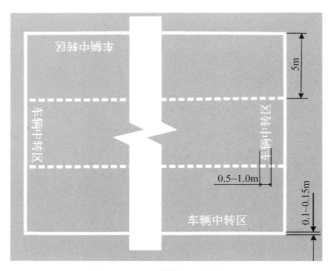

图 10.1.26　车辆中转区标志

⑤作业等待区标志

机坪上可划设作业等待区，用以规范飞机入位前各类作业设备的等待停放位置。作业等待区分"常规作业等待区"和"临时作业等待区"两种形式，如图 10.1.27 所示。"常规作业等待区"允许设备在飞机进、出机位期间持续停放，通常用于"自滑进、顶推出"机位；"临时作业等待区"只允许设备在飞机入位前临时停放，完成作业后则应撤出该区域，以允许飞机从该区域通过，通常用于"自滑进出"机位。

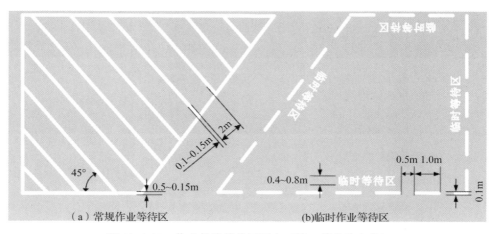

图 10.1.27　作业保障等待区标志（注：线条为白色）

⑥轮挡放置区标志

轮挡放置区为机坪上划设的轮挡放置区，如图 10.1.28 所示。

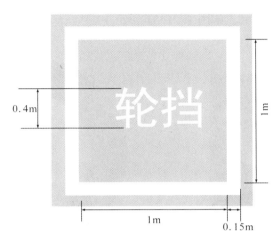

图 10.1.28　轮挡放置区标志

⑦航空器推出线及推出等待点标志

如果运行需要，在需严格限制航空器推出路线和滑行等待位置的区域，可设置航空器推出线和推出等待点，推出等待点应为航空器前轮的停止点。航空器推出线为白色虚线。推出等待点垂直于推出线方向，设置在靠近滑行道的航空器推出线端点，如图 10.1.29 所示。

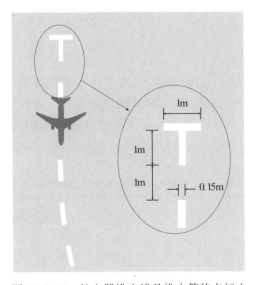

图 10.1.29　航空器推出线及推出等待点标志

⑧机坪上的各类栓井标志

按照《民用机场运行安全管理规定》的要求，机坪上的各类栓井应予以标示。消防栓井标志采用正方形标示，正方形内除井盖外均涂成红色，如图 10.1.30 所示。其他栓井标志采用红色圆圈标示，如图 10.1.31 所示。

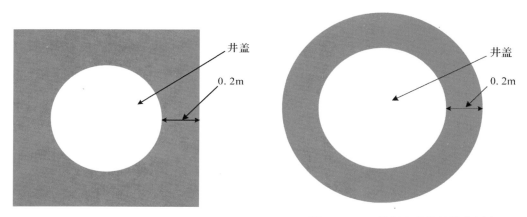

图 10.1.30　机坪消防栓井标志　　　　图 10.1.31　机坪上的其他栓井标志

⑨机坪边界线标志

如果必要，应将机坪道面与非机坪区域用机坪边界线区别开来，机坪边界线的标准同滑行道边线。

3. 机坪上的交通标志

供场内机动车驾驶员或行人使用的各类交通标志、标识应以国家道路交通规则为依据进行设置。

（1）道路等待位置标志

所有道路在进入跑道处、与滑行道交叉处必须横跨道路设置道路等待位置标志，以作为机动车辆避让航空器的依据。进入跑道的道路等待位置标志应设置在跑道导航设施敏感区以外。与滑行道相交的道路，其道路等待位置标志距滑行道中线距离应满足表 10.1.5 的规定。

表 10.1.5　道路等待位置标志与滑行道中线的最小距离　　　　（单位：m）

飞行区指标 II	行车道停止线距滑行道中线	行车道停止线距机位滑行通道中线
A	16.25	12
B	21.5	16.5

飞行区指标Ⅱ	行车道停止线距滑行道中线	行车道停止线距机位滑行通道中线
C	26	24.5
D	40.5	36
E	47.5	42.5
F	57.5	50.5

道路等待位置标志包括停止线及"停"字。为突出显示该位置，文字可设红色背景，如图10.1.32所示，并且宜在停止位置处设置反光设施（如反光道钉等）。

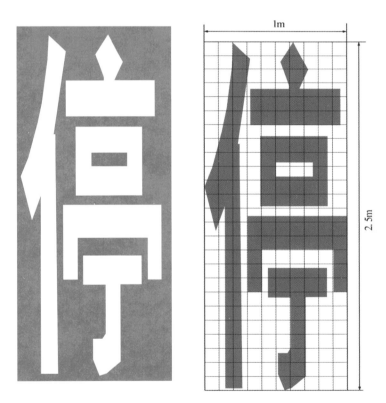

图10.1.32　道路等待位置处的文字尺寸

（2）穿越滑行道的服务车道标志

穿越滑行道的服务车道或者机场内其他需要引起驾驶员特别注意的机动车道，其边线由交错布置的线段组成，如图10.1.33所示。

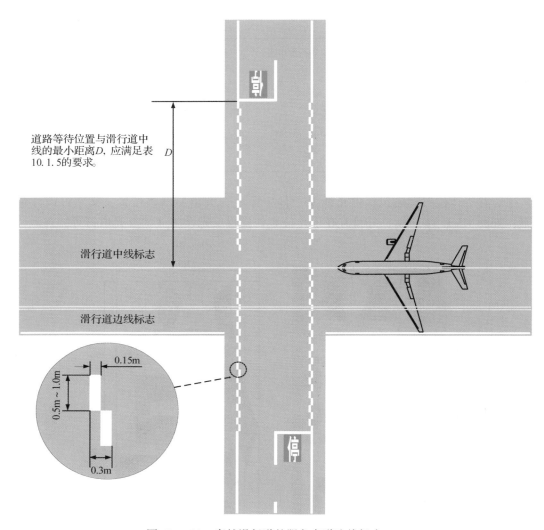

道路等待位置与滑行道中线的最小距离D, 应满足表10.1.5的要求。

滑行道中线标志

滑行道边线标志

图10.1.33　穿越滑行道的服务车道边线标志

10.1.5　其他道面标志和指示标

1. 关闭标志（Closed Markings）

跑道、滑行道或其一部分关闭时，在其两端设关闭标志，如果关闭的跑道或平行滑行道长度大于300m，则应在关闭道面中部增加关闭标志，使其间距不大于300m。关闭标志的形状和尺寸应如图10.1.34所示。

滑行道中线

（a）跑道关闭标志（图中灰底为道面颜色）　　　　　　（b）滑行道关闭标志

图 10.1.34　关闭标志

2. 跑道入口前地区标志（Pre-threshold Area）

当跑道入口前筑有道面（如设有防吹坪或停止道），其长度不小于 60 m，且不适于航空器的正常使用时，应在跑道入口前的全长用"＞"形符号予以标志。"＞"形标志应指向跑道方向，以黄色为宜，如图 10.1.35 所示。

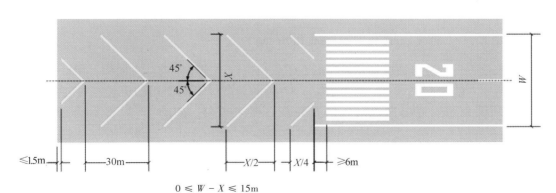

$$0 \leqslant W - X \leqslant 15\text{m}$$

其中：W ——跑道宽度（不含道肩）

X ——跑道入口前标志宽度（宜 $X = W$）

图 10.1.35　跑道入口前地区标志

3. VOR 机场校准点标志（VOR Aerodrome Check-point Marking）

当设有 VOR 机场校准点时应设置 VOR 机场校准点标志。如要求航空器对准某一特定方向进行校准，还应通过圆心增加一条指向该方向的直线，并伸出圆周以一个箭头终结，如图 10.1.36 所示。标志的位置应以航空器停稳后能接收正确的 VOR 信号的地点为圆心。标志的颜色应为白色。

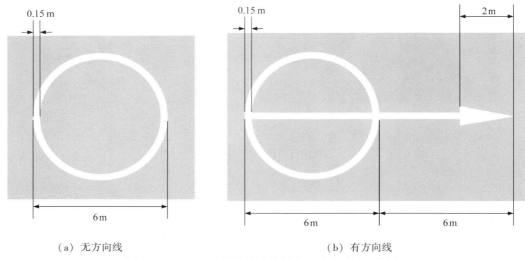

（a）无方向线　　　　　　　　　　　　（b）有方向线

图 10.1.36　VOR 机场校准点标志（底色为道面颜色）

4. 着陆方向标（Landing Direction Indicator）

在未设置目视进近坡度指示系统的跑道入口以内，应设置着陆方向标，用以指示运行跑道所用着陆和起飞方向，如图 10.1.37 所示。需供夜间使用的机场，着陆方向标"T"必须设有照明或以白色灯勾画其轮廓，即 T 型灯，如图 10.1.38 和图 10.1.39所示。

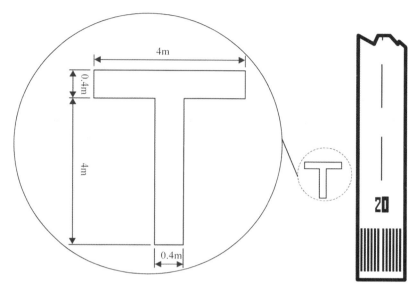

图 10.1.37　着陆方向标尺寸和位置示意图

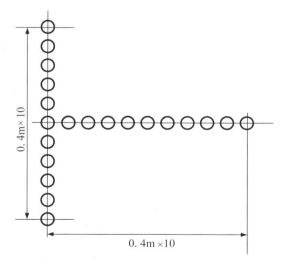

图 10.1.38　T 型灯布局示意图

图 10.1.39　T 型灯

5. 风向标（Wind Direction Indicator）

风向标用以向起飞着陆的航空器明确指明地面风的方向和大致风速，通常设置在跑道两端起降方向的瞄准点附近、跑道入口的左侧。准备在夜间使用的机场，风斗应设有照明。如图 10.1.40 所示。

图 10.1.40　风向标

6. 强制性指令标志（Mandatory Instruction Marking）

在无法安装强制性指令标记牌处，而在运行上又需要时（如在宽度超过 60m 的滑行道上），或是为防止跑道侵入，应设强制性指令标志。强制性指令标志为红底白字。运行中的航空器、车辆和人员遇到强制性指令标志时，必须取得塔台的许可，才能进行下一步动作。

除禁止进入标志外，白色字符必须提供与相关的标记牌相同的信息，如图 10.1.41 和图 10.1.42 所示。

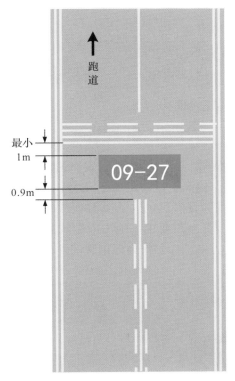

图 10.1.41　飞行区指标 II 为 A、B、C 和 D
滑行道上的强制性指令标志

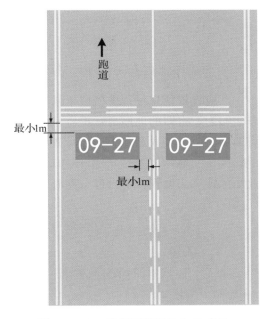

图 10.1.42　飞行区指标 II 为 E 或 F
滑行道上的强制性指令标志

禁止进入标志应为白色的"NO ENTRY"字样，设在红色的背景上，文字方向均应朝向趋近跑道的方向，如图 10.1.43 所示。

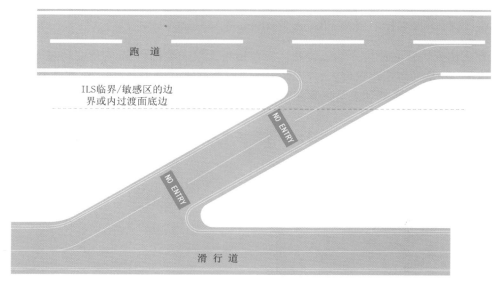

图 10.1.43 "NO ENTRY" 标志的设置示意图

7. 信息标志（Information Marking）

在应设置信息标记牌但由于某些原因无法设置处，须在道面上设置信息标志。该标志能够为航空器的地面滑行提供有效的路由信息，提高航空器机场运行效率。这类标志为黑底黄字（当其替代或补充位置标记牌时），或为黄底黑色（当其替代或补充方向标记牌或目的地标记牌时），如图 10.1.44 所示。因受净距要求、地形限制或其他原因导致标记牌只能设置在滑行道右侧时，宜在地面设置信息标志作为标记牌的补充。

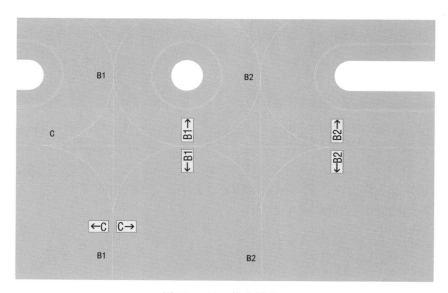

图 10.1.44 信息标志

188

当在滑行道或机位滑行通道上设置"MAX SPAN"（最大翼展）标志有助于防止飞机误滑时，应将其设置在进入该滑行道或机位滑行通道起始处，如图 10.1.45 所示（沥青道面可不设黑色底色）。

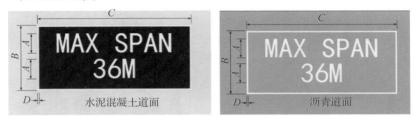

图 10.1.45　"最大翼展"信息标志

注：A 为 4m，B 为 9.5m，C 根据具体情况决定，D 为 0.1m。

10.1.6　不适用地区标志物和标志灯

在滑行道、机坪、等待坪上不适于航空器活动，但仍可能让航空器在其旁边安全通行的任何部分，必须展示不适用地区的标志物。对供夜间使用的活动区，则必须设置不适用地区的标志灯。不适用地区标志物和标志灯必须设置得间距足够紧密，使其能勾画出不适用地区的范围。

标志物必须由鲜明竖立的器件，如旗帜、锥体或标志板组成。当不适用地区标志物采用标志旗时，其设置如图 10.1.46 所示；当不适用地区标志物为锥体时，其设置如图 10.1.47 所示；当不适用地区标志物为标志板时，其设置如图 10.1.48 所示。

标志灯为红色恒光灯，光强不小于 10cd。

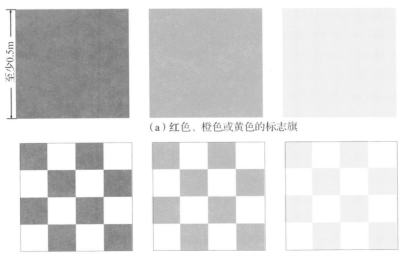

（a）红色、橙色或黄色的标志旗

（b）红色、橙色或黄色与白色相间的标志旗

图 10.1.46　不适用地区标志旗示意图

图 10.1.47　不适用地区锥体标志物

红色与白色相间的
不适用地区标志板

橙色与白色相间的
不适用地区标志板

图 10.1.48　不适用地区标志板

10.2　滑行引导标记牌

　　滑行引导标记牌根据机场对飞机在地面活动的引导和管制的要求配置，其主要作用是传达飞机或车辆必须停住等待塔台放行的信息；传达禁止进入某一地区的信息；帮助驾驶员识别其所在位置；识别滑行道交叉或分支点前方滑行道的代号；向驾驶员指明前往目的地的方向；帮助驾驶员判断其飞机是否已脱离跑道等。滑行引导标记牌按功能划分为强制性指令标记牌（Mandatory Instruction Sign）和信息标记牌（Information Instruction Sign）。

10.2.1　强制性指令标记牌

在航空器或车辆未经塔台许可不得越过的界限处应设强制性指令标记牌。该标记牌必须为红底白字。各种强制性指令标记牌的牌面文字符号示例如图 10.2.1 所示。

(a) 位置 / 跑道号码（左侧）

(b) 位置 / 跑道号码（右侧）

(c) 位置 / 跑道号码（左侧）

(d) 位置 / 跑道号码（右侧）

(e) 跑道等待位置

(f)　跑道号码 / Ⅱ类等待位置

(g) 禁止进入

（h）道路等待位置标记牌

（ⅰ）用于转换频率的等待点标记牌

图 10.2.1　强制性指令标记牌

1. 跑道号码标记牌

跑道号码标记牌如图10.2.1（a）、（b）、（c）、（d）和图10.2.3所示。该标记牌上应标出跑道两端的跑道号码，面向跑道的驾驶员左边跑道端的跑道号码在左，驾驶员右边跑道端的跑道号码在右，在两个号码之间加短划"－"。设置在连接跑道端头滑行道上的跑道号码标记牌仅展示该跑道端的跑道号码。

2. 跑道等待位置标记牌

如果滑行道的位置或方向使得滑行的航空器或车辆会侵犯障碍物限制面或干扰无线电助航设备的运行，则应在该滑行道上设跑道等待位置标记牌。该标记牌应设在障碍物限制面或无线电助航设备的临界/敏感区边界处的跑道等待位置两侧各设一块，朝向趋近的航空器。如图10.2.1（e）和图10.2.2所示。

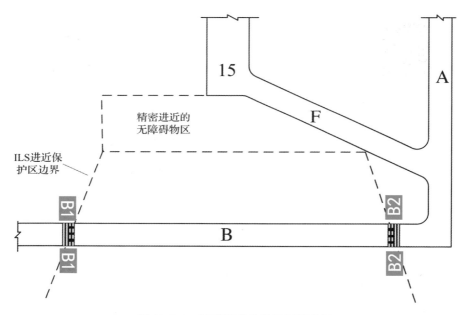

图10.2.2　跑道等待位置标记牌示例

3. Ⅰ类、Ⅱ类或Ⅲ类等待位置标记牌

Ⅰ类、Ⅱ类、Ⅲ类或Ⅱ/Ⅲ类合用的跑道等待位置标记牌一般设在跑道端滑行道与跑道的相交处，该标记牌处为ILS临界/敏感区的边界，如图10.2.3所示。

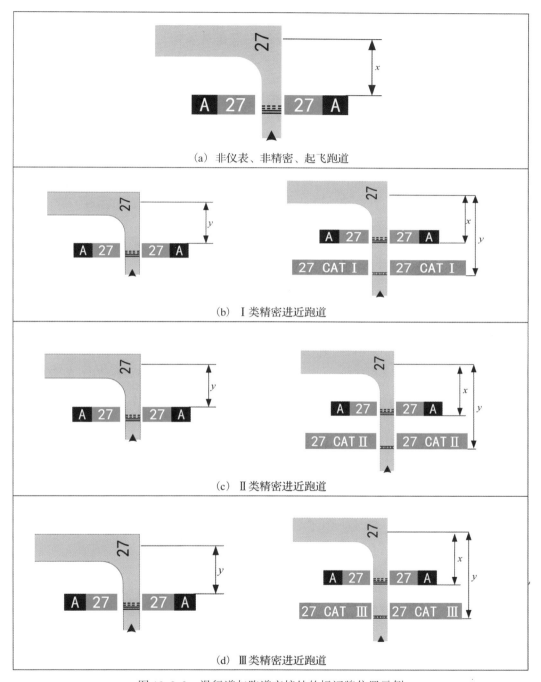

（a）非仪表、非精密、起飞跑道

（b）Ⅰ类精密进近跑道

（c）Ⅱ类精密进近跑道

（d）Ⅲ类精密进近跑道

图 10.2.3 滑行道与跑道交接处的标记牌位置示例

注：距离 y 根据 ILS 敏感区的边界确定；（b）、（c）、（d）左边的图为 $y-x \leqslant 15$m 时的设置情况。

4. 禁止进入标记牌

当需要禁止航空器进入一个地区时应设置禁止进入标记牌，其形状如图 10.2.1
（g）所示。"禁止进入"标记牌应设置在禁止进入地区起始处的滑行道两侧，朝向趋近
的航空器。

作为防止跑道侵入的措施之一，对于机场交通密度为"高"的机场，仅作出口的
滑行道应在进入跑道方向上设置"禁止进入排灯"，以防止航空器或车辆误入该滑行
道。"禁止进入排灯"的构型及光学特性与停止排灯相同，设置在单向出口滑行道反向
入口附近，并在 A 型跑道等待位置之前，且不得突破 ILS/MLS 临界/敏感区的边界及对
应跑道的内过渡面的底边，如图 10.2.4 所示；对于机场交通密度为"中"的机场，仅
作出口的滑行道宜设置"禁止进入排灯"，不设置时，应设置"禁止进入"地面标志；
对于机场交通密度为"低"的机场，仅作出口的滑行道可不设置"禁止进入排灯"。

无论"禁止进入排灯"是否设置，相应位置均应设置"禁止进入"标记牌。

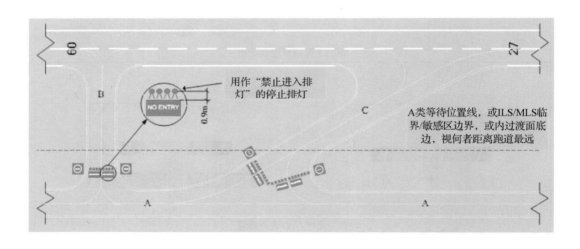

图 10.2.4　禁止进入标记牌的设置

5. 道路等待位置标记牌

在所有道路进入跑道的入口处必须设置道路等待位置标记牌。如图 10.2.1（h）
所示。

6. 用于转换频率的等待点标记牌

在机场运行要求航空器滑行至此应停住按空管要求转换频率之处，应设置强制性指
令标记牌"HP X"（X 为阿拉伯数字），如图 10.2.1（i）所示。

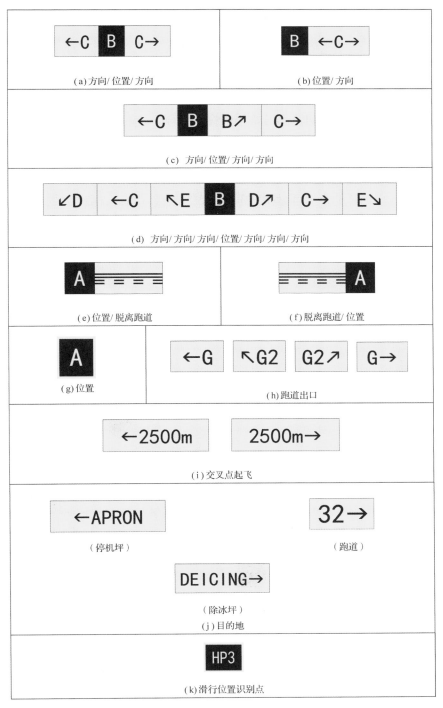

图 10.2.5   信息标记牌

10. 2. 2 信息标记牌

信息标记牌上应用下列文字表示各种地区地段:

(1) 跑道端用跑道号码表示;

(2) 滑行道用滑行道编号表示;

(3) 客机坪或客货共用机坪用"APRON"表示;

(4) 货机坪用"CARGO"表示;

(5) 试车坪用"RUNUP"表示;

(6) 国际航班专用机坪用"INTL"表示;

(7) 军民合用机场的军用部分用"MIL"表示;

(8) 军民合用机场的民用部分用"CIVIL"表示;

(9) 除冰坪用"DEICING"表示。

1. 位置信息标记牌

位置标记牌用以标明某一位置,应尽可能地设置在滑行道左侧,使用黑底黄字。单独设置时应增加一个黄色边框,如图 10.2.5 (g) 和图 10.2.6 所示。

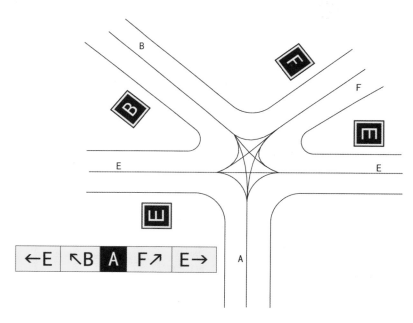

图 10.2.6 复杂滑行道交叉处增设位置标记牌

2. 方向标记牌

方向标记牌应包括滑行道编号和用以识别转弯方向的箭头，黄底黑字，黑色箭头。通常设置在滑行道与滑行道交叉点之前，便于航空器驾驶员进行观察，选择前进的方向。

在一块位置标记牌与多块方向标记牌合设构成方向标记牌组时，相邻方向标记牌应用黑色垂直分界线隔开。所有指向左转的方向标记牌必须设在位置标记牌的左侧，所有指向右转的方向标记牌必须设在位置标记牌的右侧。如图 10.2.5（c）和图 10.2.5（d）所示。

3. 目的地标记牌

在需要用标记牌向驾驶员指明前往某一目的地的滑行方向之处，宜设一块目的地标记牌，黄底黑字，黑色箭头，牌面标有代表该目的地的文字符号和一个指明去向的箭头，如图 10.2.5（j）所示。目的地标记牌不得与其他标记牌合设。

4. 跑道出口标记牌

跑道出口标记牌必须设在跑道出口滑行道一侧，其上的文字符号必须包括跑道出口滑行道的代码和一个标明应遵行方向的箭头，如图 10.2.7 所示。

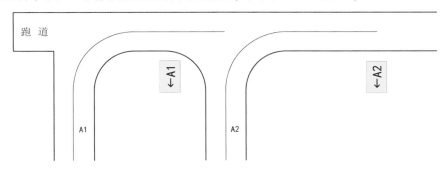

图 10.2.7　跑道出口标记牌的设置

5. 脱离跑道标记牌

当运行管理需要航空器在脱离跑道，即越过 ILS/临界/敏感区的边界或内过渡面的底边（视何者较晚发生）之后，且出口滑行道上未装有滑行道中线灯或虽装有但不准备在白天使用时，应设置脱离跑道标记牌，黄底黑色图案。脱离跑道标记牌至少应设在出口滑行道的一侧，如图 10.2.8 所示。

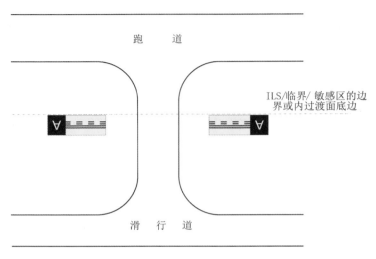

图 10.2.8　脱离跑道标记牌的设置

6. 交叉点起飞标记牌

在运行需要标明跑道交叉点起飞的剩余可用起飞滑跑距离时，应设一块交叉点起飞标记牌。标记牌上的文字符号应包括以米为单位的剩余可用起飞滑跑距离和一个方向与位置适当的箭头，如图 10.2.5（i）和图 10.2.9 所示。

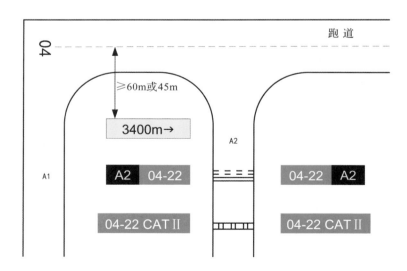

图 10.2.9　交叉点起飞标记牌的设置

7. 滑行位置识别点标记牌

如果运行上需要，可配合中间等待位置标志设置滑行位置识别点，以方便塔台管制员对航空器场面运行进行控制。该标记牌颜色为黑底黄字，如图10.2.10所示。

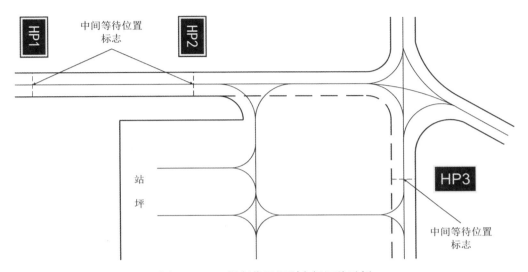

图 10.2.10　滑行位置识别点标记牌示例

8. 滑行道终止标记牌

在滑行道中止于一个 T 形相交点时，应用目的地标记牌标明滑行道终止于一个 T 形相交点，如图10.2.11所示。目的地标记牌应设在终止的滑行道终端的对面。

图 10.2.11　滑行道 T 形相交处的标记牌的设置

10.2.3 其他信息标记牌

1. VOR 机场校准点标记牌

在 VOR 机场校准点处应设置 VOR 机场校准点标记牌。标记牌上的文字应包括"VOR"、用兆赫数表示的 VOR 工作频率、VOR 机场校准点的 VOR 方位角的度数（最接近值）和以海里为单位表示的至与 VOR 合设的 DME（测距仪）的距离，如图 10.2.12 所示。

$$\boxed{\text{VOR 116.3 147}^\circ\ \text{4.3NM}}$$

$$\boxed{\begin{array}{l}\text{VOR 116.3}\\ \text{147}^\circ\ \text{4.3NM}\end{array}}$$

图 10.2.12　VOR 机场校准点标记牌

2. 航空器机位号码标记牌

每个航空器停机位应设一块机位号码标记牌。机位号码标记牌应为黄底黑字，并设有照明，宜采用内部照明方式。

安装在停机位上的机位号码标记牌应设在机位中线延长线上，如实际不可行，宜偏置于航空器入位方向机位中线左侧设置。机位号码标记牌可在建筑物上悬挂安装，或在地面上立式安装。机位号码标记牌牌面字符由机位号码和航空器鼻轮停止线所在地理位置的经纬度坐标组成，如图 10.2.13 所示。

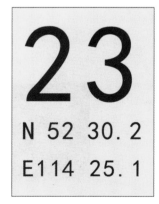

图 10.2.13　机位号码标记牌示例

10.3 机场灯光系统

10.3.1 机场灯光的一般要求

1. 可能影响飞行安全的非航空地面灯光

机场附近的非航空地面灯光，其光强、构型或颜色有可能妨碍飞行员对地面航空灯的识别，甚至危及飞行安全，因此应予熄灭、遮蔽或改装。对于从跑道入口或跑道末端向外延伸至少4500m（飞行区指标 I 为 4 的仪表跑道）或3000m（飞行区指标 I 为 2 或 3 的仪表跑道）范围内，跑道中线延长线两侧各750m宽的地区内，能从空中看到的非航空地面灯光应尤为注意。

2. 可能危及飞行安全的激光发射

对于可能危及飞行安全的激光发射，应环绕机场建立一个无激光光束飞行区（LFFZ）、一个激光光束临界飞行区（LCFZ）、一个激光光束敏感飞行区（LSFZ），如图10.3.1、10.3.2 和 10.3.3 所示。

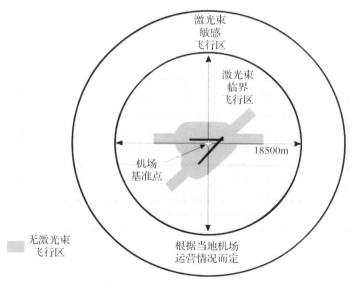

图 10.3.1 激光束飞行保护区

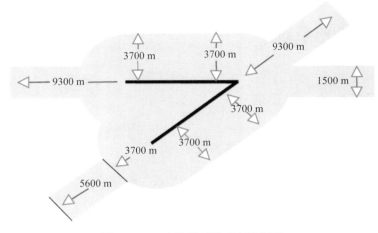

图 10.3.2 多跑道无激光束飞行区

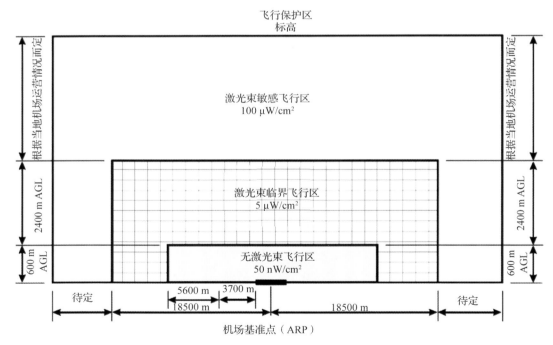

图 10.3.3 飞行保护区的可见激光光束最大许可辐射照度

3. 灯具分类及要求

（1）立式灯具

立式进近灯及其支柱均应易折，在距入口 300m 以外的灯光，如支柱高度超过 12m，则仅要求其顶端 12m 部分为易折；若支柱四周存在非易折物体，则仅要求高出非易折物体之上的部分易折。

当进近灯具或支柱本身不够明显时，应涂上黄色或橙色油漆，如图 10.3.4 所示。

跑道、停止道和滑行道边上的立式灯具高度应与螺旋桨和喷气飞机的发动机吊舱保持必要的净距。

图 10.3.4　立式灯具

（2）嵌入式灯具

嵌入式灯具的强度应能保证在受到飞机轮胎的压力时，飞机和灯具均不损坏，如图 10.3.5 所示。

图 10.3.5　嵌入式灯具

4. 光强与控制

在薄暮中或昼间低能见度条件下，灯光只有在达到足够光强后才会比标志更为有效，因此必须使灯光具有方向性。此外，为防止由于各灯光系统的光强突然变化导致飞行员对高度产生误判，当装有进近灯光系统、跑道边灯、跑道入口灯、跑道末端灯、跑道中线灯、跑道接地地带灯和滑行道中线灯时，必须具有分设的光强控制设备或其他适当的方法来保证相互协调的光强运行。

10.3.2 航空灯标

1. 机场灯标（Aerodrome Beacon）

在夜间使用的机场，如果飞机主要依靠目视航行或经常出现低能见度或由于周围灯光或地形使得难以在空中发现机场，均应在机场内或机场附近设机场灯标。机场灯标为白色或白色与绿色（陆地机场）、白色与黄色（水上机场）交替的闪光。

灯标附近应设障碍灯和避雷针，避雷针接地装置的冲击接地电阻不宜大于10Ω。

2. 机场识别灯标（Aerodrome Identification Beacon）

在有几个在夜间使用的机场相距很近而且缺乏其他方法帮助驾驶员在空中辨识的情况下，应用机场识别灯标代替机场灯标。

陆地机场的机场识别灯标应发出绿色闪光，水上机场的识别灯标应发出黄色闪光，闪光用国际莫尔斯电码发出机场的识别字母。

10.3.3 进近灯光系统

进近灯光系统（Approach Lighting System — ALS）包括简易进近灯光系统、Ⅰ类精密进近灯光系统和Ⅱ/Ⅲ类精密进近灯光系统。

1. 简易进近灯光系统（Sample ALS — SALS）

常见的简易进近灯光系统由一行位于跑道中线延长线上并尽可能延伸到距跑道入口不小于420m处的灯具和一排在距跑道入口300m处构成一个长18m或30m的横排灯具组成，如图10.3.6所示。拟在夜间使用的飞行区指标Ⅰ为3或4的非仪表跑道通常装设A型简易进近灯光系统；拟在夜间使用的非精密进近跑道通常装设B型简易进近灯光系统。

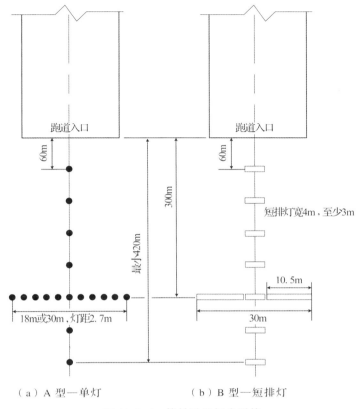

（a）A 型—单灯　　　　　　　（b）B 型—短排灯

图 10.3.6　简易进近灯光系统

简易进近灯光系统须为恒定发光灯，灯光颜色必须易与其他航空地面灯以及可能存在的外界灯光区别开来。

2. Ⅰ类精密进近灯光系统（Precision ALS Category Ⅰ — PALS CAT Ⅰ）

Ⅰ类精密进近跑道应设Ⅰ类精密进近灯光系统。该灯光系统由一行位于跑道中线延长线上并尽可能延伸到距跑道入口 900m 处（因场地条件限制时，此长度可适当缩短，但不得小于 720m）的灯具和一排距跑道入口 300m 的长 30m 的横排灯组成，灯具为可变白光的恒定发光灯，如图 10.3.7 所示。

对于 A 型灯光，中线短排灯上附加一个顺序闪光灯（只有在考虑了灯光系统的特性和当地气象条件后认为无必要时才少装或不装），顺序闪光灯每秒闪光两次，从最外端的灯向入口逐个顺序闪光，如图 10.3.7（a）所示。

对于 B 型灯光，靠近跑道入口的 300m 为单灯光源，中间 300m 为双灯光源，外端 300m 为三灯光源，五组横排灯分别距跑道入口 150m、300m、450m、600m 和 750m，如图 10.3.7（b）所示。

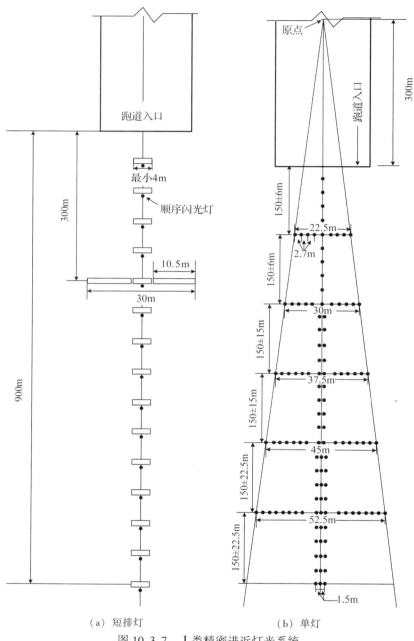

（a）短排灯　　　　　　　　（b）单灯

图 10.3.7　Ⅰ类精密进近灯光系统

　　Ⅰ类精密进近灯光系统应设置自动投入的备用电源，投入速度应能满足灯光的转换时间不大于 15s 的要求。系统中的顺序闪光灯应由一个能分三级调光的并联电路供电，其余均应由两组能分五级调光的串联电路供电，中线短排灯应隔排串联在两个不同的电路内，横排灯上的单灯则应隔灯串联在两个不同的电路内。

3. Ⅱ/Ⅲ类精密进近灯光系统（PALS CAT Ⅱ/Ⅲ）

Ⅱ类或Ⅲ类精密进近跑道应设Ⅱ/Ⅲ类精密进近灯光系统。Ⅱ/Ⅲ类精密进近灯光系统全长900m（因场地条件限制时，此长度可适当缩短，但不得小于720m），与Ⅰ类精密进近灯光系统相比，本系统还必须有两行延伸到距跑道入口270m处的红色侧边灯以及两排横排灯，如图10.3.8所示。

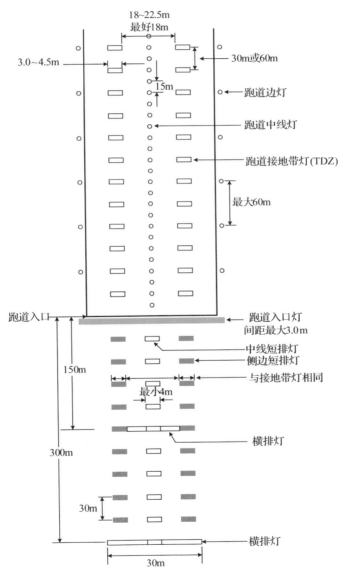

图 10.3.8 Ⅱ/Ⅲ类精密进近跑道内端 300m 的进近灯光和跑道灯光

应为Ⅱ/Ⅲ类精密进近灯光系统设置能够自动投入的应急电源，投入速度应能满足灯光转换时间的要求。系统中距离跑道入口300m以内部分的转换时间不大于1s，其余部分的转换时间应不大于15s。系统中的顺序闪光灯（加装条件同Ⅰ类精密进近灯光系统）应由一个能分三级调光的并联电路供电，其余均应由两组能分五级调光的串联电路供电，中线短排灯应隔排串联在两个不同的电路内，横排灯上的单灯则应隔灯串联在两个不同的电路内。

10.3.4 目视进近坡度指示系统

目视进近坡度指示系统（Visual Approach Slope Indicator System—VASIS）是从最后进近到跑道入口的重要目视设备，目视进近坡度指示系统包括 PAPI、T-VASIS、APAPI 和 AT-VASIS 等许多种。

1. 精密进近航径指示器（PAPI）

如图 10.3.9 所示，PAPI（Precision Approach Path Indicator）由四个等距设置的急剧变色的翼排灯组成，该系统通常安装在跑道入口左侧。该灯具必须适合日间和夜间运行使用，设置有合适的光强调节设备，以便调节光强以适应运行实际并避免使驾驶员在进近和着陆中感到眩目。

图 10.3.9　PAPI 灯具

PAPI 的工作原理如图 10.3.10 和图 10.3.11 所示：

（1）当正在或接近正常的下滑道时，看到的离跑道最近的两个灯具为红色，离跑道较远的两个灯具为白色。

（2）当高于正常的下滑道时，看到的离跑道最近的灯具为红色，离跑道最远的三个灯具为白色；在高于进近坡更多时，看到的全部灯具均为白色。

（3）当低于正常的下滑道时，看到的离跑道最近的三个灯具为红色，离跑道最远的灯具为白色；在低于进近坡度更多时，看到的全部灯具均为红色。

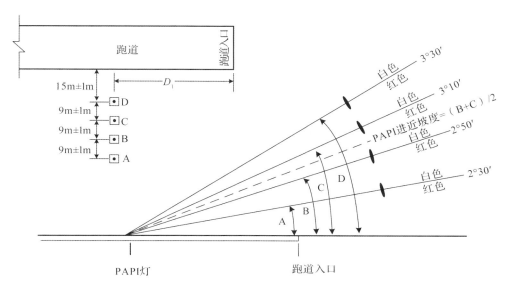

图 10.3.10　PAPI 的布置及其光束仰角调置示意图（以 3°下滑角为例）

注：①在安装 PAPI 的跑道上未装有 ILS 时，距离 D_1 必须计算得保证经常使用跑道的航空器中的要求最严格的飞机驾驶员在看到最低的正确的进近坡度时能有表 10.3.1 中规定的过入口处的轮子净距。

②在安装 PAPI 的跑道上装有 ILS 时，距离 D_1 必须与所提供的目视助航信号相协调。此距离必须等于 ILS 下滑道的有效原点到入口的距离加上一个为补偿各种有关的飞机的眼——天线高度变化的校正参数。此校正参数为这些飞机的眼——天线高度的平均值与进近角余切的乘积。但距离 D_1 在任何情况下不得使过入口处的轮子净距低于表 10.3.1（3）栏规定的最小轮子净距。

③如果由于某种飞机要求有大于上述①中规定的轮子净距，可用增大 D_1 来调整。另外必须调整距离 D_1 以补偿灯具透镜中心与跑道入口之间的高差。

④允许灯具之间不大于 5cm 的小量高度调整，同时可在灯具之间统一采用一个不大于 1.25% 的横坡。

⑤基准代码为 1 或 2 时 PAPI 的灯间距应为 6m（±1m）。在此情况下，最靠近跑道的灯具必须设在距跑道边不小于 10m（±1m）处。

表 10.3.1　PAPI 过入口处轮子的净距

航空器进近姿态中的眼轮高度[a]	要求的轮子净距（m）[b,c]	最小轮子净距（m）[d]
<3m	6	3[e]
3m 至 5m（不含）	9	4

航空器进近姿态中的 眼轮高度[a]	要求的轮子净距 （m）[b,c]	最小轮子净距 （m）[d]
5m 至 8m（不含）	9	5
8m 至 14m（不含）	9	6

注：a. 在选择眼轮高度组时，按其要求最高的飞机确定。

b. 只要实际可行，必须提供（2）栏中规定的净距。

c. （2）栏要求的轮子净距可减至不小于（3）栏中规定值，如果经航空研究表明减小了的轮子净距是可被接受的。

d. 在内移入口采用了减小的轮子净距时，必须保证位于选用的眼轮高度组上限的飞机飞过跑道端时具有符合（2）栏要求的轮子净距。

e. 在主要供轻型非喷气飞机使用的跑道上，此最小轮子净距可减小至 1.5m。

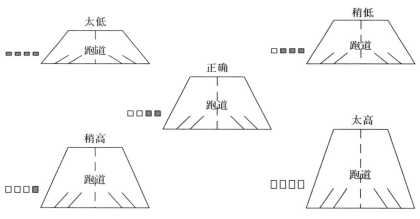

图 10.3.11　PAPI 指示示意图

2. "T" 形目视进近坡度指示器（T-VASIS）

T-VASIS（T-Visual Approach Slope Indicator System）必须由对称地布置在跑道中线两侧的 20 个灯具组成，每侧包括两个由 4 个灯组成的翼排灯（横排灯单元）和在翼排灯纵向等分线上的 6 个灯（上风灯单元和下风灯单元），如图 10.3.12 所示。

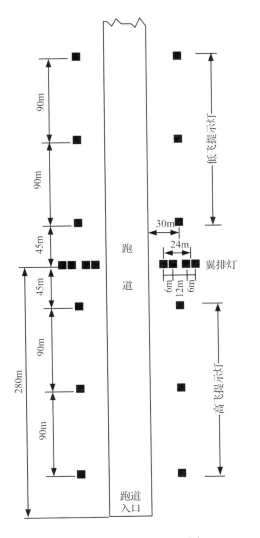

安装中的容许误差有关当局可以：

a）在 12m 至 16m 的范围内，变动处正进入下滑道信号时的视线高出入口的标称高度，但如设有标准仪表着陆系统的下滑航道和/或微波着陆系统的最小下滑航道，则视线高出入口高度的变动应避免目视进近坡度的指示与仪表着陆系统下滑航道的指示的可用部分发生任何矛盾；

b）变动灯具间的纵向距离或系统全长不超过 10%；

c）变动该系统与跑道之间的横向间距不超过 ±3m；

注：该系统必须保持对称于跑道中线。

d）当地面有纵向坡度之时，调整灯具的纵向距离，以补偿灯具与跑道入口的高差；

e）当地面有横向坡度时，调整两个灯具或两个翼排灯的纵向距离，以补偿它们之间的高差。

翼排灯与跑道入口之间的距离是根据 3° 的进近度、一条水平跑道、越过跑道入口处的公称视线高度为 15m 而定的，实际上，跑道入口至翼排灯的距离按下列各项确定：

a）选定的进近坡度；

b）跑道的纵向坡度；

c）选定的越过跑道入口处的公称视线高度。

图 10.3.12 T-VASIS 灯具的定位

T-VASIS 的灯光系统应适合于日间和夜间运行。每一灯具的光束分布应为扇形，在进近方向的一个相当宽的方位角范围内发光。翼排灯灯具必须在垂直角 1°54′ 至 6° 范围内发出白色光束，在垂直角 0° 至 1°54′ 范围内发出红色光束。低飞提示灯具必须在仰角 6° 到约为进近坡度角之间发出白色光束，在进近坡度角处突然截光。高飞提示灯具必须在垂直角约为进近坡度角至 1°54′ 的范围内发出白色光束，在垂直角 1°54′ 以下发出红色光束，如图 10.3.13 所示。

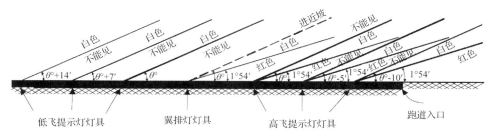

图 10.3.13　T-VASIS 的光束和仰角调置

如图 10.3.14 所示，T-VASIS 灯具的构造和布置必须使在进近中的航空器驾驶员：

① 当高于进近坡度时，会看到横排灯为白色，而且根据高出进近坡度的程度，还会看到一个或者两个或者三个白色的上风灯。

② 在进近坡度上时，会看到横排灯为白色。

③ 当低于进近坡度时，会看到横排灯为白色，根据低出进近坡度的程度，会看到一个或者两个或者三个白色的下风灯，更低时则会看到三个红色的下风灯。

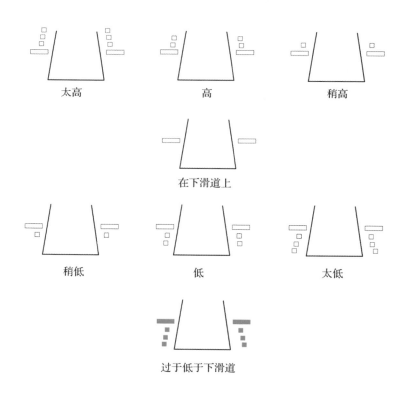

图 10.3.14　T-VASIS 指示示意图

3. 目视进近坡度指示系统的障碍物保护面

在准备设置目视进近坡度指示系统时必须规定一个障碍物保护面。障碍物保护面的特性即原点、散开度、长度和坡度等必须符合图 10.3.15 和表 10.3.2 中有关各栏的规定。现有的高出于障碍物保护面以上的物体必须移去，除非有关当局认为该物体已被一个现有的无法移开的物体所遮蔽，或者经航行研究后确定该物体不致对飞机安全产生不利影响才可免予移去。

在航行研究表明一个突出于障碍物保护面之上的物体对飞行安全有不利影响时，必须采取以下一项或几项措施：

（1）适当提高该系统的进近坡度；

（2）减小该系统的方位扩散角，使该物体处于光束范围之外；

（3）将该系统的轴线及其相应的障碍物保护面偏移一个不大于 5°的角度；

（4）适当地将跑道入口内移；

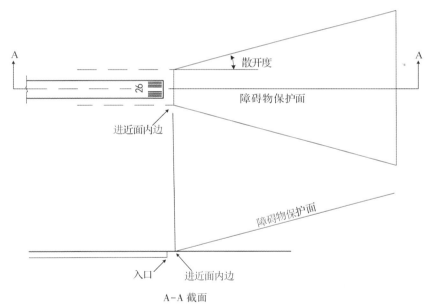

A-A 截面

图 10.3.15 目视进近坡度指示系统的障碍物保护面

（5）如不能将跑道入口内移，将该系统适当地朝入口上风方向移动使飞机过入口高度增大一段与该物体超高相等的高度。

表 10.3.2 障碍物保护面的尺寸和坡度

保护面尺寸	跑道类型/基准代码							
	非仪表跑道				仪表跑道			
	飞行区指标 I				飞行区指标 I			
	1	2	3	4	1	2	3	4
内边长度（m）	60	80[a]	150	150	150	150	300	300
距离入口（m）	30	60	60	60	60	60	60	60
散开度（每边）	10%	10%	10%	10%	15%	15%	15%	15%
总长度（m）	7500	7500[b]	15000	15000	7500	7500[b]	15000	15000
坡度								
T-VASIS	—[c]	1.9°	1.9°	1.9°	—	1.9°	1.9°	1.9°
PAPI[d]	—	A−0.57°	A−0.57°	A−0.57°	A−0.57°	A−0.57°	A−0.57°	A−0.57°

注：a. 对 T-VASIS 此长度应增至 150m。
b. 对 T-VASIS 此长度应增至 15000m。
c. 未规定坡度，因本系统不大可能用于表列的跑道类型和飞行区指标 I。
d. 角度系指图 10.3.10 和 10.3.13 中的角度。

10.3.5 跑道灯光

跑道灯光主要包括跑道入口灯光、跑道末端灯、跑道中线灯、接地带灯、跑道边灯以及与跑道相关联的停止道灯，其中跑道入口灯光包括跑道入口灯、跑道入口翼排灯和跑道入口识别灯。

1. 跑道入口灯光（Runway Threshold Lights）

（1）跑道入口灯

设有跑道边灯的跑道须设置跑道入口灯，只有跑道入口内移并设有跑道入口翼排灯的非仪表跑道和非精密进近跑道可不设。跑道入口灯位于跑道入口处，当跑道入口位于跑道端时，跑道入口灯必须设在垂直于跑道中线的一条直线上并尽可能地靠近跑道端，并在任何情况下不得设置在跑道端以外距离大于 3m 处。各类跑道入口灯的设置形式如图 10.3.16 所示。

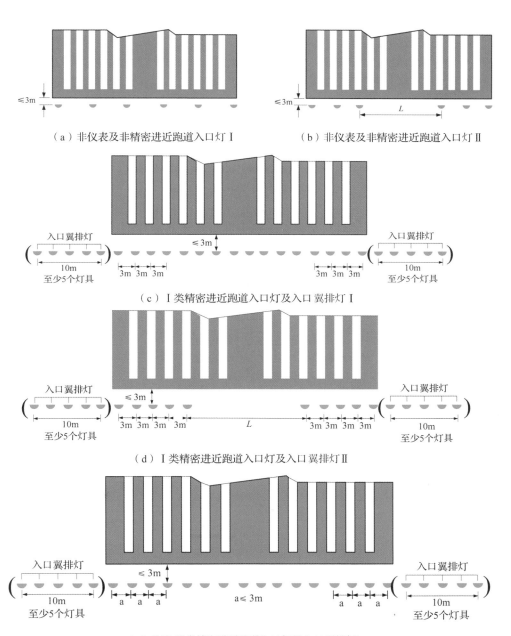

（a）非仪表及非精密进近跑道入口灯 I　　　　　（b）非仪表及非精密进近跑道入口灯 II

（c）I 类精密进近跑道入口灯及入口翼排灯 I

（d）I 类精密进近跑道入口灯及入口翼排灯 II

（e）II 类/III 类精密进近跑道入口灯及入口翼排灯

图 10.3.16　跑道入口灯及入口翼排灯示意图

注：图中 "L" 为接地带标志或接地带灯的横向间距，若跑道尚未设置接地带标志，则该值应为 18m 或不大于两行跑道边灯之间距离的一半。

（2）跑道入口翼排灯（Runway Threshold and Wing Bar Lights）

当需要使精密进近跑道的入口更加明显时，或当非仪表跑道和非精密进近跑道因入口内移未设有入口灯时，在跑道入口处还应设跑道入口翼排灯。入口翼排灯在跑道入口分两组对称于跑道中线，每个翼排灯由至少五个灯组成，垂直于跑道边灯线并伸出至少10m，并将每个翼排灯最里面的灯具放在跑道边灯线上。

跑道入口灯和跑道入口翼排灯均为朝向跑道进近方向绿色单向发光，如图10.3.16（d）和（e）所示。

（3）跑道入口识别灯（Runway Threshold Identification Lights）

当需要使非精密进近跑道入口更加明显或设置其他进近灯光实际行不通时，或者当跑道入口从跑道端永久内移或从正常位置临时内移并需要使入口更加明显时，应设置跑道入口识别灯。跑道入口识别灯对称地设置在跑道中线两侧、跑道边灯以外约10m处，为朝向进近方向的单向白色闪光灯。

2. 跑道边灯（Runway Edge Lights）

夜间使用的跑道或昼夜使用的精密进近跑道，或拟供在日间起飞最低标准低于跑道视程800m左右起飞的跑道，应设跑道边灯。跑道边灯沿跑道全长在与跑道中线等距的两条平行线上设置，这两条平行线沿跑道使用地区边缘或沿边缘以外距离不大于3m处设置。

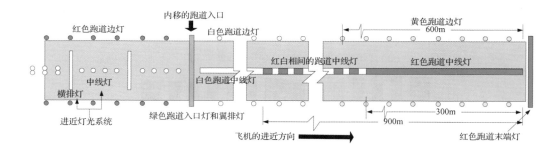

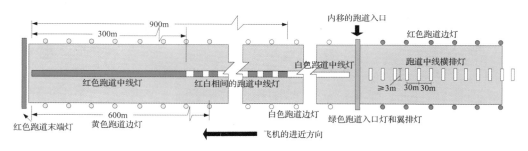

图 10.3.17　跑道入口内移的进近灯光和跑道灯光示例

注：该图仅显示飞机进近方向所看到的灯光颜色

跑道边灯采用轻型易折的灯具，为发白光的恒定发光灯，但跑道末端600m范围内的跑道边灯朝向跑道中部的灯光颜色为黄色（如跑道长度不足1800m，则发黄色光的跑道边灯所占长度应为跑道长度的1/3）。另外在跑道入口内移的情况下，从跑道端至内移跑道入口之间的边灯向进近方向显示为红色。如图10.3.17所示。

3. 跑道末端灯（Runway End Lights）

设有跑道边灯的跑道须设置跑道末端灯，通常情况下可与跑道入口灯合设为一个灯具。该灯为朝向跑道方向的红色单向恒定发光灯，应设在跑道端外垂直于跑道中线的一条直线上，并尽可能靠近跑道端，距离跑道端不得大于3m，应至少由六个灯具组成，可以在两行跑道边灯线之间均匀布置，如图10.3.16（a）所示，也可对称于跑道中线分为两组，每一组灯具等距设置，在两组之间留下一个不大于两行跑道边灯之间距离一半的缺口，如图10.3.16（b）所示。Ⅲ类精密进近跑道的跑道末端灯，除两组灯之间的空隙处外（如设置成两组灯），相邻灯具之间的距离如跑道入口灯。

4. 跑道中线灯（Runway Centre Line Lights）

精密进近跑道及起飞跑道应设置跑道中线灯。跑道中线灯采用嵌入式灯具从跑道入口到末端按15m左右的纵向间隔沿跑道中线等距设置。通常跑道中线灯自入口至距离跑道末端900m范围内为白色，从距离跑道末端900m处开始至距离跑道末端300m的范围内为红色与白色相间，从距离跑道末端300m开始至跑道末端为红色。如跑道长度不足1800m，则应改为自跑道中点起至距离跑道末端300m处范围内为红色与白色相间，如图10.3.17所示。

5. 接地带灯（Runway Touchdown Zone Lights）

Ⅱ类或Ⅲ类精密进近跑道须设置接地带灯。接地带灯应由嵌入式单向恒定发白光的短排灯组成，朝向进近方向发光，自跑道入口开始纵向延伸900m（如果跑道长度不足1800m，则延伸至跑道中点），间距60m（在RVR等于或大于300m时使用的跑道上）或30m（在RVR小于300m时使用的跑道上），对称地设在跑道中线两侧，如图10.3.18所示。

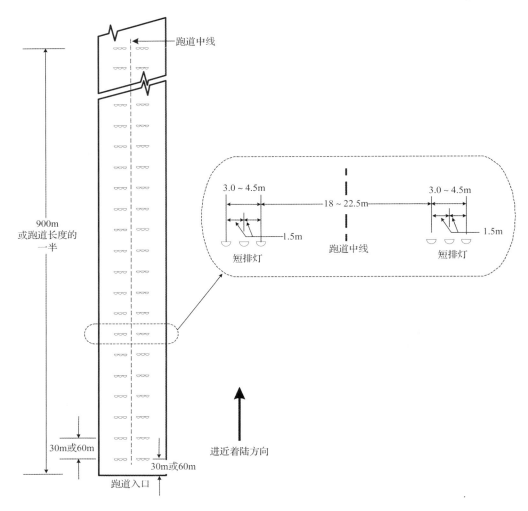

图 10.3.18 接地带灯设置示意图（跑道长度大于等于1800m）

10.3.6 滑行道灯光

滑行道灯光包括滑行道中线灯、滑行道边灯、停止排灯、中间等待位置灯和跑道警戒灯等，如图 10.3.19 所示。

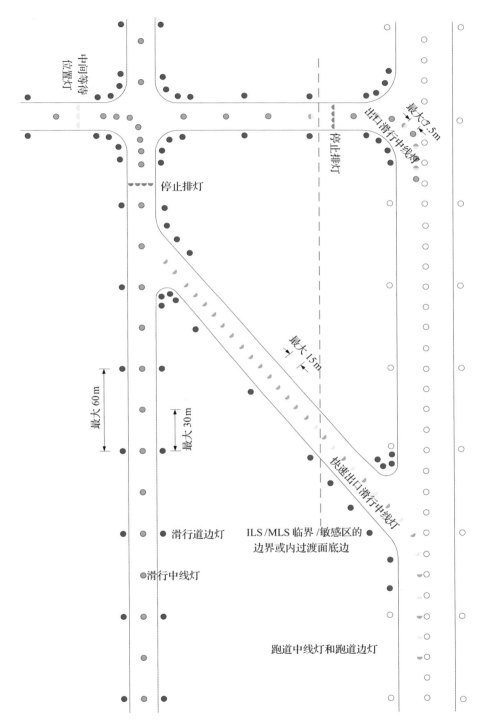

图 10.3.19 滑行道灯光

1. 滑行道中线灯（Taxiway Centre Line Lights）

拟供在跑道视程小于 350m 的情况下使用的出口滑行道、滑行道、除冰/防冰设施和机坪必须设置滑行道中线灯。除出口滑行道和在跑道上作为标准滑行路线的一部分外，滑行道上的滑行道中线灯必须是发绿色光的恒定发光灯，其光束大小必须只有在滑行道上或其附近的飞机上才能看见。出口滑行道上的滑行道中线灯从靠近跑道中线开始到仪表着陆系统和/或微波着陆系统关键/敏感地区的边界或内过渡面的底边（取二者之中离跑道较远者）为止，滑行道中线灯必须是发绿色光的与发黄色光的交替设置，最靠近上述边界的灯必须总是发黄色光，如图 10.3.19 所示。当航空器有可能双向沿同一中线滑行时，从趋近跑道的航空器看去所有的中线灯必须发绿色光，如图 10.3.20 所示。

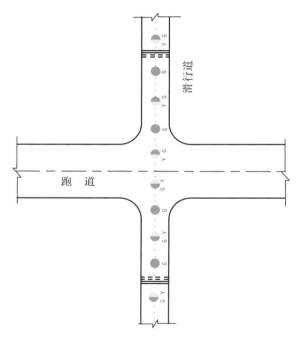

图 10.3.20　与跑道相交的滑行道中线灯设置示意图

滑行道直线部分的滑行道中线灯的纵向间距应不大于 30m，但以下情况除外：

（1）在由于经常的气象条件采用较大的间距仍能提供足够的引导的情况下，可用不超过 60m 的较大间距；

（2）在短的直线段上，应采用小于 30m 的间距；

（3）在拟供跑道视程小于 350m 的条件下使用的滑行道上，纵向间距应不超过 15m。

拟供跑道视程小于 350m 条件下，在半径小于 400m 的弯道上的灯的间距应不大于 7.5m；在准备用于跑道视程为 350m 或更大的情况下的滑行道弯道上，建议按表 10.3.3 中的间距进行设置。

表 10.3.3 跑道视程≥350m 的滑行道弯道上中线灯的间距要求

滑行道弯道半径	中线灯的灯间距离
≤400m	7.5m
401~899m	15m
≥900m	15m（跑道视程小于 350m 时） 30m（跑道视程等于或大于 350m 时）

注：在准备用于跑道视程小于 350m 的情况下的滑行道上，上列间距应保持到弯道前后各 60m 处。

2. 快速出口滑行道指示灯（Rapid Exit Taxiway Indicator Lights—RETIL）

快速出口滑行道指示灯用以向航空器驾驶员提供距跑道上最近的快速出口滑行道的距离信息，以便增强其在低能见度条件下的情景意识，并使其能够适当地运用制动操作以达到规定的着陆滑跑和脱离跑道速度。

拟在跑道视程低于 350m 的情况下运行和/或高交通密度的跑道应设置快速出口滑行道指示灯。一组快速出口滑行道指示灯必须与相关的快速出口滑行道设在跑道中线的同一侧，为单向黄色恒定发光灯，朝向趋近跑道着陆的航空器，如图 10.3.21 所示。当跑道上有一条以上的快速出口滑行道时，每一条出口滑行道的快速出口滑行指示灯在运行时不得与另一条运行中的快速出口滑行道指示灯相互重叠。

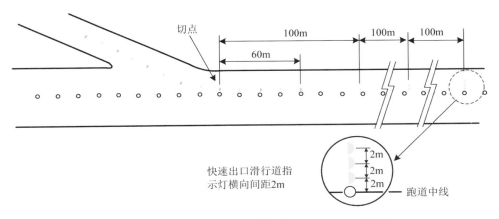

图 10.3.21 快速出口滑行道指示灯（RETIL）示意图

快速出口滑行道指示灯必须由不同于其他跑道灯光的电路供电，以便在其他灯光不运行时可以使用。

3. 滑行道边灯（Taxiway Edge Lights）

供夜间使用的跑道掉头坪、等待坪、防冰/除冰设施、机坪等和未设有滑行道中线灯的滑行道的边缘必须设置滑行道边灯，只有在考虑了运行的性质、认为地面照明或其他方法已能提供足够的引导时才无需设置。滑行道边灯为发蓝色光的恒定发光灯。

4. 停止排灯（Stop Bars）

停止排灯设在滑行道上要求飞机停住等待放行之处，由若干个间距为 3m 横贯滑行道、朝趋近的航空器的方向发红色光的嵌入式灯组成。在跑道等待位置设置停止排灯并在夜间和跑道视程小于 550m 的条件下使用，将有效防止跑道入侵的发生，其工作原理如图 10.3.22 所示。

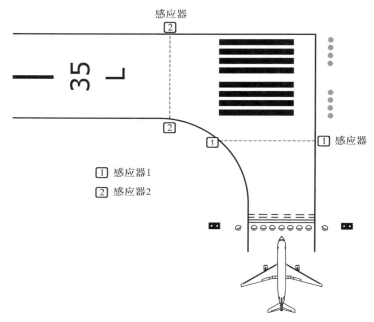

（a）禁止通行的构形（红色停止排灯点亮，绿色滑行道中线灯熄灭）

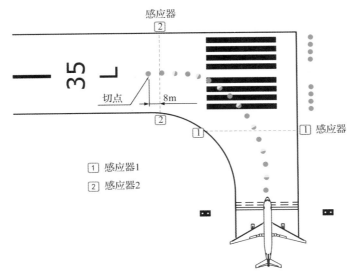

（b）航空器放行的构形（红色停止排灯熄灭，绿色滑行道中线灯点亮）

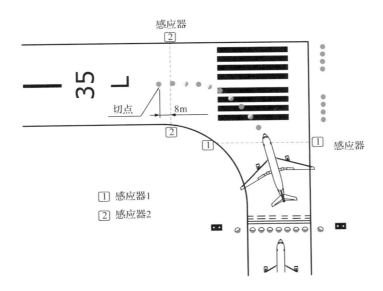

（c）航空器过第 1 对感应器时的构形（红色停止排灯点亮，绿色滑行道中线灯保持点亮）

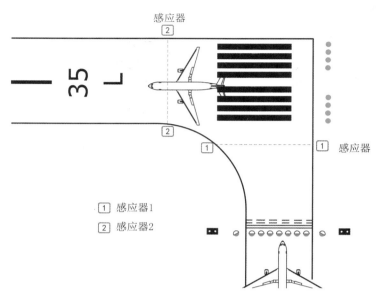

（d）第一架航空器到达第 2 对感应器时的构形（红色停止排灯点亮，绿色滑行道中线灯熄灭）

图 10.3.22　停止排灯的工作原理示意图

在常规的停止排灯可能由于雨雪等因素使得驾驶员看不清楚，或由于要求驾驶员停住航空器的位置距离该灯太近以致灯光被航空器机身挡住的情况下，应在停止排灯的两端各增设一对立式灯具，与嵌入式停止排灯具有相同的光学特性，布局如图 10.3.23 所示。

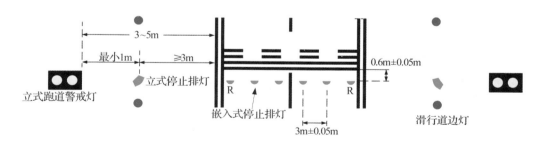

图 10.3.23　停止排灯和 A 型跑道警戒灯

仅当满足下述条件时，才可不设停止排灯：

（1）已具有相应的助航设施和程序以帮助防止航空器和车辆偶然侵入跑道；或

（2）在跑道视程小于 550m 时，具备限制同一时间内在机动区只有一架航空器和必不可少的最少保障车辆的运行程序。

5. 中间等待位置灯 (Intermediate Holding Position Lights)

在滑行道相交处，除非该处已设有停止排灯，拟在跑道视程小于350m的情况下使用的中间等待位置处，以及在不需要像停止排灯那样提供停止或通行信号的中间等待位置上应设置中间等待位置灯。

中间等待位置灯设在中间等待位置处，由至少三个朝着趋近相交点方向发黄色的单向恒定发光灯组成，如图10.3.24所示。

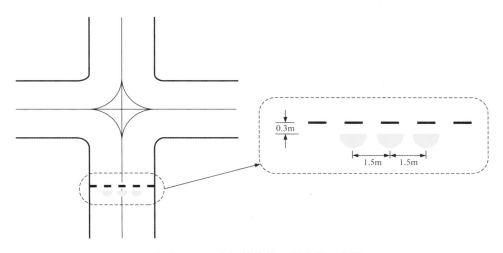

图 10.3.24 中间等待位置灯设置示意图

6. 跑道警戒灯 (Runway Guard Lights)

跑道警戒灯用以向航空器驾驶员和在滑行道上驾驶车辆的司机即将进入一条运行中的跑道前提出警告。如图10.3.25所示，跑道警戒灯有A型跑道警戒灯和B型跑道警戒灯两种基本构型。

下列情况下，每个跑道与滑行道（除单向运行出口滑行道）相交处应设置A型跑道警戒灯：

（1）跑道视程小于550m且未安装停止排灯；

（2）跑道视程在550~1200m之间且交通密度高。

在每个跑道与滑行道（除单向运行出口滑行道）相交处宜设置A型或B型跑道警戒灯。B型跑道警戒灯不应与停止排灯并列设置。

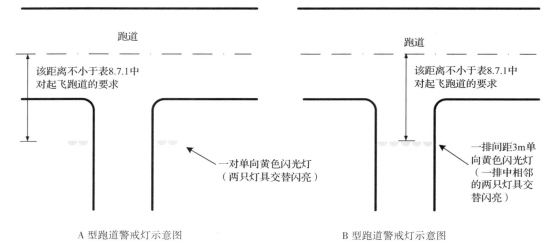

A 型跑道警戒灯示意图　　　　　　　　　B 型跑道警戒灯示意图

图 10.3.25　跑道警戒灯的基本构型

　　A 型跑道警戒灯必须由两对单向发黄色光的立式灯组成，对称设置在滑行道两侧的立式停止排灯（如设有）的外侧或距离滑行道边灯 3m 处（如未设立停止排灯），其设置位置如图 10.3.23 所示。B 型跑道警戒灯必须由间距为 3m 的单向黄色嵌入式灯具横贯滑行道设置，设置形式如图 10.3.26 所示。

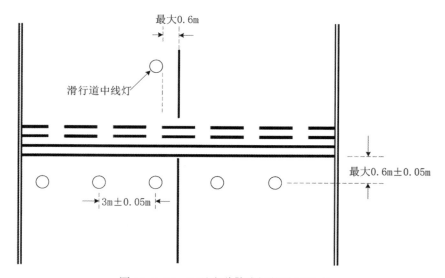

图 10.3.26　B 型跑道警戒灯的设置形式

10.3.7 其他机场灯光

机场的其他一些灯光包括飞机机位操作引导灯、跑道引入灯光系统、目视引导停靠系统、机坪泛光灯、除冰坪出口灯等灯光。

1. 飞机机位操作引导灯（Aircraft Stand Manoeuvring Guidance Lights）

为便于在低能见度条件下将飞机准确地停放在飞机机位上，应在飞机机位标志上设机位操作引导灯，但如设有能提供足够引导的其他设施则可以不设。标示停住位置的灯为恒定发红色光的单向灯外，其他飞机机位操作引导灯为恒定发黄色光的灯。

2. 跑道引入灯光系统（Runway Lead-in Lighting System）

为了避开障碍物、危险地形或减少噪声等目的需要沿某一特定的进近航道提供目视引导的机场应设跑道引入灯光系统。从跑道端外常规进近航道终点上空容易发现的一点开始以不大于1600m的间距沿要求的特定进近航道设置，直到可见进近灯光系统、跑道或跑道灯光系统之处为止。

3. 机坪照明泛光灯（Apron Flood lighting）

准备在夜间使用的机坪、除冰/防冰设施和指定的隔离航空器的停放位置应设机坪泛光照明。机坪泛光灯的位置应能对机坪的所有工作地区提供足够的照明，并使对在飞行中的和地面上的航空器驾驶员、机场和机坪管制员和在机坪上的其他人员的眩光降至最低。泛光灯的布置和朝向应使得每一航空器机位能从两个或更多方向受光以尽量减少阴影。机坪泛光灯的光谱分布必须使得与例行服务/检修有关的航空器标志、地面标志和障碍物标志的颜色能够正确地加以辨认。

4. 除冰坪出口灯（De-icing/anti-icing Facility Exit Lights）

在比邻滑行道的远距除冰/防冰坪的出口边界处应设除冰/防冰坪出口灯。该灯必须沿除冰/防冰坪出口边界处的中间等待位置标志内侧设置，距离标志0.3m，由若干个类似滑行道中线灯的光分布特性、朝向趋近出口边界方向发黄色光的单向嵌入式恒定发光灯组成，如图10.3.27所示。

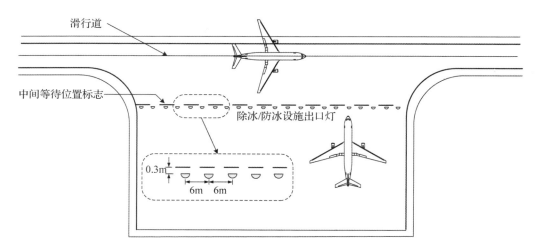

图 10.3.27　典型的远距除冰坪出口灯

思考练习题

1. 请在横线上补充说明所列各种跑道标志的作用。

　　跑道入口标志——_____

　　跑道中线标志——_____

　　接地带标志——_____

2. 简述跑道等待位置的作用及设置条件。

3. 简述机坪安全线和机位安全线的关系。

4. 列举强制性指令标记牌的种类及作用。

5. 目的地标记牌与方向标记牌有何相同点和不同点？

6. 简述进近灯光系统设置要求。

7. 快速出口滑行指示灯设置时需要注意哪些问题？

11　机场净空

为了保证航空器的起降安全和机场的正常使用，根据使用航空器的特性和助航设备的性能，对机场及其附近一定范围，规定了一些假想的净空障碍物限制面，用于对每个限制面内的建筑物高度进行具体而严格的限制，人为建筑物不得穿透其规定的限制面，否则将给航班飞行带来安全隐患，危及飞行安全，甚至造成飞行事故。

11.1　障碍物限制面

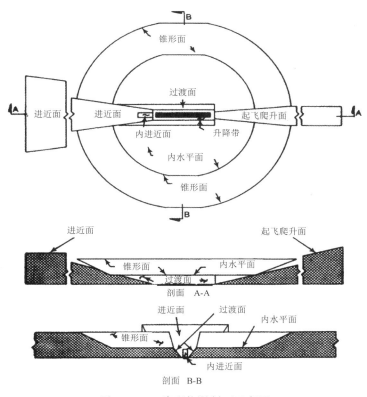

图 11.1.1　障碍物限制面示意图

机场净空是指为保障航空器起降安全而规定的障碍物限制面以上的空间，用以限制机场及其周围地区障碍物的高度。机场障碍物限制面主要包括内水平面、锥形面、进近面、过渡面、内进近面、内过渡面、复飞面和起飞爬升面。障碍物限制面示意图如图11.1.1 所示，各限制面尺寸要求如表 11.1.1 所示。

表 11.1.1　障碍物限制面的尺寸和坡度——进近跑道

障碍物限制面及尺寸[a]		跑　道　类　别								
		非仪表跑道				非精密进近跑道			精密进近跑道		
									I 类		II 或 III 类
		飞行区指标 I				飞行区指标 I			飞行区指标 I		飞行区指标I
		1	2	3	4	1，2	3	4	1，2	3，4	3，4
(1)		(2)	(3)	(4)	(5)	(6)	(7)	(8)	(9)	(10)	(11)
锥形面	坡度（%）	5	5	5	5	5	5	5	5	5	5
	高度	35	55	75	100	60	75	100	60	100	100
内水平面	高度	45	45	45	45	45	45	45	45	45	45
	半径	2000	2500	4000	4000	3500	4000	4000	3500	4000	4000
内进近面	宽度	—	—	—	—	—	—	—	90	120[e]	120[e]
	距跑道入口	—	—	—	—	—	—	—	60	60	60
	长度	—	—	—	—	—	—	—	900	900	900
	坡度（%）	—	—	—	—	—	—	—	2.5	2	2
进近面	内边宽度	60	80	150	150	150	300	300	150	300	300
	距跑道入口	30	60	60	60	60	60	60	60	60	60
	侧边斜率（%）	10	10	10	10	15	15	15	15	15	15
	第一段长度	1600	2500	3000	3000	2500	3000	3000	3000	3000	3000
	坡度（%）	5	4	3.33	2.5	3.33	2	2	2.5	2	2
	第二段长度	—	—	—	—	—	3600	3600	12000	3600	3600[b]
	坡度（%）	—	—	—	—	—	2.5	2.5	3	2.5	2.5
	水平段长度	—	—	—	—	—	8400[b]	8400[b]	—	8400[b]	8400[b]
	总长度	—	—	—	—	—	15000	15000	15000	15000	15000
过渡面	坡度（%）	20	20	14.3	14.3	20	14.3	14.3	14.3	14.3	14.3
内过渡面	坡度（%）	—	—	—	—	—	—	—	40	33.3	33.3
复飞面	内边宽度	—	—	—	—	—	—	—	90	120[e]	120[e]
	距跑道入口	—	—	—	—	—	—	—	c	1800[d]	1800[d]
	侧边散开率(%)	—	—	—	—	—	—	—	10	10	10
	坡度（%）	—	—	—	—	—	—	—	4	3.33	3.33

注：a. 除非特别规定，所有尺寸均沿水平方向度量，单位 m。
　　b. 长度可以变化，因为进近面水平段是从 2.5% 的坡度面与下述两个平面较高的一个相交处开始：①比跑道入口高 150m 的水平面；②根据控制障碍物顶端确定的净空限制水平面。
　　c. 距升降带端的距离。
　　d. 或距跑道端的距离，取其中较小者。
　　e. 飞行区指标 II 为 F 时，宽度增加到 155m。

11.1.1　内水平面

内水平面用于保护航空器着陆前目视盘旋所需的空域，其起算标高应为跑道两端入口中点的平均标高。该面以跑道两端入口中点为圆心，按表 11.1.1 规定的半径画圆弧，再以与跑道中线平行的两条直线和圆弧相切成一个近似椭圆形，形成一个高出起算标高 45m 的水平面。飞行区指标 I 为 4 的单条跑道内水平面如图 11.1.1 和图 11.1.2 所示。

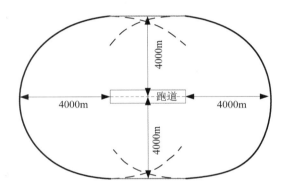

图 11.1.2　飞行区指标 I 为 4 的单条跑道内水平面

11.1.2　锥形面

锥形面用于保护航空器在进近着陆阶段的安全和正常，可供其做目视盘旋使用。锥形面是从内水平面周边起以 5% 的坡度向上和向外倾斜，直到符合表 11.1.1 规定的锥形面外缘高度为止的一个面，如图 11.1.1 所示。

11.1.3　进近面

进近面是供航空器进近（着陆）使用的一个斜面或组合面，用以限制构筑物的高度，保证航空器以某一下滑角降落时，能与构筑物保持一定的垂直距离。其起始端位于距跑道入口一个规定的距离处，起端标高为跑道入口中点的标高，按表 11.1.1 规定的宽度和斜率向两侧散开，并以规定的各段梯度和长度向上、向外延伸，直到进近面的外端。飞行区指标 I 为 4 的 I 类精密进近跑道的进近面如图 11.1.1 和图 11.1.3 所示。

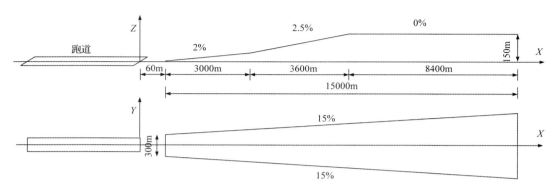

图 11.1.3　飞行区指标Ⅰ为 4 的Ⅰ类精密进近跑道的进近面

11.1.4　过渡面

过渡面用于保证航空器在进近中，低空飞行偏离跑道中线或复飞阶段时的安全和正常。该面是从升降带两侧边缘和进近面部分边缘开始，按表 11.1.1 中规定的梯度向上、向外倾斜，直到与内水平面相交的复合面，如图 11.1.1 和图 11.1.4 所示。

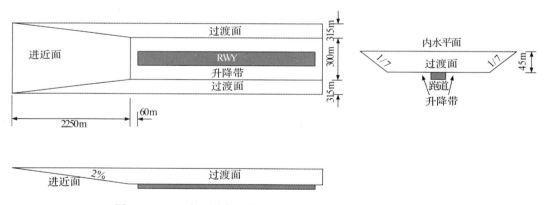

图 11.1.4　飞行区指标Ⅰ为 4 的Ⅰ类精密进近跑道的过渡面

11.1.5　内进近面

内进近面是进近面中紧靠跑道入口前的一块长方形部分，用于精密进近跑道。其起始端与进近面的起端重合，按表 11.1.1 中规定的宽度、长度和梯度向上、向外延伸至内进近面的终端，如图 11.1.5 所示。

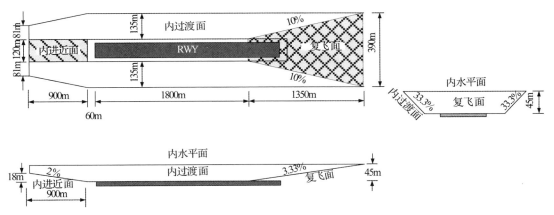

图 11.1.5　飞行区指标 I 为 4 的 I 类精密进近跑道的内进近面、内过渡面和复飞面

11.1.6　内过渡面

内过渡面与过渡面相似，但更接近于跑道，用于精密进近跑道。内过渡面的底边是从内进近面靠上末端起，沿内进近面的侧边向下延伸到该面的起端，从该点沿升降带平行于跑道中线至复飞面的起端，然后再从此点沿复飞面的侧边向上至该面与内水平面的交点为止。具体尺寸如表 11.1.1 所示。

内过渡面作为对助航设备、航空器和其他必须接近跑道的车辆进行控制的障碍物限制面，除非是易折物体，否则不准穿透这个限制面，如图 11.1.5 所示。内过渡面与过渡面的区别如图 11.1.6 所示。

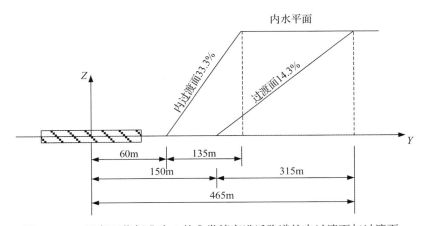

图 11.1.6　飞行区指标 I 为 4 的 I 类精密进近跑道的内过渡面与过渡面

11.1.7 复飞面

复飞面位于跑道入口之后，在两侧内过渡面之间延伸的梯形斜面，用于精密进近跑道，如图 11.1.5 所示，具体范围如表 11.1.1 所示。

11.1.8 起飞爬升面

起飞爬升面作用是保证航空器在起飞和复飞时，能与构筑物保持足够的垂直距离，防止飞行事故的发生。

起飞爬升面为一个倾斜的梯形（飞行区指标Ⅰ为 1 和 2）或"舌形"（飞行区指标Ⅰ为 3 和 4），具体尺寸要求如表 11.1.2 所示。飞行区指标Ⅰ为 3、4 的起飞爬升面如图 11.1.7 所示。

表 11.1.2 航空器起飞的净空要求[a]

起飞爬升面	飞行区指标Ⅰ		
	1	2	3 或 4
起端宽度	60	80	180
距跑道端距离[b]	30	60	60
散开率（每侧）	10%	10%	12.5%
末端宽度	380	580	1200/1800[c]
总长度	1600	2500	15000
坡度	5%	4%	2%[d]

注：a. 除另有规定者外，所有尺寸均为水平度量，单位 m。

b. 设有净空道时，如净空道的长度超出规定的距离，起飞爬升面从净空道端开始。

c. 在仪表气象条件和夜间目视气象条件下飞行，当拟用航道含有大于 15°的航向变动时，采用 1800m。

d. 如已存在的物体没有达到 2%坡度，或航空器性能要求较小的坡度时，宜将起飞爬升面的坡度适当减小至 1.6%或维持原有的无障碍物限制面。

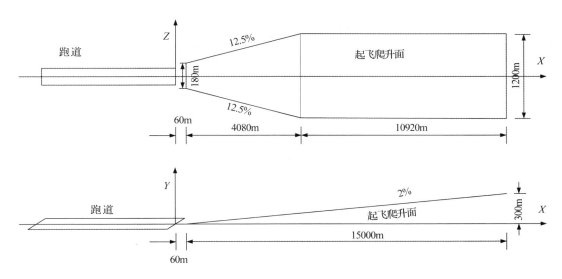

图 11.1.7 飞行区指标 I 为 4 的跑道的起飞爬升面

11.1.9 各类跑道对障碍物限制面的要求

对障碍物限制面的要求主要考虑跑道的使用方式，即起飞或着陆以及进近的类型。

1. 非仪表和非精密进近跑道

应设置内水平面、锥形面、进近面及过渡面。

2. 精密进近跑道

精密进近跑道应设置内水平面、锥形面、进近面、过渡面、内进近面、内过渡面及复飞面。当跑道要求在两个方向都能起飞或者着陆时，障碍物的限制高度必须按较严格的要求进行控制。

供起飞的跑道应设置起飞爬升面。

11.2 机场净空其他要求

1. 当机场有多条跑道时，应按相关规定分别确定每条跑道净空限制范围，其相互

235

重叠部分按较严格的要求进行控制。

2. 在机场障碍物限制范围内超过起飞爬升面、进近面、过渡面、锥形面以及内水平面的现有物体应予拆除或搬迁,除非:

——经过研究认为在航行上采取措施,且按规定设置障碍灯和(或)标志后,若该物体不致危及飞行安全,并经民航行业主管部门批准;

——该物体被另一现有不能搬迁的障碍物所遮蔽。

所谓遮蔽原则,即当某一建筑物或物体被现有不可搬迁的障碍物所遮蔽,自该障碍物顶点向跑道相反方向为一水平面,向跑道方向为一向下倾斜 1∶10 的平面,对于不高出这两个面的建筑物或物体,即为被该不可搬迁的障碍物所遮蔽,如图 11.2.1 所示。

3. 新物体或现有物体进行扩建的高度不应超出起飞爬升面、进近面、过渡面、锥形面以及内水平面,除非该物体被另一现有不能搬迁的障碍物所遮蔽。

4. 除由于其功能需要应设置在升降带上的易折物体外,所有固定物体不应超出内进近面、内过渡面或复飞面(无障碍物区 OFZ)。在跑道用于航空器着陆期间,不应有可移动的物体超出这些限制面。

5. 机场附近的高压输电线及其塔架应按障碍物限制面进行评估和控制,此外还应按要求设置障碍物标志及灯光标识。

6. 障碍物限制面以外的机场附近地区,距机场跑道中心线两侧各 10km、跑道端外 20km 以内的区域内,高出地面标高 30m 且高出机场标高 150m 的物体应视为障碍物,除非经航行部门研究认为其并不危及飞行安全。

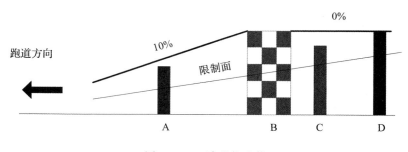

图 11.2.1　障碍物遮蔽

7. 物体未高出进近面,但对目视或非目视助航设备有不良影响时,应尽可能移除。经航行部门研究认为对航空器活动地区或内水平面和锥形面范围内的航空器运行有危害的任何物体,应视为障碍物,尽可能将其移除。

11.3 障碍物的标志与照明

机场活动区内对飞行安全造成影响的障碍物均应予以明确标示，以便它在任何气象和能见度条件下都能被飞行员轻易识别。但是，对障碍物的标志或照明只是用以标示障碍物的存在以减少对航空器的危害，并不意味着能减少障碍物对航行的限制。

11.3.1 障碍物的标志

障碍物的标志应采用橙色与白色相间或红色与白色相间的颜色，除非这些颜色与背景色相近似。当用颜色标志可移动的物体时，应采用明显的单色，应急车辆以红色或黄绿色为宜，勤务车辆以黄色为宜。

所有应予标志的固定物体，只要实际可行，根据障碍物的形状和尺寸差异必须用颜色标志，如图 11.3.1 所示；但如实际不可行，则必须在物体上或物体上方展示标志物或旗帜；除非该物体的形状、大小和颜色已足够明显则不需再加标志。

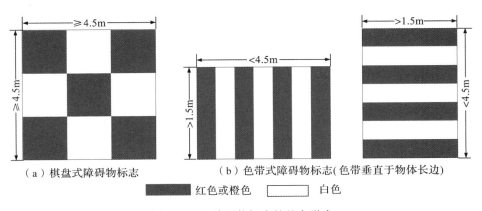

（a）棋盘式障碍物标志　　　（b）色带式障碍物标志(色带垂直于物体长边)

　　　红色或橙色　　　　白色

图 11.3.1　障碍物标志的基本形式

表面基本上不间断的、在任一垂直面上投影的高度和宽度均不小于 4.5m 的物体，应用颜色将其涂成由每边不小于 1.5m 亦不大于 3m 反差鲜明的长方形组成的棋盘格式，棋盘角隅处用较深的颜色，并应与看到它时的背景反差鲜明，如图 11.3.1 所示。

表面基本上不间断且其一边（水平或垂直的尺寸）大于 1.5m、而另一边（水平或垂直的尺寸）小于 4.5m 的物体；或其一边（水平或垂直的尺寸）大于 1.5m 的骨架式物体，应涂以反差鲜明的相间色带。色带应垂直于长边，其宽度约为最长边的 1/7 或

30m，取其较小值。色带应采用橙色与白色，端部色带应为较深的颜色，与背景形成反差。如图 11.3.1 所示。

在任一垂直面上投影的高度和宽度均小于 1.5m 的物体，除非背景原因，应涂满明显的橙色或红色，如图 11.3.2 所示。

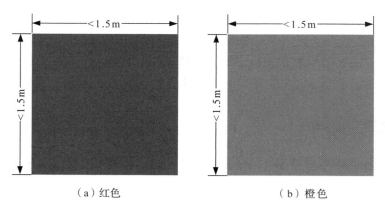

（a）红色　　　　　　　　　　　（b）橙色

图 11.3.2　在任一垂直面上投影的高度和宽度均小于 1.5m 的物体

通常用奇数色带确定色带宽度的方案，使被涂刷物体顶部和底部的色带为较深的颜色，如表 11.3.1 所示。

表 11.3.1　标志色带的宽度

最长边的尺寸（m）		色带宽度
大于	不超过	
1.5	210	最长边的 1/7
210	270	最长边的 1/9
270	330	最长边的 1/11
330	390	最长边的 1/13
390	450	最长边的 1/15
450	510	最长边的 1/17
510	570	最长边的 1/19
570	630	最长边的 1/21

11.3.2　标志物和旗帜的使用

1. 标志物的使用

标志物应是一种颜色。在物体上或邻近物体上展示的标志物必须位于醒目的位置，确保天气晴朗时，在航空器有可能接近它的所有方向上，至少从空中 1000m、地面 300m 的距离上识别出物体的轮廓，同时不增加被标志物体的危害性。

展示于架空的电线、电缆等上的标志物，应为直径不小于 60cm 的球形。两个连续的标志物或一个标志物与支承塔架之间的间距，应与标志物的直径相适应：当标志物的直径为 60cm 时，上述间距不宜大于 30m，此值可随标志物直径的增大而逐渐加大至 35m；当标志物的直径为 80cm 时，上述间距不宜大于 35m，随标志物直径的增大，间距可继续增加；当标志物直径不小于 130cm 时，上述间距不宜大于 40m。当有多条电线/电缆时，标志物应设在最高的电线/电缆的高度上。

2. 旗帜的使用

用以标志物体的旗帜必须展示在物体的周围、顶部或最高边缘的四周。当用旗帜标志大范围的物体或一组密集的物体时，两旗帜之间的间距应不大于 15m。

用以标志固定物体的旗帜应为橙色，或为橙色与白色、或红色与白色的两个三角形的组合。《国际民用航空公约》附件 14《机场》规定旗帜每边不小于 0.6m，如图 11.3.3 所示，《民用机场飞行区技术标准》（MH 5001—2013）规定旗帜每边不小于 0.12m。用以标志可移动的物体的旗帜必须由颜色反差鲜明的棋盘格式构成，每个方格的边长不小于 0.3m，旗帜每边必须不小于 0.9m，如图 11.3.4 所示。

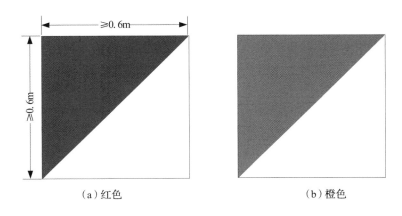

(a)红色　　　　　　　　　　　　　　　　(b)橙色

图 11.3.3　《国际民用航空公约》附件 14《机场》规定的固定障碍物上的旗帜

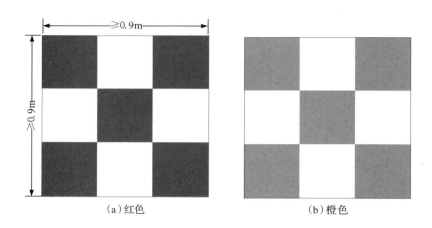

图 11.3.4　可移动物体上的旗帜

11.3.3　障碍物的照明

障碍灯包括低光强、中光强和高光强三种。

高光强的障碍灯分为 A 型和 B 型。高光强 A 型障碍灯用以标明高出周围地面大于 150m 的物体；高光强 B 型障碍灯用以标明架空电线或电缆等的支持杆塔。由于高光强障碍物灯无论在白昼或夜间都使用，故在使用时应保证其灯光不致产生令人不适的眩目。

中光强的障碍灯分为 A 型、B 型和 C 型，用于对大片的或高出周围地面大于 45m 的物体、树木或建筑物予以照明。其中，C 型障碍灯应单独使用。

低光强的障碍灯分为 A 型、B 型、C 型和 D 型。A 型或 B 型障碍灯用于不太大的高出周围地面不及 45m 的物体的照明；C 型障碍灯用于车辆和移动物体；D 型障碍灯用于"FOLLOW ME" 车辆。

对于一个大型物体或一组密集的物体，其顶部灯必须至少显示出其相对于障碍物限制面的最高点或最高边缘，以标示出物体的基本轮廓和范围。在有一个灯在某一方向被物体的一部分或另一物体遮挡时，必须在遮挡灯光的物体上增设障碍灯，以保持应予标明物体的基本轮廓。如果被遮挡的灯对于应予标明物体的基本轮廓的显示不起作用，则可将该灯取消。建筑物上安装的障碍灯的位置图如图 11.3.5 所示。

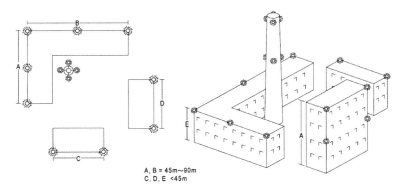

A, B = 45m~90m
C, D, E <45m

图 11.3.5　建筑物的灯光

思考练习题

1. 机场净空一旦遭到破坏，将会引起哪些不良后果？

2. 请在横线上补充说明所列各种障碍物限制面的作用。

　　内水平面——_____

　　锥形面——_____

　　进近面——_____

　　过渡面——_____

3. 下图中对于飞行区指标 I 为 4 的 I 类精密进近跑道，有无超过进近面的障碍物？（D 为障碍物距离跑道入口的横向距离；L 为障碍物距离跑道中线的纵向距离；H 为障碍物的垂直高度）

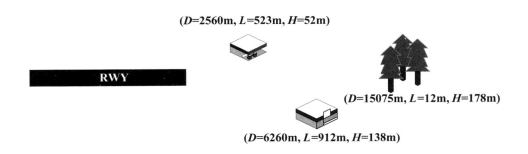

(*D*=2560m, *L*=523m, *H*=52m)

RWY

(*D*=15075m, *L*=12m, *H*=178m)

(*D*=6260m, *L*=912m, *H*=138m)

4. 简述遮蔽原则的原理及应用条件。

12   机场道面设计

机场道面主要指跑道、滑行道和机坪，是供航空器起飞、着陆、滑行和停放之用的露天层状承重结构物，也是机场重要的基础设施和服务资源。本章首先对道面的使用要求、结构层次和分类进行简要介绍，然后详细分析了交通因素对机场道面设计的影响，重点介绍了水泥与沥青道面的设计方法，并对接缝及道面加铺问题进行了阐述。

12.1   概述

为保障航空器的安全运行，机场道面需要满足一定的使用要求。首先，由于机场道面承受着机轮荷载的作用，道面必须具有足够的强度和刚度。第二，航空器若是在不平整的道面上滑行，可能引起颠簸造成乘客的不适，因此道面应具有足够的表面平整性。第三，若机轮与道面间缺乏足够的摩擦力，航空器可能在着陆或中断起飞制动时距离过长，因此道面必须具有足够的表面抗滑性。第四，机场道面暴露在自然环境之中，道面结构长期在水分和温度的影响下，因此还要有足够的环境稳定性及耐久性来抵御由于温湿度变化带来的损害。另外，机场道面应保持清洁，否则，道面上的石子和其他杂物可能被吸入喷气式发动机。

12.1.1   道面结构层次

由于机轮荷载与自然因素对道面结构的影响随着深度增加而逐渐减弱，故对道面材料的强度、刚度和稳定性等要求也随深度增加而逐渐降低。为了降低工程造价，道面结构通常根据使用要求、受力情况和自然因素进行分层铺筑，主要包括面层、基层和底基层，必要时设置垫层。如图 12.1.1 所示。

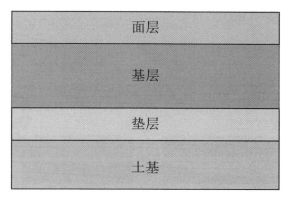

图 12.1.1　道面结构示意图

机场道面的面层是直接同机轮和大气相接触的层次，承受机轮荷载的作用。因此，同其他层位相比，面层必须具有较高的结构强度、刚度和稳定性，而且耐磨，不透水；表面还应具有良好的平整度和抗滑性。面层可由一层或数层组成，在民用机场中广泛使用水泥混凝土和沥青混凝土作为面层材料。

基层主要承受由面层传来的机轮荷载的垂直力，并扩散到下面的垫层和土基中去，改善土基的受力状态，延缓土基的累积塑性变形。基层受到的自然力作用虽然比面层小，但仍有可能受到地下水和通过面层渗入雨水的浸湿，所以基层必须具有足够的水稳定性。基层表面虽然不直接供航空器滑行，但仍然要求有较好的平整度，这也是保证面层平整性的基本条件。基层材料由经沥青或水泥处置（稳定）的粒料或者未经处置的粒料组成。基层按设置两层、三层或更多层铺筑，当采用不同材料修筑基层时，最下层为底基层，对底基层材料质量要求可适当降低。

垫层介于基层和土基之间，主要用于改善土基的温度和湿度状况，起排水、隔水、防冻等作用。同时，可将由基层传递的机轮荷载应力加以扩散，以减小土基产生的应力和变形。垫层一般于地基土质较差和（或）土基水温状况不良时设置。为降低造价，垫层材料通常就地取材，一般采用砂砾石或碎石，或依据当地环境条件选择材料进行铺筑。

压实土基是道面结构的最下层，承受全部道面上层结构的自重和机轮荷载应力。土基的平整性和压实度在很大程度上决定着整个道面的稳定性。否则，在机轮荷载和自然力的长期反复作用下，土基会产生过量变形，从而加速面层的损坏。

12.1.2　道面分类

机场道面可按道面构成材料分为水泥混凝土道面、沥青类道面、沙石类道面和土道面等。也可按使用品质将道面分为高级道面、中级道面和低级道面。

最为常用的分类方法是根据荷载作用下道面的不同工作特性，可将道面分为刚性道面和柔性道面。这两类道面的受力特点如图 12.1.2 所示。

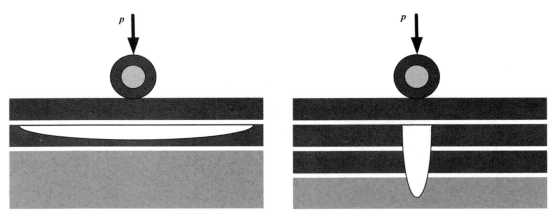

（a）刚性道面 （b）柔性道面

图 12.1.2　刚性道面和柔性道面的受力特点

1. 刚性道面

水泥混凝土道面、配筋混凝土道面和预应力钢筋混凝土道面等均属于刚性道面。刚性道面面层是一种强度高、整体性好、刚度大的板体，能把机轮荷载分布到较大的土基面积上，使土基不致产生过大的变形，如图 12.1.2（a）所示。因此，刚性道面结构承载力由道面本身提供，故设计刚性道面时主要考虑混凝土的结构强度。刚性道面板的承载力由板厚、混凝土弯拉强度、配筋率以及基层和土基的强度来确定。水泥混凝土具有较高的抗压强度，而抗弯拉强度则比抗压强度低得多，当荷载引起的弯拉应力超过抗弯拉强度时，板将产生断裂，导致刚性道面的损坏。

2. 柔性道面

沥青混凝土道面和由各种碎石与砾石材料铺筑的道面、土道面等都属于柔性道面。柔性道面抵抗弯曲变形的能力较弱，各层材料的弯曲抗拉强度均较小，因而在轮载作用下表现出相当大的变形性，如图 12.1.2（b）所示。在轮载作用下，柔性道面的弯沉值（变形）的大小，反映了柔性道面的整体强度。当荷载引起的弯沉值超过容许弯沉值时，柔性道面就会发生损坏。因此，机场柔性道面厚度设计通常以容许弯沉值作为控制标准，同时对面层下表面和基层上表面的弯拉应力进行验算。

12.1.3 道面设计的内容与方法

道面设计的任务在于提供一个经济而可靠的道面结构，能够在预定的设计使用期内承受航空器荷载和自然力的作用，满足使用要求。同时，这种道面结构所需的材料、施工设备和技术，应符合当地所能提供的条件。

道面设计使用期是指新建或改建道面的使用特性能达到的预定最低可接受水平时所经历的时段。设计期可用年数表示，也可用该时段内设计航空器的累积运行次数表示。设计期规定得长，所需道面结构厚，初期投资大，故一般为 20 至 30 年。

道面设计的内容主要包括：

（1）道面类型和结构选择；

（2）各结构层材料组成设计；

（3）道面结构设计，确定满足交通要求和适应环境条件的各结构层所需厚度；

（4）经济评价和最终方案选择。

道面结构设计方法可以分为两大类：经验法和力学—经验法。前者通过试验路的试验观测，积累大量有关道面结构、航空器荷载大小和运行次数以及使用性能之间关系的数据，经过整理后建立经验关系式，按设计航空器和运行次数设计道面结构。如美国联邦航空局（FAA）的传统 CBR（加州承载比）法，我国的民用机场沥青道面设计方法等。力学—经验法则是建立道面结构的力学模型，通过应力和应变的分析以及同材料容许应力和应变的对比，确定所需的道面结构。如美国沥青协会的沥青道面设计方法、美国 FAA 的弹性层状体系设计法、美国波特兰水泥协会（PCA）和我国的水泥混凝土道面设计方法等。

12.2 交通因素

机场道面设计时所需考虑的交通因素有三个方面：航空器荷载特性、通行次数和荷载重复作用次数。

12.2.1 航空器荷载特性

与道面结构设计相关的航空器荷载基本参数包括最大起飞重量、主起落架机轮数目、主起落架荷载分配系数、轮胎充气压力等。常用的民用航空器的基本参数参见《民用机场水泥混凝土道面设计规范》（MH/T 5004—2010）附录 A。

1. 航空器起落架构型

航空器荷载由主起落架和前起落架传递至道面。常用航空器的主起落架构型（轮子的数目，其相对布置位置和间距）可以分为单轴单轮、单轴双轮、双轴单轮、双轴双轮、双轴四轮、三轴双轮、复合型等。常用航空器的起落架构型如图 12.2.1 所示。

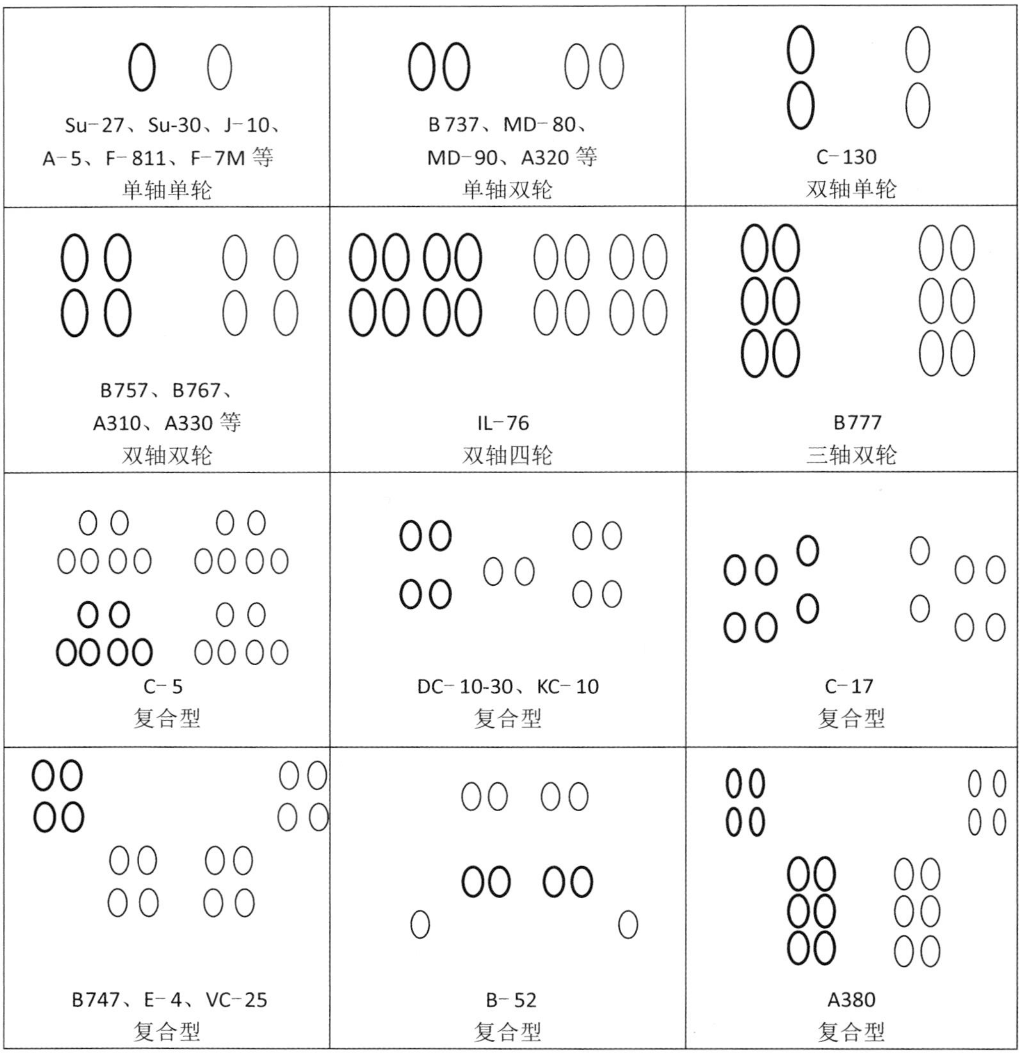

图 12.2.1　航空器常用起落架构型（非比例）

2. 轮载

航空器的重量主要由主起落架承担。主起落架承担的重量占航空器总重的比例称为主起落架分配系数。一架航空器的主起落架分配系数会随航空器的存油量以及货物和旅客的装载情况而发生一定的变化，一般为90%至96%。许多国家为了反映航空器的实际状况，会取每种航空器的典型分配系数来计算该航空器起落架的轮重，如中国、加拿大等。美国FAA的设计方法建议在道面厚度设计时假设主起落架承担的重量为总重的95%。

主起落架的个数一般为2至4个，一般均假定主起落架上各个单轮所承担的荷载相同，此时单轮荷载可按如下公式计算：

$$P = \frac{\rho \cdot G}{n} \qquad (12.2.1)$$

式中，P——航空器主起落架上的单轮荷载，kN；
　　　G——航空器荷载，一般由最大起飞重计算得到，kN；
　　　ρ——主起落架荷载分配系数；
　　　n——航空器所有主起落架的轮子数目。

3. 接触应力与轮印面积

现有的道面设计方法中，航空器轮胎的接地压力通常近似等于轮胎充气压力。航空器轮胎的充气压力，一般在0.5至1.6MPa之间，大型民用运输机的轮胎充气压力变化范围为1.1至1.5MPa。

航空器单轮的轮印随着轮载、充气压力和轮胎类型的不同呈现出不同的形状。为了便于计算分析，现有道面设计方法均对单轮的轮印进行了假定，包括圆形、椭圆形、矩形和组合形（半圆与矩形的组合）。圆形轮印的接触面积为：

$$A = \frac{P}{q \cdot 1000} \qquad (12.2.2)$$

其半径为：

$$r = \sqrt{A/\pi} \qquad (12.2.3)$$

式中，A——航空器单轮轮印面积，m^2；
　　　q——航空器主起落架上的单轮接触压力，可取轮胎的充气压力，MPa；
　　　r——航空器单轮圆形轮印的半径，m。

椭圆形的轮印的长边 a 与短边 b 之比取 1.6，短边 b 与圆形半径 r 的关系为 $b = 0.79r$。轮印长 L 与轮印面积 A 的关系为 $L = 1.383\sqrt{A}$。

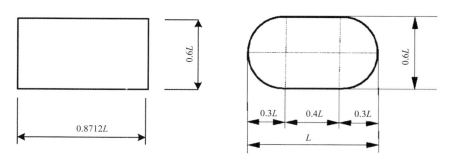

图 12.2.2　矩形轮印和组合型轮印

在有限元分析中为了单元划分的方便，一般都把轮印假定成矩形，图中的 L 按矩形和两个半圆的组合情况进行确定。有些国家的水泥混凝土道面设计中，把轮印假定为矩形和两个半圆的组合，形状如图 12.2.2 所示。

12.2.2　通行次数

通行次数是指航空器通过道面的次数。美国 FAA 的咨询通告 150/5320-6D 认为在降落时由于燃油已大量消耗，对道面产生的力学作用与起飞时相比可忽略，因此，取通行次数等于航空器的起飞次数。我国民航的沥青道面设计规范认为，起飞和降落时均应考虑对道面的作用，取通行次数为航空器的运行架次，并认为起飞和降落架次的比值为1：1。

然而在实际运行中根据航空器装载燃油及跑滑布局的不同，通行次数和交通循环（指航空器完成降落或起飞作业的次数）之间存在不同的对应关系。如图 12.2.3 所示，对具有平行滑行道的机场，航空器起飞或降落 1 次在跑道产生的通行次数为各 1 次。若是进出滑行道设置在跑道中部［图 12.2.3（b）］，则航空器在起飞或降落时通行次数为 2。

（a）设有平行滑行道的情况

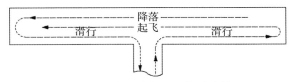

（b）在跑道中部设有进出滑行道的情况

图 12.2.3　航空器在跑道上的通行模式

12.2.3　当量单轮荷载

不同构型的起落架，即便在总重相等的情况下，它们对道面结构的影响（所产生的应力、应变或位移）也不相同。为考察航空器荷载大小对道面结构的影响，故采用某种方法将多轮荷载转换成一个当量的单轮荷载。

对于柔性道面而言，选用在道面结构内某处产生的最大弯沉量相等，作为多轮荷载同单轮荷载当量的标准。而对水泥混凝土道面，则选用所产生的弯拉应力相等作为多轮荷载同单轮荷载当量的标准。下面介绍柔性道面当量单轮荷载 *ESWL* 的确定方法。

在进行当量单轮确定时首先要明确道面结构的力学模型，如弹性层状体系、弹性半无限体系等。以假设道面结构为均质半无限体为例，在半径为 r、轮压为 p_s 的单轮荷载作用下，半无限体内不同位置（x/r、z/r）处的弯沉 W_s 可按下式计算：

$$W_s = \frac{p_s r}{E} F_s \left(\frac{x_s}{l}, \ \frac{z_s}{l} \right)$$　　　　　　（12.2.4）

式中，E——半无限体的弹性模量；

　　　F_s——弯沉系数，可按弹性半无限体理论计算；

　　　x_s——距荷载作用中心的径向距离；

　　　l——道面结构的刚度半径；

　　　z_s——距半无限体表面的深度。

多轮荷载作用下的弯沉可以应用叠加原理得到，即分别计算单轮荷载的弯沉值，然后叠加而成。因而，特征点的总弯沉值为：

$$W_m = \frac{p_m r_m}{E} \sum_{i=1}^{n} F_i \qquad (12.2.5)$$

式中，p_m——多轮荷载各轮子的轮压；

$\qquad r_m$——多轮荷载各轮子接触面积的半径；

$\qquad F_i$——i 个轮子（距中心 x_i）的弯沉系数，是 x_i/r、z_i/r 的函数，由图 12.2.4 确定；

$\qquad n$——轮子数。

假设取当量单轮荷载的接触面积 A_s 同多轮荷载中一只轮子的接触面积相等。按当量定义 $W_s = W_m$，则可得到当量单轮荷载 ESWL 为：

$$\text{ESWL} = \frac{p_m r_m}{E} \sum_{i=1}^{n} F_i \qquad (12.2.6)$$

12.2.4　轮迹横向分布

航空器在跑道、滑行道滑行时，并不严格地按直线行驶，而是存在一定的偏移和摆动。航空器的中心线会偏离跑道或滑行道中线，这种偏离的轨迹或范围称之为轮迹的横向分布。

美国等学者研究认为轮迹横向呈正态分布。在美国 FAA 和空军的道面厚度设计方法中，跑道两端 300m 和滑行道的轮迹横向分布的标准差为 0.773m，跑道中部的轮迹横向分布的标准差为 1.546m。此数值被多个国家或地区的道面厚度设计方法采用。郑翔仁对台北机场刚性道面的检测认为，轮迹横向分布呈正态分布，其标准差为 0.504m。荷兰研发的 PAVER 认为轮迹横向分布系数服从标准化的 Beta 分布。

表 12.2.1　PAVER 的轮迹横向分布参数

道面部位	宽度（m）	方　式	标准差（mm）	推荐值（mm）
跑道	60.0	降落	2700~3400	3000
		起飞	2300~2500	2400
	45.0	降落	2100~3100	2600
		起飞	1800~2500	2400
滑行道	30.5	滑行	1800	1800
	22.8	滑行	760~1200	1000

我国水泥混凝土道面设计方法中，认为 75% 的航空器轮迹落在 ±2.30m 范围内，隐含了正态分布后标准差为 1.00m。现行民用机场沥青混凝土道面设计中，航空器轮迹横向分布采用类似道路路面设计中的轮迹横向分布系数来表征。航空器轮迹横向分布系数的数值因道面宽度的不同而不同，如表 12.2.2 所示。

表 12.2.2　航空器轮荷横向累计作用分布系数 η

道面宽度（m）	η	道面宽度（m）	η
18	0.05	45	单轴双轮 0.02，双轴双轮 0.03
23	0.04	60	单轴双轮 0.01，双轴双轮 0.03
30	0.03		

12.2.5　荷载重复作用次数

1. 传统的通行——覆盖率

航空器对道面的作用通过起落架轮子进行传递。当航空器通过时，道面上表面某一点受轮胎作用的次数称为覆盖次数（Coverages）。在某些轮胎作用概率低的区域，覆盖次数可能远低于航空器的通行次数。某种机型的覆盖次数与航空器的通行次数、主起落架的数量和轮距、轮胎接触面积的宽度、轮迹的横向分布等有关。为了综合这些因素的影响，在传统的道面结构设计时一般采用通行—覆盖率（Pass-to-Coverage Ratio，P/C）进行衡量。某种机型的 P/C 是指道面结构在受该种航空器作用时，道面横断面上表面所有点中通行次数与覆盖次数比值的最大值，即最不利位置处的通行次数与覆盖次数的比值：

$$\frac{P}{C} = \max\left(\frac{通行次数}{覆盖次数}\right) \tag{12.2.7}$$

假定航空器轮迹的横向分布服从正态分布，则可以利用轮迹的最大分布概率来计算通行—覆盖率。对单轮而言轮胎覆盖的最大概率位置（轮胎覆盖次数最多的位置）位于正态分布的中点，如图 12.2.4 所示。假定轮胎接触面积的宽度为 W_t，对于概率最大的中心点而言，单轮中心线在中心点两侧各 $W_t/2$ 范围内作用的轮子都会对中心点产生覆盖次数。因此，此时通行—覆盖率可计算如下：

$$\frac{P}{C} = \frac{1}{C_x W_t}$$

$$C_x = \varphi(x)\big|_{x=\mu} = \frac{1}{\sigma\sqrt{2\pi}}e^{-\frac{(x-\mu)^2}{2\sigma^2}}\big|_{x=\mu}$$

$$(12.2.8)$$

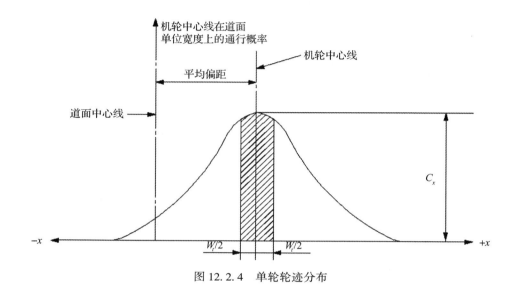

图 12.2.4　单轮轮迹分布

对多轮荷载来说，需要考虑多轮的叠加效应，其覆盖次数计算如式（12.2.9）所示。

$$\frac{P}{C} = \frac{1}{\sum_{i=1}^{m} P_i}$$

$$(12.2.9)$$

$$P_i = \int_{x_0-\frac{W_t}{2}}^{x_0+\frac{W_t}{2}} \frac{1}{\sigma \cdot \sqrt{2\pi}} \cdot e^{-\frac{(x-x_i)^2}{2\sigma^2}}dx$$

式中，P_i——第 i 个轮胎通过道面表面某点的概率；

　　　W_t——轮印的宽度；

　　　x_0——航空器偏移中线的距离；

　　　x_i——轮胎中心到航空器中心的距离；

　　　σ——轮迹横向正态分布的标准差。

上述计算方法适用于沥青混凝土道面设计。在水泥混凝土的设计中，由于水泥混凝土板的整体刚度较大，因此多轴起落架在滑行的过程中仅产生一个峰值的荷载作用，但对沥青混凝土道面却会产生跟轴数一样的峰值。因此，在这种起落架中，沥青混凝土道面的覆盖次数与水泥混凝土道面相差一个等于轴数的倍数。美国用于绘制沥青道面设计曲线的通行—覆盖率如表12.2.3所示，用于绘制水泥道面设计曲线的通行—覆盖率如表12.2.4所示。

表12.2.3　美国用于绘制沥青道面设计曲线的通行—覆盖率

设计曲线	通行—覆盖率	设计曲线	通行—覆盖率
单轮	5.18	B757	1.94
双轮	3.48	B767	1.95
双轴双轮	1.84	C-130	2.07
A300 Model B2	1.76	DC-10-10	1.82
A300 Model B4	1.73	DC-30	1.69
B747	1.85	L1011	1.81

表12.2.4　美国用于绘制水泥道面设计曲线的通行—覆盖率

设计曲线	通行—覆盖率	设计曲线	通行—覆盖率
单轮	5.18	B757	3.88
双轮	3.48	B767	3.90
双轴双轮	3.68	C-130	4.15
A300 Model B2	3.51	DC-10-10	3.64
A300 Model B4	3.45	DC-30	3.38
B747	3.70	L1011	3.62

2. 改进的覆盖次数

在力学—经验法的道面设计中，设计指标一般均有一定深度的物理量，如土基顶面的竖向压应变、面层底面的水平拉应力等，均需要考虑荷载对深度的影响。因而，基于航空器起落架在道面表面的分布和轮胎的传统通行—覆盖率计算方法不能适应力学—经验法。在美国FAA现行的弹性层状体系结构厚度设计方法（LEDFAA1.3）中，把覆盖次数计算的位置由道面表面移到了土基顶面。从严格意义上讲，此时已不能称为覆盖次数，但为了理解上的延续性，仍采用覆盖次数和通行—覆盖率这两个名词。这种覆盖率需要考虑起落架荷载传递到土基顶面时的面积和峰值的数量，随着道面厚度、刚度和起落架的构型而变化。由此计算得到的通行—覆盖率往往比在道面表面计算得到的通行—

覆盖率要小得多，意味着航空器通过一次会产生更多的覆盖次数。

在 LEDFAA 1.3 中假定道面表面的轮印为长宽比等于 1.6 的椭圆，产生的竖向应变在道面内部按照 1：2 的斜率扩散，双轮的情况如图 12.2.5 和图 12.2.6 所示。并假定在有效轮印的范围内路基顶面的竖向最大应变均达到最大值（均匀分布）。对较薄的道面结构，双轮会在土基顶面产生两个当量轮印，而对较厚的道面结构则当量轮印会重叠，可假定为一个当量轮印。在 LEDFAA 的计算中，将道面中央 20.8m 宽区域划分成宽为 25.4cm 的条带，以条带为单位分别计算通行—覆盖率，再选择最小的通行—覆盖率用于道面厚度设计。

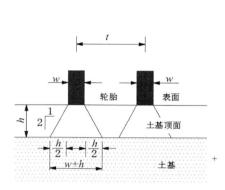

图 12.2.5　轮印不重叠（两个当量轮）　　　图 12.2.6　轮印重叠（一个当量轮）

3. 基于道面空间响应的荷载重复作用次数

在道面的实际受力状态中，某一深度的力学响应量在道面的空间范围内呈现出不同分布。Monismith 于 1987 年提出了可考虑道面结构响应的通用沥青混凝土道面设计方法，该方法考察任一轮迹条件下的道面结构应力（应变）水平，再根据该应力（应变）水平的荷载作用次数和允许作用次数求出其疲劳损耗，通过累积所有轮迹的疲劳损耗得到道面结构疲劳寿命。

澳大利亚采用 Monismith 的方法，以三维的应力应变分布为基础，根据轮迹的横向分布计算每一点的应变（应力）重复作用次数和累积损坏系数，选择累积损坏系数最大点作为计算点。典型的累积损坏系数的计算曲线如图 12.2.7 所示。对多根轴的叠加，假定采用两种方法：

（1）对较薄的道面结构，假定每根轴都会产生一个应变峰值，因此，起落架的损伤系数等于单轴的系数乘以轴数；

（2）对较厚的道面结构，假定在较深的范围产生的峰值只有一个。

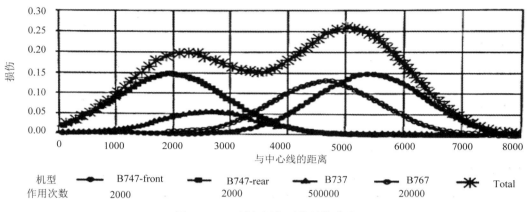

图 12.2.7　累积损伤系数计算曲线

12.3　沥青混凝土道面设计

20 世纪，国际上使用较普遍的沥青道面设计方法为经验法，包括美国 FAA、加拿大、日本、中国等在内的国家均采用这种设计方法，其中以美国 FAA 的 CBR 法最具代表性。随着 B777 等新一代大型航空器的出现，CBR 法的使用受到了限制，美国 FAA、澳大利亚、荷兰等开始改用基于弹性层状体系建立力学—经验法以取代经验法。

12.3.1　*CBR* 法

第二次世界大战初期，美国陆军工程兵对各种柔性路面设计方法进行了广泛调查。根据调查结果，决定在机场柔性道面设计中采用 *CBR* 法，即构成道面各结构层的厚度用加州承载比（CBR 值）确定。该方法最初由加利福尼亚州公路局创造，用简单的贯入试验来测量土壤的强度特性，*CBR* 值以贯入同碎石标准值的百分数表示。其优点是设计试验简单，但往往凭经验试验获得结果，因此该方法经过多次修正。

1. *CBR* —厚度关系式及设计曲线

1942 年美国给出了轮压 0.7MPa、单轮荷载重 3175kg 和 5443kg 的道面结构厚度设计曲线，后来进一步拓展至轮压为 1.4MPa 和 2.1MPa，单轮荷载重为 11340kg、18144kg 和 31752kg 三种情况。对双轮和双轴双轮的起落架荷载，以土基竖向压应力等效原则，换算成当量单轮荷载（ESWL）。

1956 年美国在汇总分析了所有试验段的性能数据后指出，在接近 5000 次覆盖次数的情况下，道面结构所需设计厚度 t 与荷载、土基 CBR、轮压之间的关系式为：

$$t = f \sqrt{\text{ESWL}(\frac{1}{0.5695\text{CBR}} - \frac{1}{32.086p})} \tag{12.3.1}$$

式中，t ——道面结构设计厚度，cm；

ESWL——当量单轮荷载，kg；

p ——轮胎接触压力，MPa；

f ——多轮修正系数，与覆盖次数 C 有关：

$$f = 0.23 \times \lg C + 0.15 \tag{12.3.2}$$

2. 交通因素的考虑

在美国 FAA 的 CBR 法中，假定航空器荷载为最大起飞重量。通过调查和预测，可得到设计期内使用该机场的航空器机型组合及各种机型的年起飞次数。利用各种航空器的沥青道面设计曲线图，根据地基 CBR 值、航空器总重和年起飞次数，分别确定所需的道面厚度。再以所需厚度最大者作为设计航空器，但其不一定是航空器组成中最重的航空器。

将航空器组成中各种航空器的起飞次数都按下式转换成设计航空器的当量年起飞次数：

$$\lg R_{\text{d}} = \lg(\delta R_i) \times (W_i/W_{\text{d}})^{1/2} \tag{12.3.3}$$

式中，R_{d} ——换算成设计航空器的当量年起飞架次；

R_i ——各换算航空器的年起飞架次；

W_{d} ——设计航空器的轮载；

W_i ——换算航空器的轮载；

δ ——轴轮换算系数，按表 12.3.1 取值。

表 12.3.1 AC 150/5320—6D 中不同起落架的当量换算系数 δ

被换算起落架构型	目标起落架构型	δ
单轮	双轮	0.8
单轮	双轴双轮	0.5
双轮	双轴双轮	0.6
两个双轴双轮	双轴双轮	1.0
双轴双轮	单轮	2.0
双轴双轮	双轮	1.7

被换算起落架构型	目标起落架构型	δ
双轮	单轮	1.3
两个双轴双轮	双轮	1.7

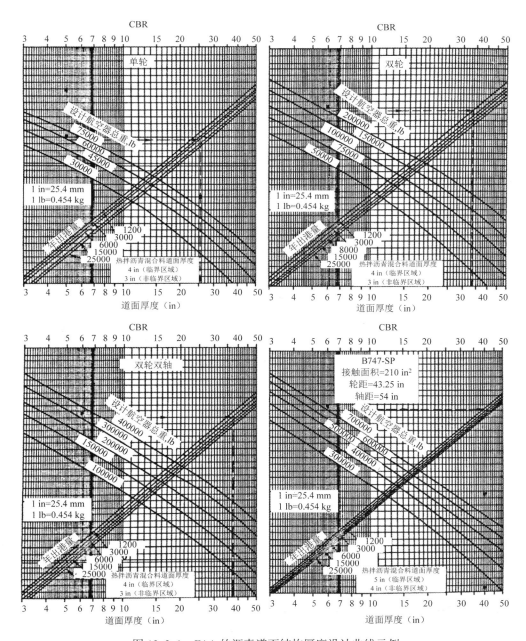

图 12.3.1 FAA 的沥青道面结构厚度设计曲线示例

在获得设计航空器的当量年起飞架次后，根据总重和起落架构型，重新查阅设计曲线即可获得沥青道面的设计厚度。

3. 设计步骤

FAA 的沥青道面结构设计可按下述步骤进行：

第一步：确定土基的 CBR 设计值。可通过土质调查和 CBR 试验后确定。

第二步：选择设计航空器。

第三步：计算设计航空器当量年起飞次数。利用式（12.3.3），将各种航空器的年起飞次数换算成设计航空器的当量作用次数，并综合得到当量年总起飞次数。

第四步：确定所需道面结构总厚度。由设计航空器总重、当量总起飞次数和地基的 CBR 值，查有关航空器的设计曲线得到所需总厚度。

第五步：确定垫层厚度。初选砾石作为垫层，其 CBR 值为 20。同理，查设计曲线得到所需面层和基层总厚度。以道面结构总厚度减去次总厚度，即得到所需垫层厚度。如果采用其他材料作为垫层，则可将所得到的垫层厚度除以表 12.3.2 中所列的该种材料当量系数，即可得到相应的垫层厚度。

表 12.3.2 各种垫层和基层材料的当量系数建议值

材　　料	垫　　层	基　　层
沥青面层	1.7~2.3	1.2~1.6
沥青基层	1.7~2.3	1.2~1.6
水泥稳定基层	1.6~2.3	1.2~1.6
水泥土	1.5~2.0	不能用
碎石粒料	1.4~2.0	1.0**
砾石	1.0*	不能用

注：* CBR＝20；** CBR＝80。

第六步：确定沥青面层厚度。道面分为非主要部位和主要部位两部分。非主要部位是指跑道中部和某些快速出口滑行道；主要部位是指跑道两端各 300m 范围、滑行道和机坪。采用设计曲线图上规定的主要和非主要部位沥青面层厚度作为设计值。一般为 10.2~12.7cm（主要部位）或 7.6~10.2cm（非主要部位）。

第七步：确定基层厚度。按第五步中得到的面层和基层总厚度，减去面层厚度即为所需基层厚度。此厚度应满足基层最小厚度要求，如图 12.3.2 所示。如所需基层厚度小于此最小厚度，则按最小厚度取用。而多增加的基层厚度，可通过减少垫层的厚度得到补偿。如采用稳定类材料做基层，则可按表 12.3.2 中所列的当量系数，将上述基层厚度折减为稳定类基层的厚度，但其最小厚度为 15cm。设计航空器的质量超过 91000kg 时，需采用稳定类基层和垫层。

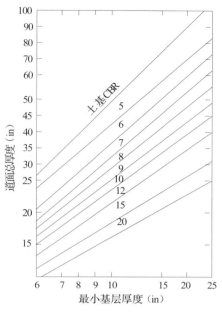

图 12.3.2 基层最小厚度

由于道面的主要部位和非主要部位所需的面层厚度不同，故在连接处应设置厚度过渡段，即面层可以修成变厚度的。图 12.3.3 所示为跑道主要和非主要部位面层厚度变化的平面和横断面布置方案。非主要部位中间部分的面层厚度可以按计算结果确定，也可按主要部位中间部分计算厚度的 0.9 倍取用。边缘部分则可按中间部分的 0.7 倍取用。面层厚度虽然变化，但整个道面结构厚度仍保持不变，依靠垫层的增厚来调节。

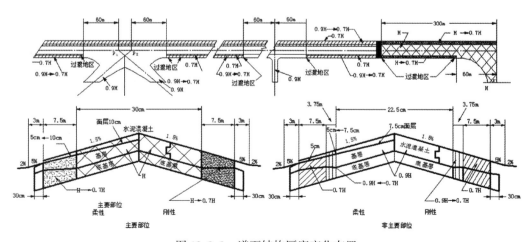

图 12.3.3 道面结构厚度变化布置

例如，预期使用机场的航空器组成和年起飞架次列于表 12.3.3。地基土为砂质黏土，由现场试验测得其 CBR 值为 10，设计沥青道面结构。

表 12.3.3　沥青道面设计算例

机　　型	B747	B727	B737	MD82
最大起飞重（kN）	3792.01	784.71	583.32	682.54
年起飞架次	1200	3000	3000	6000
所需道面厚度（cm）	76	66	53	61
$(W_i/W_d)^{0.5}$	1	0.455	0.392	0.424
δ	1	0.6	0.6	0.6
R_d	1200	30.3	18.9	32.2

依据土基的 CBR 值及各种航空器的起飞重量和年起飞架次，查图 12.3.1 可得所需的道面结构所需的厚度，列于表 12.3.3。B747 所需的厚度最大，为 76cm，因而取 B747 为设计航空器。应用式（12.2.9），将其他 3 种航空器的年起飞架次换算为设计航空器的当量次数。其中，轴轮换算系数 δ 按表 12.3.3 取值，换算后的当量年起飞架次为 1281.4 次。

利用图 12.3.1，设计航空器年起飞架次为 1281.4 次时所需的道面结构厚度为 78.7cm。而垫层 CBR 为 20 时所需的面层加基层厚度，由图 12.3.1 查得为 45.7cm。则垫层厚度应为 78.7−45.7＝33cm。B747 航空器要求面层厚度为 12.7cm，因而，基层所需厚度为 45.7−12.7＝33cm。但由图 12.3.2 查得，地基 CBR 为 10 及总厚度为 78.7cm 时所要求的基层最小厚度为 38cm。因此，取基层厚度为 38cm，而垫层厚度改为 28cm。由于道面需承受重型航空器，基层和垫层要求选用稳定类材料。现采用沥青稳定碎石基层和碎石粒料垫层。参照表 12.3.2 选取材料当量系数相应为 1.5 和 1.4。由此，基层厚度为 38/1.5＝25.3cm，垫层厚度为 28/1.4＝20cm。

依据上述计算，现对主要部位的道面结构采用表 12.3.4 中所示的厚度。主要部位边缘部分的面层厚度降为 8cm，面层加基层的厚度降为中间部分的 0.7 倍，整个结构厚度不变，因而垫层厚度增加。非主要部位的面层厚度取为 10cm，整个结构厚度取为主要部位的 0.9 倍，其边缘部分的厚度安排列于表 12.3.4 中。

表 12.3.4　沥青道面设计算例结果　　　　　　（单位：cm）

结 构 层	主要部位		非主要部位	
	中间部分	边缘部分	中间部分	边缘部分
面层	13	8	10	8
基层	28	21	25	17
垫层	22	34	22	32
总厚度	63	63	57	57

12.3.2　弹性层状体系法

在 20 世纪 70 年代，基于力学—经验概念的道面结构设计方法开始出现，1973 年美国沥青协会出版了基于弹性层状体系为理论的《运输机场全厚度沥青道面》，1987 年更新为《运输机场沥青道面的厚度设计方法》。1989 年美国军方发布的"机场柔性道面设计"中同时提供了 CBR 法和基于弹性层状体系的力学—经验法。

20 世纪 90 年代中期，新一代大型航空器 B777 出现，该航空器有两个三轴双轮的主起落架，共 12 个轮子，航空器的总重大，胎压高。由于缺乏使用经验和相关足尺试验的数据，使得原 CBR 法无法适应 B777 的需求。为此，美国 FAA 以军方的弹性层状体系分析软件（JULEA）为基础，建立了包含 B777 机型的道面结构设计力学—经验法，并编制了相关的设计程序 LEDFAA。下面以 LEDFAA 为基础介绍基于弹性层状体系的设计方法。

1. 损坏模式与设计指标

轮辙和沥青层疲劳开裂直接影响沥青混凝土道面的使用寿命，故以它们作为主要设计目标，设计指标分别取沥青层底的水平拉应变和土基顶面的竖向压应变。

2. 疲劳方程

FAA 以美国国家机场道面研究中心（NAPTF）的试验结果和弹性层状体系理论解为基础，建立了沥青混凝土面层层底最大水平拉应变 ε_H 与允许覆盖次数 N_H 之间关系，如式（12.3.4）所示；土基顶面最大竖向压应变 ε_V 与允许覆盖次数 N_V 关系如式（12.3.5）。

$$\lg N_H = 8.44 - 5\lg\varepsilon_H - 2.665\lg E_A \qquad (12.3.4)$$

式中，E_A——沥青混凝土的弹性模量，MPa。

$$N_V = \begin{cases} \left(\dfrac{0.004}{\varepsilon_V}\right)^{8.1} \\ \left(\dfrac{0.002428}{\varepsilon_V}\right)^{14.21} \end{cases} N_V \geq 12100 \qquad (12.3.5)$$

在 FAA 编制的设计程序 LEDFAA1.3 中，进一步建立了考虑土基模量 E_{sg} 影响的土基竖向压应变 ε_V 与允许覆盖次数 N_V 之间的关系式：

$$N_V = 10000 \left[\frac{0.000247 + 0.000245 \times \lg_{10}(E_{sg})}{\varepsilon_V}\right]^{0.0659 \times E_{sg}^{0.559}} \qquad (12.3.6)$$

根据 LEDFAA 的分析，土基顶面的应变占主导地位，所以在分析时应先考虑土基顶面竖向压应变的极限状态，满足要求后再验算面层底面的水平拉应变极限状态是否满足要求。

3. 混合交通的考虑

为了综合考虑航空器荷载对道面的作用以及不同航空器荷载作用的综合效应，LEDFAA 采用 Miner 原理，线性叠加各级（各类）荷载（应力）作用下材料所出现的疲劳损伤。所有航空器引起的道面上某一点累积损伤因子 CDF 为：

$$CDF = \sum_{i=1}^{m} CDF_i = \sum_{i=1}^{m} \frac{C_i}{N_i} \qquad (12.3.7)$$

式中，C_i——i 类航空器的实际覆盖次数；

N_i——i 类航空器的道面结构允许作用次数。

航空器的实际覆盖次数 C_i 可根据预测的交通量和机型起落架构型计算得到，道面结构允许作用次数 N_i 可根据该类航空器作用下道面结构的应变水平，由上述材料疲劳方程得到。

当 CDF=1 时，道面将在到达预期的设计使用寿命时损坏；

当 CDF<1 时，道面将在到达预期的设计使用寿命时，还有剩余的使用寿命；

当 CDF>1 时，道面将在到达预期的设计使用寿命前损坏。

不同的损坏类型都对应一个 CDF 值。如以面层的疲劳开裂作为损坏标准则可以计算得到一个 CDF，而以路基的竖向压应变破坏作为标准，又可计算得到一个 CDF。设计的道面结构应该能够同时满足不同损坏的要求，即取 CDF 先达到 1 时的设计指标作为控制指标。

4．设计步骤

第一步：通过土质调查和试验后确定土基的弹性模量；

第二步：预测航空器组成和各航空器的年起飞架次；

第三步：初拟道面结构厚度，试验得到各结构层次材料的力学参数；

第四步：采用弹性层状体系软件，计算沥青层底的最大拉应变和土基顶面的最大竖向压应变；

第五步：计算各型航空器对应的沥青层层底拉应变和土基顶面竖向压应变的覆盖次数；

第六步：根据疲劳方程获得初拟结构对应的各型航空器的允许覆盖次数；

第七步：计算初拟结构的累积损伤因子 CDF，根据 CDF 是否接近于 1 判断初拟结构的合理性，若不满足要求则重新调整结构厚度或材料组成，满足要求则确定初拟结构为设计结构。

12.4　水泥混凝土道面设计

12.4.1　结构设计理论

目前，世界各国均采用水泥混凝土面层的结构断裂作为其结构破坏准则。因此，在结构设计时，应将外部作用引起的水泥混凝土面层的最大应力不超过其疲劳强度作为设计标准。

弹性地基上的薄板是世界各国水泥混凝土铺面结构设计方法中力学计算的主要理论，它的假设为：

1. 面板为等厚的弹性体，其力学参数有弹性模量 E、泊松比 μ 和厚度 h；

2. 竖向应变 ε_z 可以忽略；

3. 截面的法平面在变形前后均保持平面并垂直中面，即 $r_{xz} = r_{yz} = 0$；

4. 板中面无水平位移，即 $u\,|_{z=h/2} = v\,|_{z=h/2} = 0$；

5. 地基与板之间无摩阻力，竖向完全接触。地基的假设有两种：

（1）Winkler 地基假设，地基反力 $p(x,\ y)$ 与地基表面弯沉 $w(x,\ y)$ 成正比，即 $p(x,\ y) = k\,w(x,\ y)$，其比例系数 k 称之为地基反应模量。

（2）弹性半空间弹性体地基假设。在上述假设下，弹性地基上薄板的挠曲面微分方程为：

$$D\,\nabla^4 w = q(x,\ y) - p(x,\ y) \qquad (12.4.1)$$

式中，D ——混凝土面板的弯曲刚度，$D = \dfrac{Eh^3}{12(1 - \mu^2)}$；

$\qquad q(x, y)$ ——面板上的竖向荷载分布集度。

弹性地基薄板的解析法仅能分析荷载位于板中的情况，Westergaard 用级数解得了 Winkler 地基上薄板在三种典型荷位（板中、板边、板角）的板内最大挠度和弯矩的近似公式。对于地基塑性脱空，接缝的传荷效应和弹性半空间地基板的板边、板角受荷等情况，有些可采用近似法（如有限元）分析，有些尚需经验判断。

12.4.2 道面结构的应力计算

现行的水泥混凝土道面结构设计方法中，计算理论大多采用 Winkler 地基薄板理论。而温度翘曲应力采用控制面板平面尺寸等构造措施加以考虑。

混凝土面板在航空器荷载作用下产生荷载应力。波特兰水泥协会（PCA）的设计方法认为，水泥混凝土道面的接缝具有良好的荷载传递作用，使得道面板上的任一点的受力情况与无限大板中央的受力情况相近。而对于这一假设认同者甚少。美国 FAA 的设计方法、工程兵团（CE）设计方法以及我国民航的设计方法认为，设计荷载应力是按照航空器主起落架的机轮位于半无限大板的自由边板板边边缘得到的自由边荷载应力，然后再考虑板缝传荷能力影响。但对板缝传荷能力的影响缺乏深入分析论证，粗糙地认为约有 1/4 的荷载可通过板缝传递至邻板。圆形或椭圆形单轮位于半无限大板的自由边板板边边缘时，面板结构荷载应力有显式近似解，即运用 Westergaard 的板边应力公式和叠加原理绘制的 "板边弯矩影响图" 如图 12.4.1 所示。利用 "板边弯矩影响图" 计算混凝土道面的设计荷载应力步骤如下：

（1）根据式（12.4.2）计算确定道面结构的相对刚度半径 l（m）。

$$l = \sqrt[4]{\frac{Eh^3}{12(1 - \mu^2)k}} \qquad (12.4.2)$$

（2）计算轮印面积和尺寸。

（3）取影响图上的比例尺等于刚度半径，将轮迹尺寸按此比例绘制在透明纸上，并以此覆盖在影像图上，计算轮迹包围的影响图方块 n。

（4）按式（12.4.3）和（12.4.4）计算自由边临界荷位处的截面最大弯矩 M_e（MN）和应力 σ_z。

$$M_e = 0.0001pl^2n(\text{MN}) \qquad (12.4.3)$$

$$\sigma_e = 6M_e/h^2(\text{MPa}) \qquad (12.4.4)$$

式中, p ——轮胎压力，MPa。

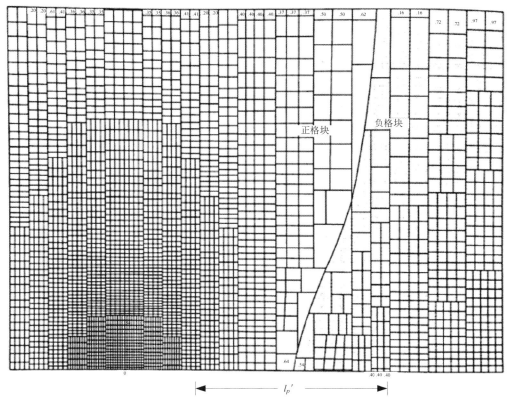

图 12.4.1　板边弯矩影响图

（5）根据板缝的构造情况，对自由边荷载应力进行折减：

$$\sigma_p = (1 - \beta)\sigma_e \tag{12.4.5}$$

式中, β ——接缝应力折减系数，企口缝、假缝及传力杆平缝可采用 0.25。

　　在上述计算中，地基反应模量 k 是指基层顶面的综合值，设计时，其数值宜通过采用直径为 76cm 的承载板进行加载试验后得到。如试验有困难，可先根据地基土类型，查表 12.4.1 确定土基 k_0 值，然后按垫层或基层的类型，由基层各材料层的厚度乘以其相应的当量系数相加而得，计算基层当量厚度 h_{je}，各种基层材料的当量系数值可参照表 12.4.2 选用。最后，根据土基 k_0 值和基层当量厚度 h_{je} 查图 12.4.2 确定基层顶面的综合地基反应模量 k。

12.4.3 厚度确定方法

混凝土道面厚度的确定方法，不同的设计方法所采用的原则和方法基本相同。这里介绍波特兰水泥协会 PCA 法。

表 12.4.1 各类土的地基反应模量 k 和 CBR 值

土 类	干密度（kN/m³）	k（MN/m³）	CBR（%）
级配良好的砾石，砾石-砂混合料，少或无细料（GW）	20.0~22.4	≥81.4	60~80
级配不良的砾石，砾石-砂混合料，少或无细料（GP）	19.2~20.8	≥81.4	35~60
粉质砾石，砾石-砂-粉土混合料（GM）	20.8~23.2	≥81.4	40~80
黏土质砾石，砾石-砂-黏土混合料（GC）	19.2~22.4	54.3~81.4	20~40
级配良好的砂，砾石质砂，少或无细料（SW）	17.6~20.8	54.3~81.4	20~40
级配不良的砂，砾石质砂，少或无细料（SP）	16.8~19.2	54.3~81.4	15~25
粉质砂，砂-粉土混合料（SM）	19.2~21.6	54.3~81.4	20~40
黏土质砂，砂-黏土混合料（SC）	16.8~20.8	54.3~81.4	10~20
无机质粉土和极细砂，岩粉，粉质或黏土质细砂，或低塑性黏土粉质土（ML）	16.0~20.0	27.1~54.3	5~15
低到中塑性无机黏质土，砾石质黏土，粉质黏土，砂质黏土，贫黏土（CL）	16.0~20.0	27.1~54.3	5~15
低塑性有机质粉土，有机质粉质黏土（OL）	14.4~16.8	27.1~54.3	4~8
无机质粉土，含云母或硅藻细砂质或粉质土，弹性粉土（MH）	12.8~16.0	27.1~54.3	4~8
高塑性无机质黏土，肥黏土（CH）	14.4~17.6	13.6~27.1	3~5
中等到高塑性有机质黏土，有机质黏土（OH）	12.8~16.0	13.6~27.1	3~5

表 12.4.2 基层材料的当量系数

材 料 名 称	当 量 系 数	材 料 名 称	当 量 系 数
天然砂砾	0.6~0.9	石灰粉煤灰碎（砾）石	1.2~1.4
混石	0.6~0.8	水泥砂砾	1.2~1.4
级配碎（砾）石	0.8~1.0	水泥碎石	1.3~1.5

材 料 名 称	当 量 系 数	材 料 名 称	当 量 系 数
干压碎石（填隙碎石）	0.9~1.1	沥青碎石	1.3~1.5
石灰土	0.9~1.3	沥青混凝土	1.6~1.8
二灰、二灰土	1.0~1.3	贫混凝土	1.6~1.8
石灰碎（砾）石土	1.1~1.3	碾压混凝土	1.8~2.0

PCA 法中混凝土道面厚度的确定可采用两种方法进行。一种是安全系数法，另一种是疲劳分析法。前者是从设计期内使用该机场的航空器中选出几种起决定作用的航空器，依据其运行次数和道面的作用部位而选用适当的安全系数，由 90d 龄期的混凝土弯拉强度除以安全系数，得到相应的容许弯拉应力。而后利用特定航空器的应力计算图，分别为所选机型查图，确定其容许弯拉应力对应的所需面层厚度。比较各型主要航空器的所需道面厚度，选择最大的一种作为设计厚度。

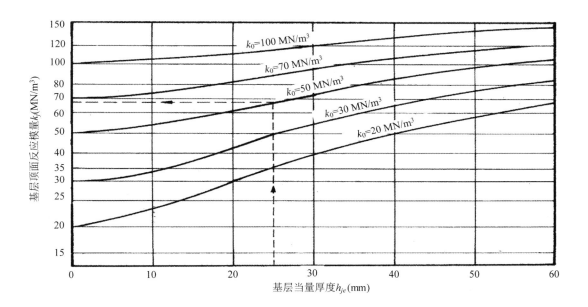

图 12.4.2　基层顶面反应模量

在非主要部位，由于航空器以较高速度滑行，由机翼产生的升力抵消部分垂直应力，故采用较小的安全系数，同时轮载的横向分布范围较其他部分宽。如表 12.4.3 所示，对于有大量重型（起决定性作用）轮载运行的道面，安全系数采用上限；而对偶然运行重型轮载的道面，安全系数取下限。

表 12.4.3 安全系数要求

道 面 部 位	安 全 系 数
主要部位	1.7~2.0
非主要部位	1.4~1.7

采用疲劳分析方法时，按设计使用期内使用机场的实际航空器组成，分别为每一种航空器的主起落架荷载计算某一面层厚度条件下的最大弯拉应力 σ_{pi}，以此应力同混凝土的设计弯拉强度 f_r 相比，得到该型航空器的应力比 $\dfrac{\sigma_{pi}}{f_r}$。利用混凝土的疲劳方程［波特兰协会法中的疲劳方程如表 12.4.4 所示，我国设计方法中的疲劳方程见式（12.4.6）］，可以确定该应力比 $\dfrac{\sigma_{pi}}{f_r}$ 的容许重复作用次数 N_i。再求出该种航空器疲劳损伤因子 CDF_i。叠加所有航空器的疲劳损伤因子 $CDF = \sum CDF_i$，如果 CDF 小于并接近于 1，则此面层厚度可以采纳；否则需重新假设另一个厚度，进行上述分析，直到满足条件 CDF 小于并接近于 1。

表 12.4.4 应力比与荷载容许重复作用次数的关系

应力比 $\dfrac{\sigma_{pi}}{f_r}$	≤0.05	0.51	0.52	0.53	0.54	0.55	0.56	0.57	0.58
容许重复次数 N_i	∞	400000	300000	200000	180000	130000	100000	75000	57000
应力比 $\dfrac{\sigma_{pi}}{f_r}$	0.59	0.60	0.61	0.62	0.63	0.64	0.65	0.66	0.67
容许重复次数 N_i	42000	32000	24000	18000	14000	11000	8000	6000	4500
应力比 $\dfrac{\sigma_{pi}}{f_r}$	0.68	0.69	0.70	0.71	0.72	0.73	0.74		
容许重复次数 N_i	3500	2500	2000	1500	1100	850	650		

疲劳分析方法可以考虑航空器组成内各型航空器的综合影响，但计算分析时需先假设面层厚度，并进行反复试算。主要部位和非主要部位所需的面层厚度不同，可按照图12.3.3 布置。

$$\lg N = 14.05 - 15.12 \frac{\sigma_p}{f_r} \tag{12.4.6}$$

12.5 接缝和接缝布置

水泥混凝土面层由于气候温度和湿度的变化，会使板体产生开裂、变形和翘曲。因此，为了防止板体的开裂或隆起，在施工过程中应设置接缝。接缝可按方向分为纵缝和横缝，或按形成原因分为真缝和假缝，也可按作用分为施工缝、缩缝和胀缝。

12.5.1 纵缝

纵缝一般为施工缝。当混凝土的铺筑宽度大于 5.0m 时，需设置纵向缩缝，采用假缝加拉杆和假缝两种形式。纵向施工缩缝采用企口加拉杆和企口缝两种形式，如图12.5.1 所示。设置企口缝的目的是为了保证相邻板之间具有良好的竖向传荷能力。如不设置拉杆，则缝隙会张开，接缝的传荷作用将会下降，航空器轮载作用下企口处的混凝土易出现损坏。因此，在航空器荷载经常作用的宽度范围内宜采用拉杆的企口缝形式。

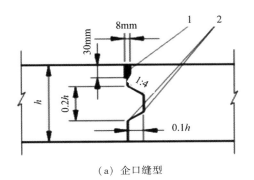
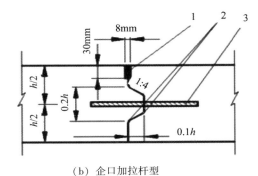

|（a）企口缝型|（b）企口加拉杆型|

图 12.5.1 纵向施工缝构造

1. 填缝料　　2. 半径 10mm 的圆弧　　3. 拉杆

拉杆为螺纹钢筋。每延米接缝所需的拉杆截面积 A_s（cm^2/m），按所需提供的抗拉力能克服由该接缝到自由边之间的面层板同地基的摩阻力确定。计算公式为：

$$A_s = \frac{2.4Bhf}{\sigma_a} \qquad (12.5.1)$$

式中，B ——由该接缝到未设拉杆接缝或自由边之间的距离，m；

　　　h ——面层厚度，cm；

　　　f ——混凝土板同基层顶面的摩阻系数，通常可取 1.5；

　　　σ_a ——钢筋的容许拉应力，MPa。

　　拉杆的长度 Le（cm）按锚固在混凝土内所需的抗拔力确定：

$$L_e = \frac{\sigma_s \cdot d_t}{2\sigma_a} + 7.5 \qquad (12.5.2)$$

式中，d_t ——拉杆的直径，cm；

　　　σ_s ——钢筋同混凝土的黏结力，MPa。

12.5.2　横缝

　　横向缩缝通常采用假缝形式，依靠混凝土断裂面上集料的嵌锁作用传递荷载。因而，在距自由端 100m 或距胀缝的三条缩缝，由于缝隙张开可能降低传荷作用，故需设置传力杆，如图 12.5.2 所示。

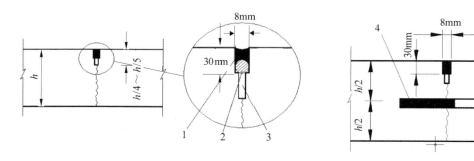

（a）假缝型　　　　　　　　　　　　　　　（b）假缝加传力杆型

图 12.5.2　横向缩缝构造

1. 填缝料　2. 垫条　3. 下部锯缝　4. 传力杆涂沥青端　5. 传力杆

　　每天施工结束或因故中断施工 30 分钟以上时，需设置横向施工缝。施工缝位置在缩缝处时，应采用传力杆平缝形式，如图 12.5.3 所示；而若位于两缩缝之间的部位时，则采用带拉杆的企口缝形式。

　　道面与房屋、排水结构等固定构造物相接处，应设置胀缝。在道面交接、交叉及弯道处也可设置胀缝。胀缝宜采用滑动传力杆型，其构造如图 12.5.4（a）所示。在不适宜设置滑动传力杆的部位，可采用边缘钢筋型，其构造如图 12.5.4（b）所示，胀缝和缩缝内传力杆的尺寸和间距可参考表 12.5.1。

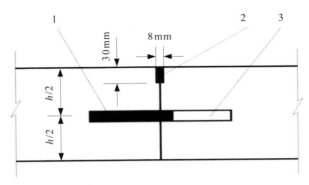

图 12.5.3　横向施工缝构造
1. 传力杆涂沥青端　　　2. 填缝料　　　3. 传力杆

表 12.5.1　传力杆尺寸及间距　　　　　　　　（单位：cm）

板厚	直径	最小长度	最大间距
21~25	2.5	45	30
26~30	3.0	50	30
31~35	3.2	50	35
36~40	3.5	50	35
41~45	3.8	55	40
46~50	4.0	60	40

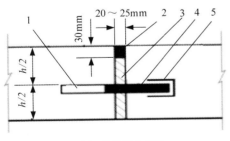

（a）滑动传力杆型

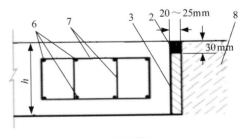

（b）边缘钢筋型

图 12.5.4　胀缝构造

1. 传力杆　2. 填缝料　3. 胀缝板　4. 传力杆涂沥青端　5. 长 10cm 套筒（留 3cm 空隙填以泡沫塑料、纱头等）6. 主筋　7. 箍筋　8. 道面或其他构筑物

12.6　道面加铺设计

当原道面已达到或超过设计寿命而出现较严重损坏，或者虽未损坏而需承受比原设计更重的航空器时，需要在原道面上设置加铺层。加铺层有四种情况：旧沥青道面上加铺沥青面层；旧沥青道面上加铺水泥混凝土面层；旧水泥混凝土道面上加铺沥青面层；旧水泥混凝土道面上加铺水泥混凝土面层。

加铺层设计时，首先应对旧道面的结构状况（各结构层的厚度和材料性质）和使用状况进行评定，然后按面层类型和交通要求，采用相应的新道面结构设计方法进行设计。

12.6.1　旧沥青道面上的加铺层

采用沥青加铺层时，其设计步骤为：

（1）调查和确定现有道面各结构层的厚度、地基和垫层的 CBR 值；

（2）确定新的设计航空器，计算其当量年起飞架次；

（3）运用旧道面的地基 CBR 值和垫层 CBR 值，按相关的设计曲线，分别确定新的设计航空器和当量年起飞架次所需的道面结构总厚度及面层和基层总厚度；

（4）对新旧道面结构进行对比，以调整旧道面各结构层（部分旧基层调整为垫层，部分旧面层调整为基层）。可利用表 12.3.2 中所列的当量系数以考虑其当量厚度，但需依据原结构层材料的使用情况，选择适当的系数值。

例如，旧道面结构为：面层厚 10cm，基层厚 15cm，垫层厚 25.4cm，土基 CBR 为 7，垫层 CBR 为 15。新设计航空器为双轮起落架，质量为 45000kg，当量年起飞架次为 3000 次。确定是否需要设加铺层及加铺层的厚度。

由图 12.3.1 查得，双轮起落架质量 45000kg 和年起飞架次 3000 次，CBR 为 7 时所需的道面结构总厚度为 58.4cm，CBR 为 15 时所需的面层和基层总厚度为 33cm。由此，新道面结构可选为面层 10cm，基层 23cm，垫层 25.4cm。

与旧道面相比，主要缺基层厚度 8cm。为此，旧道面垫层保持原状，旧面层部分移作基层使用。由表 12.3.2，选用基层当量系数为 1.3。故旧面层中 8/1.3＝6.1cm 需移作基层用。旧面层余下厚度为 10-6.1＝3.9cm。按新面层厚度为 10cm 的要求，需加铺 10-3.9＝6.1cm 的沥青面层。但加铺层的最小厚度要求为 7.6cm。故取沥青加铺层厚度为 7.6cm。

旧沥青道面上设置水泥加铺层时，可将旧道面当做水泥混凝土面层下的结构层。通过承载板试验可得到旧道面结构的地基反应模量 k 值；或者通过调查和试验，分别确定土基 k 值、各结构层次的厚度和旧道面的综合 k 值。然后，按前面所述的水泥混凝土道面的设计方法，确定混凝土加铺层所需的厚度。加铺层的最小厚度为 13cm。

12.6.2　旧水泥道面上的加铺层

首先通过调查和测定，确定旧道面基层顶面的综合反应模量 k。而后利用前面所述的方法，按新的交通要求确定所需的混凝土面层厚度。

其次，对旧混凝土面层的使用状况进行调查和评定。使用状况用道面折减系数 C_r 表征，反映面层板的结构完整性，如表 12.6.1 所示。

表 12.6.1　旧混凝土道面状况等级及旧混凝土道面折减系数 C_r

旧混凝土板的损坏情况	旧道面状况等级	C_r
道面混凝土板完整，无结构裂缝，PCI≥85	优	1.0
板面、板角或接缝处有初期裂缝，并处于不发展状态，可修复，70≤PCI<85	良	0.75
部分板面、板角或接缝处于破坏状态，并有发展趋势，但板大部分处于良好状态，55≤PCI<70	中	0.5
大部分板出现结构性破坏，难以继续使用，PCI<55	差	0.35

注：PCI 为道面状况指数，根据道面检测成果确定。

采用沥青加铺层时，旧混凝土面层的使用状况指数 C_r 不能低于 0.75。沥青加铺层的所需厚度，按式（12.6.1）确定，最小厚度为 7.6cm。

$$h = 2.5(Fh_c - C_r h_e)(\text{cm}) \tag{12.6.1}$$

式中，h_e ——旧混凝土面层的厚度，cm；

h_c ——旧面层不存在时按新的交通要求确定的混凝土面层设计厚度（cm），确定时采用旧混凝土的抗弯拉强度；

C_r ——取 0.75~1.0，视面层状况选定；

F ——经验系数，由地基反应模量和年起飞架次而定，如图 12.6.1 所示。

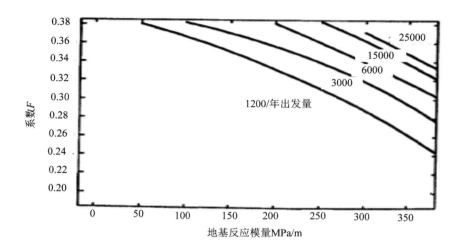

图 12.6.1　经验系数 F

然而，由于旧水泥混凝土面层存在接缝和裂缝，在其上方采用沥青混凝土加铺时会在层内出现应力集中，可能会在加铺层面产生反射裂缝。因而，预防或减缓反射裂缝的措施主要有以下几种：

①在沥青加铺层上锯切横缝；

②增加加铺层厚度；

③设置裂缝缓解层；

④破碎和固定旧混凝土面层；

⑤设置各种夹层等。

此外，沥青混凝土加铺层和旧水泥混凝土板之间应具有良好的黏结性，否则容易导致加铺层的开裂、剥落等损坏。

水泥混凝土加铺层可采用 3 种类型：结合式、直接式和分离式。加铺层的最小厚度为 7.6cm（结合式）或 13cm（直接式或分离式）。

（1）结合式

结合式适用于旧面层状况完全良好的情况，是指加铺层同旧道面直接黏结在一起形成整体板的设置形式。此时，应注意新旧混凝土面层接缝的类型和位置应完全对应，以避免在新面层内产生反射裂缝。结合式加铺层的所需厚度按下式确定：

$$h = h_c - h_e(\mathrm{cm}) \tag{12.6.2}$$

（2）直接式

直接式是指在旧水泥混凝土面层清理后，直接在其上铺设混凝土加铺层，而不采取黏结措施的设置形式，但需注意新旧面层的接缝位置应相对应。这种方式不适用于 $C_r <$ 0.75 的面层状况。直接式加铺层的所需厚度按下列经验公式确定：

$$h = (h_c^{1.4} - C_r h_e^{1.4})^{1/1.4}(\text{cm}) \qquad (12.6.3)$$

（3）分离式

分离式是指先在旧道面上铺设稳定性好的沥青混凝土整平层后，再铺混凝土加铺层，使新旧面层完全隔开的设置形式。分离式加铺层的所需厚度按下列经验公式确定：

$$h = (h_c^2 - C_r h_e^2)^{0.5}(\text{cm}) \qquad (12.6.4)$$

思考练习题

1. 简述刚性和柔性道面的受力特点。
2. 简述交通因素对道面设计的影响。
3. 简述轮迹分布的特点。
4. 简述沥青混凝土道面的设计步骤。
5. 简述水泥混凝土道面的设计步骤。
6. 简述接缝设置的作用及分类。
7. 简述预防或减缓反射裂缝的主要措施。

13 旅客航站楼设计

旅客航站楼是提供飞机与地面交通之间衔接的一栋或者一组建筑，为乘机旅客提供上、下飞机所需的流程和服务。旅客航站楼是航站区的主体建筑，是飞行区和地面交通系统的主要交接面，它的一侧供旅客和行李离开或进入地面交通系统，另一侧供旅客和行李进入或离开航空器。航站楼为旅客和行李转换运输方式提供了场所，它包括办理各种手续、汇集、疏散旅客及行李和机场维护、运转及行政管理活动的各项设施。本章主要介绍旅客航站区的规划原则、旅客航站系统的组成和基本设施，分析航站楼旅客流程，并分步骤讨论航站楼的规划和设计要求。

13.1 旅客航站系统

13.1.1 旅客航站区的规划原则

旅客航站区规划主要包括旅客航站楼规划、航站区站坪规划、航站区交通设施规划。在规划、设计旅客航站区的整体布局时，应考虑以下因素：

（1）与机场总体规划相一致。

（2）应遵循节约资源、绿色环保、以人为本、功能优先的原则。

（3）按照近期、远期航空业务量预测，编制旅客航站区近期、远期规划，侧重近期工程的实施规划，兼顾远期发展及改扩建的灵活性。

（4）旅客航站区规划应结合地形地貌特点，因地制宜地进行布局，注意与机场飞行区等其他功能区之间的协调。

（5）旅客航站区的空侧规划应确保飞机与特种车辆的地面运行安全、顺畅、高效及飞机停靠的灵活性。

（6）旅客航站区陆侧规划应考虑城市交通设施的进出场布局，以利于进出交通顺畅、有序运行。航站楼与陆侧各种交通方式的衔接与换乘均应考虑旅客的便捷性。

（7）旅客航站楼的规划应做出方案设计并予以优化，以满足旅客进出港流程的简洁顺畅、旅客步行距离短、理念先进、布局合理、安保严密、运行高效等要求。

（8）旅客航站区的航站楼与站坪的规划应经过多方案比选后确定。

13.1.2　旅客航站系统组成

旅客航站系统主要由三个部分组成。

出入交接面，即旅客从进出机场的地面交通方式到办理旅客进程的通道交接面，涉及车辆流通、停车和路边旅客上、下车等活动。

旅客和行李进程，涉及办票、托运行李、提取行李、指定座舱、安检、海关和安全保卫等活动。

飞行交接面，涉及包括集结旅客、将旅客转移到航空器停放处或从航空器停放处转移出来，以及旅客上下航空器等活动。

13.1.3　旅客航站系统基本设施

1. 出入交接面

（1）供进入和离开航站楼的车辆使用，以及旅客和迎送者上下车，由紧靠航站楼的旅客步行道和行车通道构成的车道边。

（2）汽车停车设施，为旅客和迎送者提供短时间和长时间的停车场所，或为公交车、出租车、私人小汽车、员工车辆等服务的设施。

（3）提供进入航站楼车道边、停车场和公共街道以及公路系统的行车通道，连接进出机场道路和航站楼车道边，以及停车场的内部道路。

（4）在停车设施与航站楼之间提供规定的行人过街设施，包括地道、桥梁和自动步道。

（5）提供进入航站内各项设施和机场其他设施，如航空货运、加油站、邮政所等的服务道路和消防通道。

2. 旅客和行李进程

（1）进口通道、门厅和航站大厅。旅客通过进口通道和门厅进入航站大厅，航站大厅主要供旅客及迎送者等待和通行，是办理票务和交运行李的场所。

（2）航空公司用于办理机票事务、行李交付的柜台以及行政人员的办公室。

（3）安全检查设施，设置在办票区和出站厅之间，供出发旅客在登机前进行安全检查。

（4）行李输送系统，包括出港行李的分拣和处理、进港行李的接收和提取。

（5）政府联检设施，用于办理国际航线旅客进出港进程的场所，包括海关、边防、检疫等。

（6）旅客和迎送者使用的公共通行空间，如楼梯、自动扶梯、电梯和过道。

（7）机场管理和服务场所，包括机场管理办公室和有关设施，如医务、通信、消防等。

3. 飞行交接面

（1）过厅，供去候机厅和航站其他部分的流通使用。

（2）候机厅，是出发旅客等候登上航空器前的集合场所及到达旅客的出口通道，通常分散设在航站楼门位附近。

（3）旅客登离机设备，如摆渡车、登机桥等。

13.2 航站楼旅客流程

13.2.1 航站楼客流构成及特性分析

进行航空出行的旅客，根据其旅行是否跨越国界，可分为国际航线旅客和国内航线旅客，可进一步分为四类：

出发旅客。出发旅客通过城市交通系统到达航站楼，然后经过办票、交运行李等程序，准备登机离港。出发旅客一般会提前到达航站楼等候，分布在航站楼各个区域，比较散杂。

到达旅客。到达旅客在机场结束航空旅行，下机后到航站楼提取行李，再经有关程序后离开航站楼，转入地面交通。部分到达旅客在航站楼内停留时间较短，分布较为集中，但容易产生高峰排队或者拥堵现象。

中转旅客。这些旅客仅在机场转机，即由一架到达航班换乘另一架出发航班。这类旅客再可分为国内转国内、国内转国际、国际转国内、国际转国际四类。

过境旅客。这类旅客所乘航班只在机场作短暂停留，旅客可以下机到过境候机室休息，准备登机。

综上所述，旅客出行目的和类型的差异等因素会影响航站楼的流程设计和设施配置。如公务出行者一般会对航站楼设施、程序及航班动态了解比较清楚，因此在航站楼内逗留的时间较短，而且很少有迎送者，携带行李较少。另外，要客、残疾人等也会对航站楼流程、设施设计等产生影响。因此，调查和预测每种类型旅客所占比例，对确定旅客航站各功能分区及设施的面积十分必要。

13.2.2 航站楼的旅客流程

不同类型旅客所经历的流程存在一定差异，图 13.2.1 是一个比较典型的航站楼流程图。

在上述流程中，安检是由公安部门或有资质的机构实施的对旅客及所携带行李、物品的检查，防止将武器、凶器、弹药和易燃、易爆等危险品违规带上航空器，以确保航空器和乘客的安全。卫生检疫是对国际到达旅客及所携带的动物、植物等进行检查，以防止瘟疫、霍乱等疫情、传染病菌等从境外带入，造成危害性传播。海关的职能是检查旅客所携带的物品，以确保哪些应该上税。出、入境检查，由移民局或边防检查站负责执行，其主要职责是检查国际旅客出入境手续的合法性，其中最重要的内容是护照检查。由于各国政府政策和控制力度的不同，不同国家机场要求旅客经历的程序和检查的严格程度也有差别。

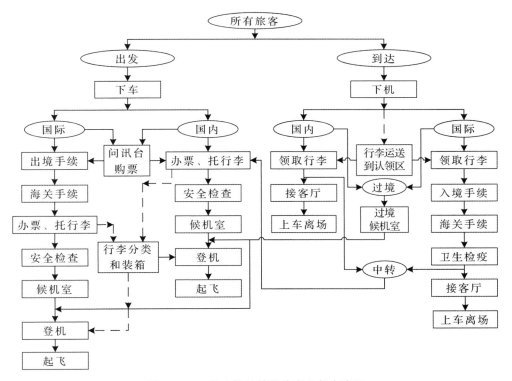

图 13.2.1　旅客航站楼的旅客和行李流程

旅客流程应该尽量短而直接，尽量少转换楼层，以减少旅客在航站楼内的步行距离。主要功能区之间（如停车场与办票/行李提取大厅；办票/行李提取大厅与候机厅）

的最大步行距离宜为 300m。超过 300m 时，应为旅客提供便利的机械辅助设施。空侧安检边界与远端卫星厅或者指廊末端的距离超过 750m 时宜考虑设置旅客捷运系统（APM）。

13.3　旅客航站楼规划与设计

旅客航站楼的主要功能是便利、迅速和舒适地实现地面运输方式与空中运输方式之间的转换。其规划与设计的过程大体上可分为如下四个步骤。

1. 确定设计旅客流量

根据年旅客量的需求量预测结果，可初步估计航站楼的规模。但各项设施的所需面积，需按高峰小时旅客流量进行确定，同时还需考虑旅客类型对各个功能区和设施的不同要求。

2. 设施需求分析和设计

对航站系统各功能区设施进行面积匡算，但并不要求确定每个组成部分的具体位置。

3. 制定总体布局方案

匡算出各项设施单元所需的面积后，按旅客和行李的流程，将各项设施单元组合在航站楼综合体内。航站楼建筑面积过大时，宜分成几个独立模块单元，以免旅客步行距离过远。

4. 提出设计方案

将制订的总体布局方案绘制到图纸上，并按规划要求进行评价。

13.3.1　确定设计旅客量

在对旅客航站楼进行规划和设计时，需要确定一个最佳的设计旅客量来控制航站楼整体规模以及各个功能分区的面积，使航站楼的设计容量能满足一年中大多数时间的需求，既能保证设施的经济性又能保证服务质量。有两种衡量旅客量的方法：一是年旅客量，用以初步估计航站楼的规模；二是高峰时段旅客流量，用以确定各项设施的所需面积。高峰时段旅客流量（通常是半个小时或 1 个小时）的估算，应通过对机场客流量数据进行统计分析推算而得，以此作为航站楼规模确定的依据。另外，考虑到未来年旅客流量估算值的准确性，在航站楼总体规划设计时需要预留一定的灵活性，以确保在未来旅客流量超过设计流量时，各项设施依然能够保证航站楼的正常运营。目前广泛采用的设计参数有：

1. 标准繁忙率

标准繁忙率定义为一年中第 30 个最高峰小时旅客量，英国主要使用它对机场设计旅客量进行估算。从定义来看，意味着机场运行中只有 29 个小时的旅客流量高于该值，在实践中可以用下式表示：

$$绝对高峰小时流量 = 1.2 \times 标准繁忙率 \tag{13.3.1}$$

该方法的缺点在于，许多机场无法详细地统计每小时的旅客量数据，故在实际中不太适用。

2. 繁忙小时率

作为标准繁忙率的一个修订值，繁忙小时率是占机场总旅客流量 5% 的小时率。计算方法比较简单，将以小时为单位的旅客流量值从大到小排序，然后按顺序依次累计相加，如果累计值达年流量的 5%，则下一个小时旅客流量值就是繁忙小时率。与标准繁忙率相同，这种方法也需要详尽的以小时为单位的旅客量数据。

3. 典型高峰小时旅客量

美国联邦航空局使用典型高峰小时旅客流量，即高峰月内平均高峰日里的高峰小时旅客量。从数值上来讲，它常接近于标准繁忙率。由于机场都有每日的旅客流量数据，所以这种估算设计旅客量的方法被普遍采用。

另外也可以通过分析高峰小时旅客量占年旅客量的关系，从年旅客量中推算典型高峰小时旅客流量。典型高峰小时旅客流量通常是年旅客量的 0.03% ~ 0.05%。美国联邦航空局建议的典型高峰小时旅客量占年旅客量的比例如表 13.3.1 所示。

表 13.3.1 高峰小时旅客量与年旅客量的关系（FAA）

年旅客量（×10³ 人次）	高峰小时旅客量占年旅客量的比例（%）
≥20000	0.030
10000 ~ <20000	0.035
1000 ~ <10000	0.040
500 ~ <1000	0.050
100 ~ <500	0.065
<100	0.120

4. 高峰轮廓小时

高峰轮廓小时又称平均日高峰。首先选择高峰月，然后以该月的实际天数计算每小时的平均流量，得到一个"平均高峰日"的平均小时流量。很多机场的经验显示，高峰轮廓小时接近于标准繁忙率。

5. ICAO 法

此法由 ICAO 提出并推荐，假设可以获得每小时的旅客量数据，并且计算出高峰小时旅客量与该高峰日旅客量的比率。计算一年中的两个高峰月的日平均旅客量，把该高峰日平均旅客量乘以高峰小时旅客量与高峰日旅客量的比值即可得到设计旅客量，计算公式如下：

$$设计高峰小时旅客量 \approx （两个高峰月旅客量总和／两个高峰月实际天数）$$
$$\times（高峰小时旅客量／该高峰日旅客量）$$

$$(13.3.2)$$

6. 经验公式法

在机场规划中如要进行快速检验，可利用公式推测高峰期旅客量，如下：

$$高峰日平均旅客量 \approx 年旅客量／300 \qquad (13.3.3)$$

13.3.2 设施需求分析和设计

1. 总面积匡算

在计算航站系统每个功能区、设施的面积之前需要估算航站楼的总面积。旅客航站楼的功能面积可按其性质与作用，根据预测的年旅客吞吐量和典型高峰小时旅客数进行粗略估算。美国联邦航空局建议的航站楼面积为每个设计高峰小时旅客 14m^2（国内航线）或 $20.5 \sim 25.1 \text{m}^2$（国际航线），每个年登机旅客 $0.007 \sim 0.011 \text{m}^2$。我国的估算方法如表 13.3.3、表 13.3.4 所示。

表 13.3.3　按年旅客吞吐量估算旅客航站楼面积

类别	每百万旅客所需功能面积（㎡）
国际旅客航站楼	12000~16000
国内旅客航站楼	7000~10000

表 13.3.4　按典型高峰小时旅客数估算旅客航站楼面积

年旅客吞吐量（用 P 表示，万人次）	类别（㎡/人）	
	国内旅客航站楼	国际旅客航站楼
P < 50	14~20	24~28
50 ≤ P < 1000	20~26	28~35
1000 ≤ P ≤ 4000	26~30	35~40
P > 4000	专门研究设计方案确定航站楼面积	

2. 排队理论确定设施大小

不论是旅客办票、安全检查或者国际航班的旅客通过政府管制区域（如海关检查或边防检查等）都需要经过航站楼内所设置的不同功能的柜台进行排队等待。旅客在排队时，可能等待接受服务的通道只有一条或只有一个柜台的情况；也可能有多个柜台，每个柜台前旅客各排一队，每个通道都只为其相对应的一队旅客服务。对于只有一条通道或者一个柜台时，我们采用 M/M/1 系统，设旅客平均到达率为 λ，单通道接受服务的输出率（即系统的服务率）为 μ。则比率 $\rho = \dfrac{\lambda}{\mu}$，称为旅客流通的强度或利用系数。若 $\rho < 1$ 时，每个状态都会按一定的概率反复出现；当 $\rho \geq 1$ 时，排队长度便会越来越长。

在系统中出行 n 个旅客的概率：

$$P(n) = \rho^n(1 - \rho) = \rho^n P(0) \tag{13.3.4}$$

排队系统中旅客的平均数：

$$\bar{n} = \frac{\rho}{(1 - \rho)^2} \tag{13.3.5}$$

平均排队长度：

$$\bar{q} = \frac{\rho^2}{1 - \rho} = \rho \bar{n} \qquad (13.3.6)$$

排队系统中平均等待时间：

$$\bar{w} = \frac{\lambda}{\mu(\mu - \lambda)} \qquad (13.3.7)$$

对于有多路排队的多通道服务采用 M/M/N 系统中，相当于 N 个单通道服务系统，保持系统稳定的条件是 $\frac{\rho}{N} < 1$。

系统中没有旅客的概率：

$$P(0) = \frac{1}{\sum_{n=0}^{N-1} \frac{\rho^n}{n!} + \frac{\rho^n}{\left(1 - \frac{\rho}{N}\right)}} \qquad (13.3.8)$$

系统中出现 n 个旅客排队的概率：

$$当 n \leqslant N 时, \quad P(n) = \frac{\rho^n P(0)}{n!} \qquad (13.3.9)$$

$$当 n > N 时, \quad P(n) = \frac{\rho^n}{N! \, N^{n-N}} P(0) \qquad (13.3.10)$$

排队系统中旅客的平均数：

$$\bar{n} = \rho + \frac{P(0)\rho^{N+1}}{N!} \left[\frac{1}{\left(1 - \frac{\rho}{N}\right)^2} \right] \qquad (13.3.11)$$

平均排队长度：

$$\bar{q} = \frac{P(0)\rho^{N+1}}{N!\ N}\left[\frac{1}{\left(1-\dfrac{\rho}{N}\right)^2}\right] = \bar{n} - \rho \qquad (13.3.12)$$

排队中平均等待时间：

$$\bar{w} = \frac{\mu\left(\dfrac{\lambda}{\mu}\right)^N P(0)}{(N-1)!\ (N\mu-\lambda)^2} = \frac{\bar{q}}{\lambda} \qquad (13.3.13)$$

通过计算公式，我们可以估算得到旅客在排队时的长度以及人数，为航站系统相关设施的面积确定做数据参考。

3. 分功能区使用面积的确定方法

（1）等待区域面积估算方法

在航站楼设计中，国际航空运输协会（IATA）根据旅客航站楼服务水平和旅客在航站楼内的停留时间，颁布了航站楼内不同功能分区的旅客面积设计标准。该标准应随着旅客需求和地区标准的变化而不断更新，如表13.3.5所示。

表 13.3.5　不同功能区的旅客面积设计标准　　　（单位：㎡/旅客）

活动	状况	服务水平					
		A	B	C	D	E	F
等待和走动	自由走动	2.7	2.3	1.9	1.5	1	Less
行李提取区域	带行李走动	2	1.8	1.6	1.4	1.2	Less
值机排队等待	带行李排队等待	1.8	1.6	1.4	1.2	1	Less
边检大厅	无行李排队等待	1.4	1.2	1	0.8	0.6	Less

服务水平是指所提供服务的质量状况。一般将服务水平分为六类，从 A（最好）到 F（最差），如表13.3.6所示。在旅客航站楼内任何区域，服务水平均随着旅客流量的变化而变化。因此，任何服务设施实际提供的服务水平都在一定的范围内变动。通常情况下设计者采用 C 级作为设计标准，即在最糟糕的时候，设施服务能力可达到 D 级，而 D 级水平在短时间内是可接受的。

表 13.3.6 服务水平的标准定义

服务水平	标准描述		
	质量及舒适度	人流状态	延误
A	极好	自由无限制	无
B	很好	稳定的	非常少
C	好	稳定的	可接受
D	一般	不稳定的	尚可接受
E	较差	不稳定的	不可接受
F	不可接受	间断流	服务中断

另外，若在设计年限内采用 C 级服务水平，则在航站楼开始运行时，其平均服务水平大致接近 A 级。

停留时间是指旅客在某一区域等待服务的时间，用以表示某一空间被其他旅客再次使用的周转速度。停留时间越短，周转速度就越快。若高峰小时的旅客数为 1000 人，需在候机厅等待一小时，则候机厅面积必须达到能容纳 1000 人的规模。然当采取适当的交通流量控制手段后，旅客在航站楼内平均等待的时间减至 30 分钟，前半小时仅允许 500 人使用候机厅，另 500 人在后半小时使用，则候机厅面积也可减至容纳 500 人的规模。由此可知，面积需求与停留时间呈正比。故估算旅客活动区需求面积的表达式为：

$$面积 = 设计流量(人／小时) \times 空间标准(㎡／人) \times 停留时间(小时)$$

$$(13.3.14)$$

例 13.3.1 机场的高峰小时设计流量为 2000 人/小时。这些旅客乘坐不同航班进出港，要求旅客等待安检的时间不超过 20 分钟，试以此确定安检区面积。

$$安检区的面积 = 2000(人／小时) \times 1.0(㎡) \times 1/3(小时) = 667m^2$$

为了更好地估算需求面积，旅客航站楼设计人员还应了解机场管理者对服务水平及设施运行管理的目的，如式（13.3.5）和式（13.3.6）所示。

$$容量(人／小时) = 面积／[面积标准(㎡／人) \times 停留时间(小时)] \quad (13.3.15)$$

面积标准（㎡／人）＝面积／〔设计容量（人／小时）×停留时间（小时）〕

$$(13.3.16)$$

例 **13.3.2** 对于一架能承载 300 名乘客的航空器，其出发旅客使用的安检大厅面积为 8m×25m。如果旅客川流不息并且有 30 分钟的停留时间，试计算在 C 级服务水平下安检区的容量。当停留时间延长至一小时，试计算其能提供的服务水平。

解：在通常情况下：C 级服务水平指人均面积 1.0㎡，由式（13.3.15）得：

容量（人／小时）＝200（㎡）／〔1.0（㎡）×1/2（小时）〕＝400（人／小时）

对于特殊情况的计算，由式（13.3.16）得：

面积标准（㎡／人）＝200（㎡）／〔300（人）×1.0（小时）〕＝0.67（㎡）

由计算容量得知，在通常情况下安检大厅拥有足够的空间，停留时间延长后，大厅所提供的服务水平为 E 级。

（2）通道面积估算方法

确定航站系统整个通道及楼梯面积的原理与确定旅客等待区域面积的方法类似，也需考虑服务水平及停留时间。流率指单位宽度在单位时间内通过的人数，单位为人／米·分钟。其作为确定通道容量的重要参数，由通道宽度决定。因此，宽度对于通道的通行能力具有重要的决定作用。旅客通道服务水平标准考虑了旅客因随身携带行李而占据的更大空间，如表 13.3.7 所示。

表 13.3.7 旅客通道服务水平标准 （单位：人／米·分钟）

通道类型	服务水平						
	旅客状态	A	B	C	D	E	F
通道	正常速度	10	12.5	20	28	37	更多
楼梯	慢速，长时间等待	8	10	12.5	20	20	更多

①通道容量

不同服务水平的通道容量与通道的有效宽度有关，即

通道容量（人／小时）＝（有效宽度）×（标准服务水平）×60　（13.3.17）

若一个 3m 宽通道用于单向客流，在 C 级服务水平下，其容量为：3m 有效宽度×20

（人／米·分钟）× 60（分钟）= 3600（人／小时）。

②有效宽度

通道的有效宽度是指行人可以有效利用的宽度。根据式（13.3.17），容纳设计流量所需通道的有效宽度应为：

$$有效宽度(m) = 通道设计流量(人／小时)/(标准服务水平 × 60)$$
$$= 通道设计流量(人／分)/标准服务水平 \qquad (13.3.18)$$

有效宽度考虑到行人在使用通道时一般不会靠近边缘，并且人与人之间会保持一定的距离，在设计时需将这些没有利用的宽度从通道的几何宽度中去除，得到有效宽度。从通道的几何宽度中去除的因素有：

a）边缘效应：考虑到行人不能紧靠墙边行走，应当从通道两边各扣除 0.5m，即总共扣除 1m。

b）对流效应：行人也要避免迎面而来的交通流，应当从通道的几何宽度中扣除 0.5m。

c）障碍物：任何通道内的障碍物宽度必须从通道几何宽度中扣除，如自动售货机、售货亭等。

故通道几何宽度与有效宽度的差值至少为 1.5m。

例 13.3.3　在每一个方向上，为处理每 15 分钟 600 位旅客的设计旅客高峰流量，在 C 级服务水平下，通道的设计宽度应为多少？

解：若为双向通道，则每 15 分钟的高峰流量应为 1200 人，则其设计流量为 80 人／分钟。在 C 级服务水平下，由表 13.3.7 得出容许流率为 20 人／米·分钟。根据式（13.3.18）得出通道几何宽度至少为：

$$最小几何宽度 = 有效宽度 + 1.5m = [(设计流量／分)/20] + 1.5 = (80/20) + 1.5 = 5.5m$$

一般而言，航站楼通道的实际宽度通常比计算所得值略宽，以便缓解交叉交通流带来的拥堵，且利于设置人行步道或安放运送残疾旅客的设施。

4. 航站系统主要设施的布设要求

（1）进口通道和门厅

进口通道或门厅的大小取决于高峰小时期间旅客和迎送者数量。需要注意的是，一般下机高峰的时间出现得要比登机高峰的时间短，且两者可能并不同步发生。因此，建议在初步设计中，不仅要考虑高峰小时的需求，同时要考虑高峰时间前后 20 至 30 分钟的需求。在初步设计中，若供旅客和迎送者进出航站楼的自动门的通过率，可取每扇门每分钟 20 至 30 人，否则该值宜减少 50%。

（2）航站大厅

航站大厅是旅客办理票务、等候、交付及提取行李的场所，通常还布设自动值机柜台、餐饮、VIP 休息室、卫生间、母婴室、行李打包与寄存、问讯台、银行与货币兑换、邮局、电讯、航空公司售票处、医疗服务处等公共服务设施，以及购物、休闲、餐饮等公共商业经营区域。

对于年登机旅客量少于 10 万人次的机场，宜设计单一的航站大厅；而较繁忙的机场应将航站大厅按不同功能的分区进行设计。大厅面积取决于办票和提取行李大厅是否分设、是否提供旅客和迎送者的等候场所以及旅客和营运者可以接受的服务水平等。

（3）航空公司办票区和票务办公室面积

航空公司办票柜台和票务办公室是航空公司和旅客每次飞行办理票务事宜和交付行李的地方。这里包括航空公司办票区、航空公司票务人员服务场所、行李处理设施和航空公司票务人员办公辅助用地。办票区的面积、办票柜台的数量和布置形式与高峰小时始发旅客量、旅客到达航站楼的时间分布、办票柜台形式、行李处理设施能力、柜台工作人员办理手续的速度、可接受的排队长度和延误等诸多因素有关。办票柜台和行李传送带的布置通常有正面线形、正面通过式和岛式三种形式，如图 13.3.1 所示。

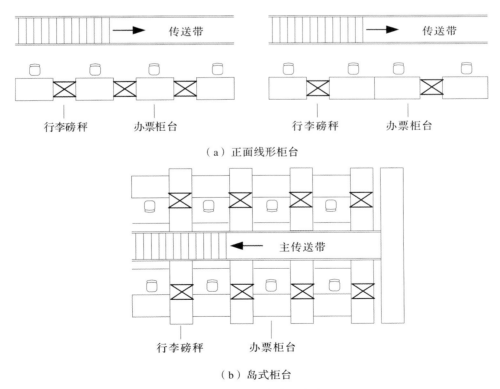

（a）正面线形柜台

（b）岛式柜台

图 13.3.1 办票柜台布置方案

此外，对于客流量较大的机场的办票区面积、办票柜台的数量和布置，还应向在机场服务的航空公司咨询、共同协商，并使用分析或仿真模拟软件模拟后得出。

（4）安全检查

出发旅客登机前必须接受安全检查，具体控制点可根据流程类型、旅客人数、安检设备和安检工作人员数量等作灵活布置。常用的安检设备有磁感应门、X光机、手持式电子操纵棒等。安检设施平立面布置和尺寸可参见图13.3.2。

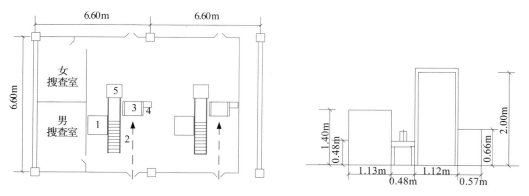

（a）磁感应门及X光机布置示意图　　　（b）磁感应门及X光机立面尺寸

图13.3.2　安全检查设施及平立面布置

1. X光机　2. 手提行李传送带　3. 磁感应门　4. 机柜　5. 行李桌

（5）行李输送系统

为保证旅客在航站楼内准确、快速、安全地托运和提取行李，需配备大量的行李处理、自动分拣、运送和提取设施，且需将进、出港行李的流程严格分开，其具体流程细节如图13.3.3所示。

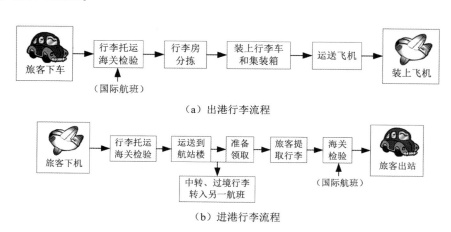

（a）出港行李流程

（b）进港行李流程

图13.3.3　进、出港行李流程

在规划航站楼规模大小过程中，应根据实际采用的行李输送系统的容量来确定行李提取区、行李提取等待区和行李设备区的面积和布局形式。行李运输系统由公共区与非公共区两类区域构成。公共区的行李处理是指旅客查对、验明和认领陈列行李的面积；非公共区是指供航空公司工作人员从拖车或集装箱卸下行李，再将其供给公共区内提取系统的面积。非公共区域一般不在航站楼内，故本章只研究公共区域面积。

公共区域的面积由正在提取行李的旅客、等待提取行李的旅客和自由流动的旅客量决定。

①行李提取区域

行李提取区域的位置应使托运的行李能在接近航站楼路边的地方交还给到港旅客。其面积可采用美国联邦航空局的方法来估算，如图 13.3.4 所示。

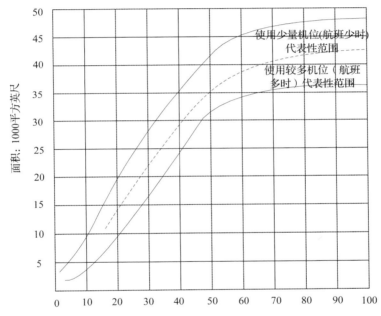

当量飞机（机位×当量飞机系数）			
座位数	（A）总机位数	(B)当量飞机系数	(C)当量飞机架次
达至 80		0. 6	
81 到 110		1. 0	
111 到 160		1. 4	
161 到 210		1. 9	
211 到 280		2. 4	
281 到 420		3. 5	
421 到 500		4. 6	
（A）高峰时段定期运行航班的机位数			
（C）项=(A)和(B)的乘积			

图 13.3.4　行李提取区域面积

②行李提取等待区域

通常情况下，旅客在提取行李时都需要等待停留。这是由于旅客从航空器到提取行李区的速度要比行李输送系统将行李从航空器运送至提取行李区的速度快得多。另外，等待时间长短还受行李设备、设计或人为因素以及其他故障等原因的影响。因此，设计者在估算行李提取区域面积时，需考虑为旅客提供较为舒适宽敞的环境，避免产生较为严重的拥堵。此外，当部分旅客在提取行李时，另一部分旅客可能会等待自己的行李，有必要提供一些必要的行李提取等待区域，并为旅客提供相应的座椅。在估算旅客座椅数量时，可按图 13.3.5 所示方法。

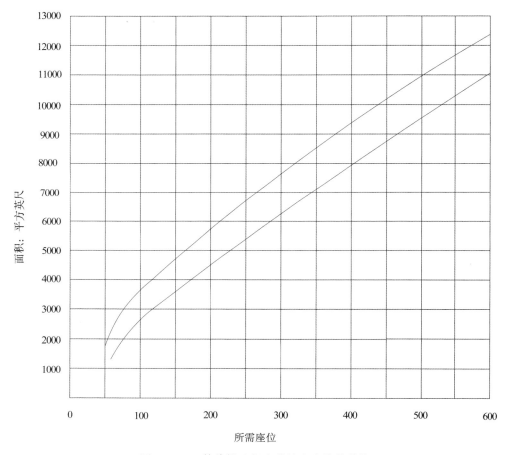

图 13.3.5　等待提取行李的旅客座位数估算

注：1. 若需求超过 600 座位时用 200 或更多的倍数进行估算

　　2. 图示面积包括从行李提取柜台到连接部等主要通道面积

③行李提取设施

旅客的行李提取设施，按在行李提取层行李输送装置的形状，分为直线形、T 形、U 形、圆形、椭圆形等；根据装置底盘的设计，可以分为平底盘型和斜底盘型；另外，根据后端行李放置方式，可分为直接放入和从远处放入。部分行李提取设施布置情况如图 13.3.6 所示。图中给出每种方式的长度和对应的容量，需要注意的是，行李处理系统的实际容量比理论容量低。例如，图 13.3.6 中理论的行李贮存件数比实际行李贮存件数少 1/3。

提取行李设施的数量由高峰小时内到达航空器架次和类型、时间分布、到港旅客人数、交付的行李数、行李提取设备类型和长度以及将行李从航空器运至提取行李设施所用的机械确定。

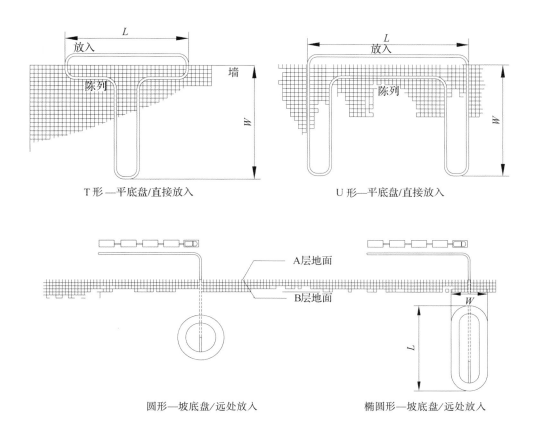

T 形—平底盘/直接放入　　　　　　　U 形—平底盘/直接放入

圆形—坡底盘/远处放入　　　　　　椭圆形—坡底盘/远处放入

形状	L（m）	W（m）	提取位长度（m）	行李贮存数
直线形	20	1.5	20	78
T 形	26	13.7	55	216
T 形	26	20	67	264
U 形	15	13.7	58	228

形状	直径（m）	提取位长度（m）	行李贮存数
圆形	6	19	94
圆形	7.5	24	132
圆形	9	29	169

形状	L（m）	W（m）	提取位长度（m）	行李贮存数
椭圆形	11	6	29	170
椭圆形	16	6	39	247
椭圆形	21	5.5	48	318

图 13.3.6　机场常用的机械化行李提取设施

提取行李装置与行李房的行李传送带立面连接，可分别采用同层和错层方案，具体如图 13.3.7 所示。

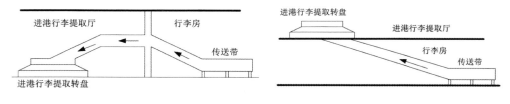

（a）转盘同层剖面布置方案　　　　　　（b）转盘错层剖面布置方案

图 13.3.7　行李传输立面布置

美国联邦航空局（FAA）根据高峰小时 20 分钟内到达航空器的情况，提出行李提取设施容量的估算方法，假定旅客每人携带 1.3 件行李，如图 13.3.8 所示。

高峰20分钟内的当量飞机到达架次

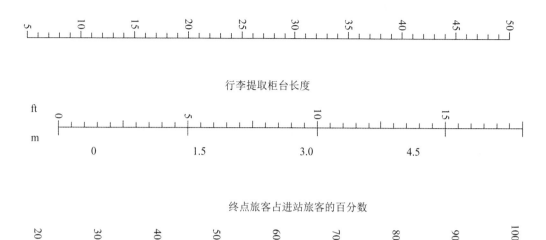

图 13.3.8   行李提取柜台的尺寸要求（高峰 20 分钟时，到港航空器大于等于 5 架当量机型）

当量飞机			
座位数	(A) 高峰 20 分钟到达架次	(B)当量飞机系数	(C)高峰中当量飞机架次
80	—	6	—
81 到 110	—	10	—
111 到 160	—	14	—
161 到 210	—	19	—
211 到 280	—	24	—
281 到 420	—	35	—
421 到 500	—	46	—
（A）如果没有"设计日"活动情况的资料，高峰 20 分钟到达航班可采用高峰日、平均日、高峰小时预测的出发航班的 50%估计（从最大的机型开始，向小飞机移动）。（C）项=(A)和(B)的乘积			

图 13.3.8 可查出行李提取柜台的需求长度，再利用图 13.3.9 估算出行李提取设施的总面积。另外，为缓解一些热点区域的拥堵情况（如行李提取设施周围），国际航协（IATA）建议，相邻的行李提取设施之间距离至少为 9m。

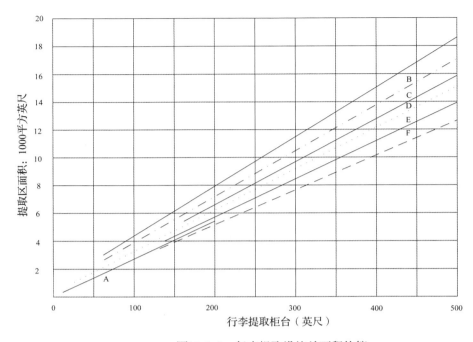

图13.3.9 行李提取设施总面积估算

注：以下各种类型的最合适的面积（包括平底盘式的输入部分面积）
　　A：固定架子
　　B：圆形的，斜底盘式，远处输入
　　　　T形的，平底盘式，直接输入
　　C：T形或U形的，平底盘式，直接输入，75英尺
　　D：椭圆形的，平底盘式，直接输入
　　　　椭圆形的，斜底盘式，远处输入
　　E：T形或U形的，平底盘式，直接输入，60英尺
　　F：U形的，平底盘式，直接输入

（6）政府联检设施

政府联检设施的面积应根据需要办理手续的设计小时旅客量来计算。不同国家、地区对办理手续进程速度和所需面积大小有不同规定，在初步设计阶段应与相关机构进行咨询、讨论和协商，以确定其具体设计要求。

（7）候机厅

候机厅的面积应能容纳班机起飞时间前15分钟内到达该厅的所有登机旅客。此外，还应包括旅客座位、航空公司办理登机手续的场所、旅客排队通道和下机旅客的出口通道等。图13.3.10展示了有70个旅客座位的候机厅布局。以日内瓦机场的设计准则为例，候机厅设计面积的估算假定航空器载客率为80%，等候登机旅客中80%有座位，每人1.4㎡；20%站立，每人0.9㎡，且排队长度不应干扰旅客流通。

此外，还可以使用共用候机厅来减小设计面积，据统计，可比分别设置候机厅面积总和减少 20%～30%。对于到港旅客，候机厅提供的过道宽度应约为 3m。

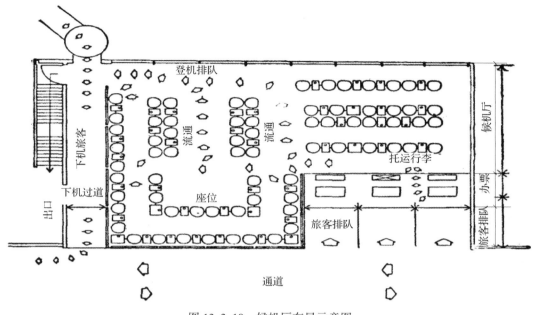

图 13.3.10　候机厅布局示意图

（8）过厅

过厅为旅客和迎送者提供在出站厅与航站中部区域之间的流通。研究表明，过厅每米宽度每分钟通过约 55 至 110 人。

13.3.3　制订总体布局方案

合理的航站楼构型和布局形式有利于节省旅客步行距离，提高航空出行的舒适性。机场航站楼布局模式分为集中式、分散式以及复合式。集中式航站楼是指全部设施都设置在一幢建筑物内，并在其内部为所有旅客办理手续。分散式航站楼是指旅客被安排在分散的单元内，设施设备在一个楼内或者多个楼内重复设置，每个单元围绕着一个或几个航空器门位。复合式兼有上述两者的特点。集中式及分散式航站楼的主要优缺点如表 13.3.8 所示。

表 13.3.8　集中式、分散式航站楼的优缺点

模　式	优　　点	缺　　点
集中式	充分利用各项设施，运营成本低； 方便旅客的转机和安保； 信息系统简化	容易在出入铰接面造成车辆拥挤； 办票大厅旅客拥挤； 步行距离远； 扩建困难
分散式	步行距离短； 旅客流程清晰； 改扩建方便； 门位布置方便，航空器滑行时间少	机场、航空公司、安保等人员增加； 建设成本大； 旅客进出机场的运输模式受限； 运行和维护成本增加

1. 航站楼水平布局形式

旅客航站楼水平布局应统筹考虑站坪塔台的设置，满足相关设施的使用需求。另外，还应结合滑行道系统规划合理设置站坪机位滑行通道，确保站坪机位进出顺畅，滑行距离短捷、安全高效。旅客航站楼结合站坪布局有四种基本构型，也可以将其中两种或多种不同基本构型形式结合，形成组合构型。

（1）前列式布局

前列式布局是一种狭长的构型形式，由于楼内为共用的办票大厅和候机厅，使得旅客从车道边进入大厅进行办票等手续后，可以较为迅速地到达指定门位登机，减少旅客在办票大厅和候机厅的步行距离，缩短滞留时间。前列式航站构型可提供充足的车道边，用于地面运输车辆的上下客，也有利于建设公共停车场，适用于交通量较少的机场，通常设有紧邻停放 5 至 10 架航空器的机坪。如图 13.3.11 所示。

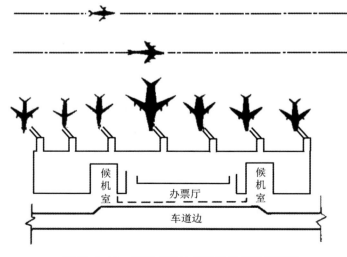

图 13.3.11　前列式航站楼及机坪布局示意图

（2）指廊型布局

指廊型航站楼是从航站楼的空侧边向外伸出的指形廊道，廊道两侧各有一排门位供旅客上下航空器。航站楼内能够提供较为宽敞的办票及行李提取的空间。指廊的容纳能力直接影响到航站楼的总体规模，设计时应避免航站楼的办票大厅或行李提取区规模过小，造成指廊内的拥堵。在确定其整体布局时，还需要注意指廊末端对于登机旅客步行距离的影响。若设置多条指廊，还需考虑相邻两指廊之间的净距，以便两指廊在航空器进入或推出时互不干扰。如图 13.3.12 所示。

图 13.3.12　指廊型航站楼示意图

（3）卫星型布局

卫星型布局是指廊为一个或者多个卫星式的建筑结构。卫星型使得航站楼的总体规模得以扩大。此构型下，地面交通和航空器机位间的步行距离较长，因此需要在主航站楼与卫星厅间设置载运系统。如图 13.3.13 所示。

图 13.3.13　卫星型航站楼示意图

（4）转运型布局

转运型布局指航空器停放在远离航站楼的停机坪上（即远机位），旅客在航站楼内办理相关手续，利用客梯车上下航空器，由地面车辆（如摆渡车等）载运出入航站楼，如图 13.3.14 所示。在相同的条件下，由于旅客相对集中，转运构型比其他构型所占用的航站楼空间更小。

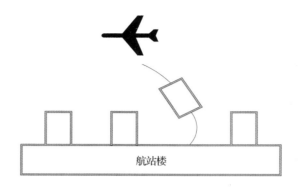

图 13.3.14　转运型航站楼示意图

2. 航站楼竖向布局形式

航站楼竖向布局可分为一层式、一层半式、两层式、两层半式、多层式，部分航站楼竖向布局如图 13.3.15 所示。

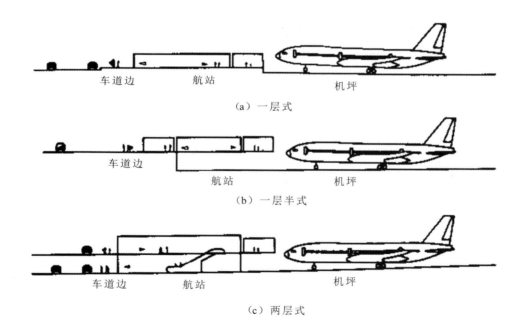

（a）一层式

（b）一层半式

（c）两层式

图 13.3.15　部分航站楼竖向布局模式

一层式布局如图 13.3.15（a）所示，所有旅客和行李的进程都在机坪层进行。到达旅客和出发旅客以水平分布分隔。该系统十分经济，适用于旅客量较小的机场。一层半式布局如图 13.3.15（b）所示，旅客出入航站楼、航空公司的航务和行李处理活动在机坪层进行，而上下航空器则在车道边层进行，到达和出发的旅客在平面上分隔开来。旅客在车道边层上下航空器的好处是可以利用登机桥进出航空器。如图 13.3.15（c）所示，两层系统是将到达旅客和出发旅客立面分离。出发旅客进程活动在上层进行，而到达旅客进程包括提取行李则在机坪高度进行。车辆出入和停车在上、下两层都有，上层为出发，下层为到达。停车场可以设在地面或采用结构式车库。

在有机场内部交通系统运转或其他大型机场，可按需求分层设置。

3. 航站楼构型对比与评价

旅客航站楼的总体布局方案的选择，主要与旅客流量和类型有关。表 13.3.9 列出了美国 FAA 所提供的有关航站楼布局方案选择的参考意见。

表 13.3.9　旅客航站楼布局方案的选择

年登机旅客人数	转机旅客比率（%）	前列式	指廊型	卫星型	转运型	单层路边	多层路边	单层航站楼	多层航站楼	单层连接体	多层连接体	机坪高度登机	航空器高度登机
<25000		×				×		×				×	
25000~75000		×				×		×			×	×	
75000~200000		×	×			×		×			×	×	
200000~500000		×				×		×				×	
500000~1000000	<25	×	×			×		×		×	×	×	×
	>25	×	×			×		×		×	×	×	×
1000000~3000000	<25	×	×		×	×	×			×	×	×	×
	>25	×	×			×	×			×	×	×	×
>3000000	<25	×	×		×	×	×			×	×	×	×
	>25	×	×			×	×			×	×		×

13.3.4　设计方案的提出与评价

设计方案的提出与评价是航站楼规划与设计的最后一步。即将各功能区的面积及布局形式展示在图纸上，并对设计方案优劣进行评价。设计方案的评价内容主要包括：处理预期需求的能力，对需求增长和技术改变反应的灵活性；与整个机场总体规划的适应性，旅客和行李流程是否简捷，旅客的时间延误长短；财政及经济可行性。一般采用图论、排队论和仿真模拟的方法来确定办理旅客进程、行程和延误时间，每个设施的服务时间和等待时间，以此来评价航站设施的规模和服务范围及流程设置的合理性。

思考练习题

1. 简述航空旅客构成及其对航站楼设计的要求。
2. 简述在组织、设计航站楼内的各种流程和设施布局时应遵循的原则。
3. 简述旅客航站楼系统的构成及每部分的功能。
4. 简述标准繁忙率和繁忙小时率的区别。
5. 进行旅客航站楼设计时为何不以最大的高峰时段旅客量作为设计依据？
6. 简述航站楼规划与设计的流程。
7. 航站楼水平布局有哪些基本构型，各有什么特点？

14　陆侧交通系统

　　为保证航空运输的高效与舒适，机场需借助陆侧的道路、停车场、车站、各种交通出行方式实现其与城市交通的衔接。由于地面交通形式的多样化和航站区陆侧的多功能性，使机场陆侧交通的组织及与城市交通的衔接变得十分复杂，非经全面妥善的规划难以得到圆满的方案，甚至成为制约机场发展的瓶颈。本章将阐述机场陆侧交通的基本特征，机场常见陆侧交通方式，提出确定陆侧交通方式的原则与方法、机场停车设施的规划与布局、航站楼车道边长度计算、陆侧交通道路布局等。

14.1　陆侧交通客流构成及特点

　　机场陆侧客流主要由三部分构成，包括：
　　（1）出发和到达旅客。这些旅客或者是乘飞机出港，或者是乘飞机到港，每位旅客只有一次进场交通出行。
　　（2）工作人员。包括航空公司、机场、政府和特许部门的工作人员，机场的各类经营者。此类出行属于典型的通勤行为，具有潮汐性。
　　（3）参观者。迎送者、机场观光者，以及从事其他商业活动的人。
　　在规划机场与城市之间的交通衔接方式时，应考虑不同性质旅客的出行需求，如表14.1.1所示。

表 14.1.1　客流构成及其需求特点

旅客构成	陆侧中地位	出行需求	其他
航空旅客 迎送人员	重要	快速，舒适，服务时间长，和所有航班配套	携带大件行李；可预测性强；客流发生时间和航班时刻相关

旅客构成	陆侧中地位	出行需求	其他
机场员工	重要	价格低，快速，高峰时间发车频率高	可预测性强，有早高峰和晚高峰
换乘旅客	次要	快速，换乘方便	—
沿线居民	次要	班次多，停靠站点多，价格低	增长速度快，预测难度大

以上每种客流在数量上没有一个固定的划分，随机场性质不同而不同，并取决于机场规模、地理位置及其所提供的航空服务种类等。若为枢纽机场，则将有相对较少的始发和终到旅客；同样的，若为航空公司的维修或者训练基地机场，则对应更多的员工和其他商业交通流量。实际上机场旅客交通量只是机场交通量中的一部分，由部分机场调查所得的旅客、工作人员、参观者和迎送人员的比例如表 14.1.2 所示。

表 14.1.2　部分机场旅客、工作人员、参观者及迎送人员的比例（%）

机　场	旅　客	迎送人员	工作人员	参观者
法兰克福机场	60	6	29	5
维也纳机场	51	22	19	8
巴黎机场	62	7	23	8
阿姆斯特丹机场	41	23	28	8
多伦多机场	38	54	8	未包括
亚特兰大机场	39	26	9	26
洛杉矶机场	42	46	12	未包括
纽约肯尼迪机场	37	48	15	未包括
东京机场	66	11	17	6
新加坡机场	23	61	16	忽略
上海虹桥机场	68	16	16	忽略
上海浦东机场	56	26	18	忽略
北京首都机场	48	33	19	忽略

从表中可以看出不同机场数据的差异较大，但总体而言，机场员工人数所占比例相

对较低，但是相对于旅客，工作人员的出行次数相对更加频繁和稳定。故在机场陆侧交通系统规划中必须慎重考虑工作人员的交通需求。

另外，尽管机场沿线居民的出行处于次要地位，但也不能忽略。由于机场的特殊地理优势带来极大的空港效应，机场已成为国家和区域经济增长的驱动力。依托机场而兴起的空港经济作为一种重要的经济形态越来越受到关注，导致沿线出行需求增长迅速。因此，在机场和城市之间建设一个综合的，可靠性高、舒适度好的陆侧交通运输体系，是机场正常发挥作用的必要条件。

14.2 进出场交通系统

14.2.1 系统要求

机场陆侧地面交通系统可以分为与旅客相关的主要交通系统，以及与航空公司、机场及与各类经营活动相关的次要交通系统。

进出机场交通系统是机场与其所服务城市或地区相联系的通道。由于机场噪声对环境的影响，机场距城市往往有一定距离。对于旅客和货物托运者来说，最关心的是始发点到最终目的地的整个行程时间。飞机性能的提高，有效缩短了空中航行时间，然而，随着航空出行量的增加，使得进出场交通所花费的时间在行程时间中所占比例较以往有较大提高。例如，相隔 600~700km 的两个城市之间的旅行，地面花费的时间约为空中花费时间的 2 倍。因此，进出场交通系统的高效和舒适性在一定程度上影响着航空出行的竞争力。

此外，大型枢纽和干线机场除了要服务于它所属的大城市外，对周边的中、小城市也具有辐射作用。因此，这些中、小城市与机场之间的交通便捷程度便决定了机场的辐射范围与强度。在进行进出机场交通系统规划时，除考虑机场与母城交通运输系统的衔接外，还必须考虑其与周边城市交通运输系统的衔接问题。

14.2.2 进出场的交通方式

目前，进出机场的交通主要有基于道路和基于轨道两种模式，可采用的交通方式主要有自备车、出租车、公交车（含普通公共汽车、机场大巴）、轨道交通（含地铁、轻轨、城际铁路）等。

1. 自备车

自备车包括单位车、私家车、租用轿车。在国外占主导地位的是私家车，在国内这一趋势也趋于明显。自备车具有较高的便利性和舒适性，尤其是当旅客携带有大宗行李，或是带儿童或年迈体弱的人旅行时，其优势尤为突出。

其缺点是载客量小，容易增加机场交通系统的行车和停车负荷。另外，当交通出现阻塞时，其可靠性会极大降低。

2. 出租车

当商务出行较多且机场距离城市较近时，出租车常常是旅客陆侧交通出行的主要工具。出租车可以提供"门"到"门"的服务，为旅行提供了极大的便利性。由于其使用特性与私家车相似，故在大多数大型机场采用划定特定区域、特定循环道路和限制车道边停留时间等管理措施控制机场出租车的数量，减少地面交通拥挤。

3. 机场大巴、城市公交车

机场大巴是从城市中心区、副中心区各点至机场定点往返的大型巴士，其载客量大，价格较低。但乘坐机场大巴出行旅客需要预先乘车到发车地点，或从下车地点再次乘车到达目的地，因而便利性较差；且大巴中途需要定点停车，速度慢，耗时长；当穿行城区时易被城区交通阻塞造成延误。

城市公交车运行线路长，停站多，易受城市地面交通影响。但由于其票价低廉，便于机场工作人员及沿线居民出行。

4. 轨道交通

轨道交通一般包括普通铁路、地铁、轻轨等几种形式，它已成为大型机场进出场交通系统的重要组成方式。与其他的方式相比，轨道交通具有行程时间短、可靠性高等优点。但轨道交通相对以上三种交通方式，通达性不强，在城市内还需要换乘其他交通方式，且运营时间有一定限制。另外，轨道交通昂贵的建设和运营费用也是机场规划者必须考虑的重要因素。由轻轨交通系统服务的机场旅客市场份额如表 14.2.1 所示。

表 14.2.1　由轻轨交通系统服务的机场旅客市场份额（美国与欧洲和亚洲的比较）

美　国		欧　洲　和　亚　洲	
机场	市场份额（%）	机场	市场份额（%）
华盛顿里根机场	14	东京新国际机场	36
亚特兰大哈茨菲尔德机场	8	日内瓦机场	35
芝加哥中途机场	8	苏黎世机场	34
波士顿洛根机场	6	慕尼黑机场	31

美　国		欧　洲　和　亚　洲	
机场	市场份额（%）	机场	市场份额（%）
旧金山奥克兰机场	4	法兰克福梅因机场	27
芝加哥奥黑尔机场	4	伦敦斯坦斯特德机场	27
圣路易斯兰伯特机场	3	阿姆斯特丹机场	25
克利夫兰机场	3	伦敦希思罗机场	25
费城机场	2	香港赤鱲角机场	24
迈阿密国际机场	1	伦敦盖特威克机场	20
华盛顿巴尔的摩机场	1	巴黎戴高乐机场	20
洛杉矶国际机场	1	布鲁塞尔国际机场	11
		巴黎奥里机场	6

一般来说，轨道交通方式和机场高速的竞争很困难。因此，轨道交通的竞争性需进行"门到门"的出行分析论证，即详细分析每一种出行方式在住家/办公室与机场之间的整个出行过程中的总运行时间和费用。有研究指出，机场轨道进场交通方式在下列条件下与公路交通方式有竞争性：

（1）超大型机场，有足够多出发和到达旅客；

（2）轨道交通与高效的城市公共交通系统衔接；

（3）汽车进出机场的不便，如位于人工岛的香港赤鱲角机场和大阪关西机场，或偏远的机场，如吉隆坡国际机场。

5. 其他公共交通方式

包括团队包车服务、小汽车拼车服务等。

6. 直升机、水路

最快捷且不受外界交通状况影响的进场方式是直升机。在 20 世纪 40 年代末，纽约政府曾鼓励过这种方式的发展，60 年代旧金山和洛杉矶也尝试过这种方式，但昂贵的费用、频繁的事故使其发展不尽如人意。

如果机场靠近水体，可采用水运交通方式进出机场。它不但节省道路资源，而且乘船还可以欣赏城市优美的风景。例如，威尼斯机场、波士顿机场和伦敦城市机场的水运进场路线。

各种交通方式的优缺点对比如表 14.2.2 所示。在规划时应根据不同旅客对服务水平、城市公共交通系统的要求、城市今后的发展状况以及经济水平来决定采用的接入方式。

表 14.2.2　各种交通方式的优缺点比较

交通方式	优点	缺点	适用旅客群
轨道交通	准点，不受路网状况影响；可以和整个城市轨道交通网络相连，到达城市大部分地区	沿途停靠，总行程时间较长；不能提供"门到门"服务，需要其他方式的衔接；对携带大件行李的旅客不便	机场员工、沿线居民、少行李航空旅客、迎送人员
机场巴士	直达；可方便地接入城市交通网络；车辆载客率高，对道路拥挤程度增加不多	行程时间受路网状况影响大；在市中心及副中心需要设置车站；从车站出发需要换乘其他方式	航空旅客、迎送人员
常规公交	费用便宜；可方便地接入城市交通网络；车辆载客率高，对道路拥挤程度增加不多	沿途停靠站多，所需时间长；携带行李不便；易受非航空旅客干扰	机场员工
自备车	舒适；提供"门到门"的服务；速度可能很高	费用较高；利用道路网络，行程时间不可靠；在机场可能有长时间停车需求	航空旅客
出租车	舒适；提供"门到门"的服务；速度可能很高	费用较高；利用道路网络，行程时间不可靠；在机场有停车需求	航空旅客、迎送人员

14.2.3　确定机场陆侧交通方式的原则与方法

在确定采用何种交通方式或者交通方式组合之前，必须了解在一定时间内旅客及迎送者、机场工作和服务人员、航空货运等的交通流状况。然而，对于新建机场则无法用调查方法获取交通流量。在这种情况下，可根据有关预测方法建立数学模型来估算。

图 14.2.1 表示出了确定交通方式的原则方法。先假定机场内外乘客集散点（站）的性质、规模和位置，例如环绕机场的卫星式车站或市内车站；然后，根据预期的投资和服务水平等因素初选交通方式，并罗列其优点和缺点；接着根据已有交通量数据或由模型估算的交通量数据进行交通流分配，并在此基础上对所选交通方式从载客率（量）、社会、环境、经济、技术等方面进行评价。如果评价结果不理想，则改变初选方案，再继续按图中流程重新选择交通方式，直到得出满意的结果。

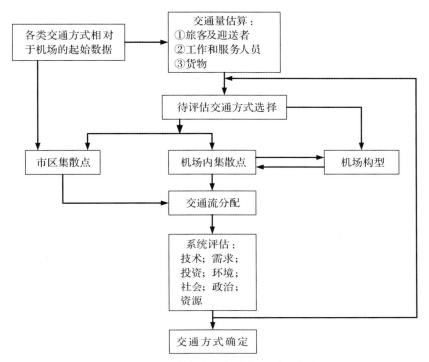

图 14.2.1 确定交通方式的原则和方法

14.3 航站楼车道边

航站楼车道边是航站楼建筑外供旅客上下车的地方，一般由航站楼前边或航站楼旁边的一条或多条车道组成，分为出发车道边和到达车道边。航站楼车道边是地面交通系统中使用频率最高、最拥挤的地方，因此是地面交通系统设计的关键节点。

1. 车道边的构成与功能

航站楼车道边一般由紧靠建筑的一条步行道、停靠车道、通过车道、垂直车道的人行横道构成。其功能包括：供旅客上下车，是步行与乘车的转换场所；为某些需要在航站楼前绕行的车辆提供通过的道路；临时停放车辆，有些机场容许出租车或接客人的车在车道边短时间等候；为旅客提供横穿车道至停车场的步行道。

2. 车道边的形式

车道边主要有一层式和二层式。一层式是指出发车道边与到达车道边位于同一层。一层式车道边一般用于客流量较小的机场。我国 20 世纪 80 年代以前建的机场大都是一层式车道边。二层式是指出发车道边位于二层，到达车道边位于一层，适用于客流量比较大的机场。但有些分散式机场，如堪萨斯机场，虽然客流量很大但仍是一层式车道边。

3. 车道边的需求

在规划时，可按年每百万出发（到达）旅客 35m 估计。在做精确设计时，车道边长度应根据交通工具类型、流量等进行详细计算。

高峰时段航站楼车道边到达和出发的车辆数计算如式（14.3.1）所示。

$$D = Q \sum_{i=1}^{n} f_i / k_i \qquad (14.3.1)$$

式中，D ——高峰时段航站楼车道边到达和出发的车辆数；

i ——旅客乘坐的交通车辆类型；

Q ——高峰时段航站楼车道边到达和出发的旅客量；

f_i ——高峰小时出发、到达旅客总数中乘坐某种车辆的旅客所占的比例；

k_i ——某种车乘坐的旅客数。

由于出发、到达高峰很少同时发生，所以当航站楼只设计一层车道边时，其总长度应小于出发、到达高峰小时旅客车辆所需车道边长度之和；若设两层车道边，可分别以出发、到达高峰小时所需车道边长度作为设计依据。

4. 车道边的容量

航站楼车道边的容量是指单位时间所能停靠的车辆数。根据容量可以分析和评价它对交通需求的满足程度。影响车道边容量的因素有：

（1）可利用的车道边长度

车道边长度决定了航站楼出入口的最大吞吐能力，是确定车道边容量的主要影响因素。若车道边的一部分作停车位使用，则不计入车道边长度。

（2）车道数和人行横道数

车道数为驶进和驶离航站楼前区域的车道的数总和。人行横道指横穿车辆交通车道的人行路线，其设置会延缓车辆通过航站楼前区域的速度，降低车道边的容量。若高峰小时客流量很大，计算所得的车道边长度比航站楼的面宽大，则设计时可采用双车道或多车道，此时旅客在外侧车道上下车时需要穿过车行道，会对车辆通行产生影响，因此在计算双车道或多车道的车道边容量时要考虑折减。

（3）管理政策、停留规则

停车管理的方法会对车道边容量产生很大影响。当车道边过于饱和时，则可采用限制车种、停车位置和停车时间来缓解车道边的交通压力。

（4）旅客特征以及机动车辆的组合比例

旅客类型、车辆类型、车道边停靠时间、携带行李的旅客比例等，会对车道边长度计算产生较大影响。

（5）车道边空间布置

大型机场往往将到达旅客层和出发旅客层在空间上分离设置，以便减少高峰时段由于出发与到达旅客交织而产生延误。

14.4　停车设施

停车设施是机场陆侧交通系统的一个重要子系统。它包括公共停车设施、出租车停车区域、员工停车设施、货运停车设施等。

国外对于机场的停车设施非常重视，它是机场非航空性收入的重要来源。2000 年美国部分机场停车收入情况汇总如表 14.4.1 所示。

表 14.4.1　2000 年美国部分机场停车收入情况　（单位：百万美元）

机场	收入	机场	收入
芝加哥奥黑尔机场	91.3	华盛顿巴尔的摩机场	50.1
丹佛国际机场	77.3	西雅图塔科马机场	47.1
波士顿洛根机场	71.1	明尼阿波利斯圣保罗机场	43.0
达拉斯-福特沃斯机场	70.9	凤凰城机场	40.3
旧金山国际机场	65.8	纽约拉瓜迪亚机场	35.5
亚特兰大哈茨菲尔德机场	65.1	底特律机场	35.5
纽约纽瓦克机场	62.9	纽约肯尼迪机场	33.9
洛杉矶国际机场	59.4	迈阿密国际机场	33.6

停车需求受诸多因素影响，如进出机场的人数、类型、交通方式、停车费用、停车

时间等。机场停车需求主要来源于两个方面,一是旅客及接送者,二是机场及相关单位工作人员。机场停车场规划时主要考虑两个方面:一是可供停车的面积(或泊位数量),二是停车场至航站楼的距离。停车场的面积(或泊位数量)主要由旅客流量确定。

加拿大公路运输联合会针对小型机场提出,高峰小时旅客包括始发和到达旅客,每百人需短期停车泊位数为 15 个,年登机旅客每 100 万需要长期停车位 900~1200 个,再加上每千名工作人员 250~500 之间的停车位。美国联邦航空局(FAA)建议在总平面设计时运用图 14.4.1 来估计停车场的容量。图中停车泊位数量较高,符合美国以私人小汽车为主的交通状况。

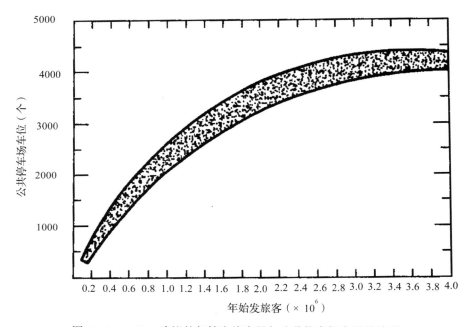

图 14.4.1　FAA 建议的年始发旅客量与公共停车场容量的关系

停车场的数量、大小、形状和类型与航站楼的水平布局有关。但停车场的配置没有绝对的标准,通过停车收费的浮动可以在很大程度上调节泊位利用率。研究表明,70%~85%的车辆停放时间不超过 3h,超过 24h 的长期停车占总停车需求的 20% 左右;但从停车位利用情况来说,超过 75% 的使用者只占用 10%~30% 的停车位,而 70%~80% 提供给长期停车。

如果航站区难以规划出较大的停车场,而旅客的停车需求确实较大,此时可以考虑建设停车楼。其优点是在不增加用地的情况下,大幅提高泊位数量,并使车辆免受日晒、风吹、雨淋。停车楼内应配有使车辆上下移动的设施、设备,即坡道或升降机。

14.5 陆侧道路布局

陆侧道路布局主要是用来满足机场各功能分区地面流程及车流量的需要，包括航站区进出道路、重复循环道路、航站楼前正面道路、机场内部的工作道路等。机场陆侧道路布局与航站楼构型、集散程度（集中式或单元式）、附属设施（停车场、车站等）诸多因素有关，同时还考虑航站区未来扩建的灵活性。

根据航站楼的构型，机场内道路交通系统有集中式、分段式、分散式和组合式四种构型。

1. 集中式布局

当航站楼由单一的建筑物或连续的建筑系列组成时，地面交通系统一般采用连续式布局形式，如图 14.5.1 所示。除了供始发和终到旅客车辆用的垂直或水平分隔外，所有旅客车辆一般都通过相同的道路。同时，公共停放和租用车辆设施也采用集中设置，航站单元通常沿着航站区进出道路扩展，并保留原有的进出道路系统。我国的一些中小型机场通常采用这种形式。

2. 分段式布局

将航站建筑划分为始发旅客一侧和到达旅客一侧，或将各航空公司组合在建筑物的任何一侧，以便在平面上分离不同的交通量，如图 14.5.2 所示。

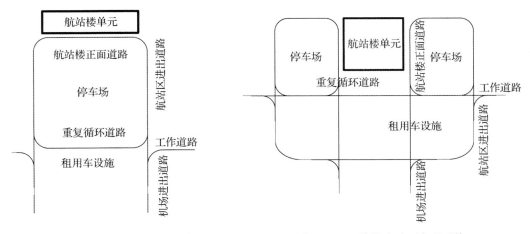

图 14.5.1 集中式地面交通系统   图 14.5.2 分段式地面交通系统

3. 分散式布局

当航站综合体由分散的单元航站建筑组成时，车流在机场进出道路和航站区正面道路分离。停放车辆和出租车辆设施以航站单元为基础进行组合，如图 14.5.3 所示。

4. 组合式布局

航站系统由直线方式设置的一系列航站建筑组成，进出道路为集中设置的道路，如图 14.5.4 所示。

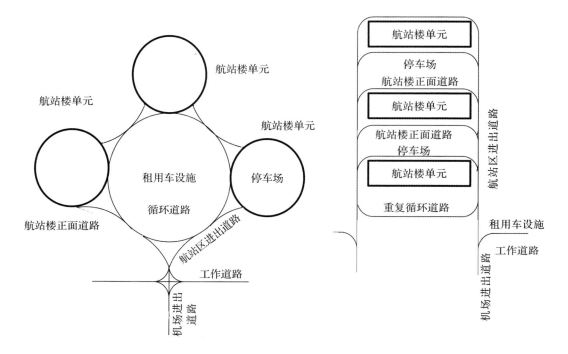

图 14.5.3　分散式地面交通系统　　　　图 14.5.4　组合式地面交通系统

思考练习题

1. 简述陆侧客流的构成。
2. 在进行陆侧交通设计时，需着重考虑的影响因素都有哪些？
3. 简述常见的进出机场的交通方式及其特性。
4. 简述机场陆侧交通方式确定的原则与方法。
5. 简述航站楼车道边容量的影响因素。
6. 简述机场内道路交通系统的布局形式。

参考文献

［1］中华人民共和国行业标准，民用机场飞行区技术标准（MH 5001—2013）．中国民用航空局，2013.

［2］国际民航组织国际标准和建议措施，国际民用航空公约附件14——机场，卷Ⅰ，机场设计和运行，第六版．2013.

［3］高金华，王维．机场工程［M］．天津：天津科技出版社，2000.

［4］罗伯特·霍隆杰夫，弗兰西斯·马卡维．机场规划与设计［M］．上海：同济大学出版社，1987.

［5］姚祖康．机场规划与设计［M］．上海：同济大学出版社，1994.

［6］中国民用航空总局．民用机场总体规划规范［S］．北京：中国民用航空总局，2000.

［7］中国民用航空局．"十二五"民用运输机场建设规划．2011.

［8］中国民用航空总局机场司．民用机场总体规划编制内容及深度要求［S］．北京：中国民用航空总局，2006.

［9］中国民用航空总局机场司．民用机场总体规划管理规定［S］．北京：中国民用航空总局，2000.

［10］中国民用航空局政策法规司．民用机场建设管理规定（CCAR-158-R1）［S］．北京：中国民用航空局，2012.

［11］民用机场管理条例［S］．北京：中国民航出版社，2009.

［12］国务院法制办工交司等．民用机场管理条例释义［M］．北京：中国民航出版社，2009，11.

［13］中国民用航空局机场司．民用运输机场总体规划审查暂行办法［S］．北京：中国民用航空局，2013.

［14］中国民用航空总局机场司．民用航空运输机场选址规定（CCAR-170CA）［S］．北京：中国民用航空总局，1997.

［15］中国民用航空总局机场司．民用机场选址报告编制内容及深度要求（AP-129-CA-02）［S］．北京：中国民用航空总局，2007.

［16］中国民用航空总局空中交通管理局．部分机场和终端（进近）管制区容量评估情况（IB-TM-2004-188）．

［17］中国民用航空总局．全国民用机场布局规划（2008—2020）．

［18］中国民用航空局．中国民用航空发展第十二个五年规划．2011，4.

［19］周来振. 中国民用机场建设发展历程（1949—2013）［M］. 北京：中国民航出版社，2014.

［20］覃章高. 中国民用机场建设指南［M］. 北京：清华大学出版社，2015.

［21］中国民用航空总局. 平行跑道同时仪表运行管理规定［S］. 北京：中国民用航空总局，2004.

［22］蒋作舟. 中国民用机场集锦［M］. 北京：清华大学出版社，2002.

［23］钱炳华，张玉芬. 机场规划设计与环境保护［M］. 北京：中国建筑工业出版社，2000.

［24］亚历山大. T. 韦尔斯. 机场规划与管理［M］. 赵洪元，译. 北京：中国民航出版社，2004.

［25］理查德·德·纽弗威尔，阿米第 R. 欧都尼. 机场系统：规划、设计和管理［M］. 高金华，译. 北京：中国民航出版社，2006.

［26］汪泓，周慧艳. 机场运营管理［M］. 北京：清华大学出版社，2008.

［26］都业富. 航空运输管理预测［M］. 北京：中国民航出版社，2001.

［28］胡明华. 空中交通流量管理理论与方法［M］. 北京：科学出版社，2010.

［29］王维. 机场净空管理［M］. 北京：中国民航出版社，2008.

［30］美国 FAA 咨询通告：机场航站设施规划和设计指导. 北京：中国民航机场设计院，1991.

［31］国际民航组织. 机场设计手册（文献 9157—AN/901）第四部分 目视助航设施，第三版. 1993.

［32］国际民航组织. 机场设计手册第二部分——滑行道、机坪和等待坪. 1993.

［33］杨太东，张积洪. 机场运行指挥［M］. 北京：中国民航出版社，2008.

［34］中国民用航空总局第 191 号令. 民用机场运行安全管理规定（CCAR-140）2007.

［35］Robert Horonjeff Francis X. McKelvey. 机场规划与设计［M］. 吴问涛，译. 上海：同济大学出版社，1987.

［36］Federal Aviation Administration. AIRPORT MARSTER PLANS，（AC 150/5070-6B），2007.

［37］Federal Aviation Administration. Airport Capacity and Delay，（AC 150/5060-5），1983.

［38］Federal Aviation Administration. Airport Design，（AC 150/5300−13A），2014.

［39］Federal Aviation Administration. STANDARDS FOR AIRPORT MARKINGS，（AC 150/5340-1J），2005.

［40］Federal Aviation Administration. STANDARDS FOR AIRPORT SIGN SYSTEMS，（AC 150/5340−18D），2004.

［41］Federal Aviation Administration. DESIGN AND INSTALLATION DETAILS FOR AIRPORT VISUAL AIDS，（AC 150/5340-30A），2005.

［42］Federal Aviation Administration. SPECIFICATION FOR WIND CONE ASSEMBLIES，（AC 150/5345-27D），2004.

［43］Federal Aviation Administration. DRIVER'S ENHANCED VISION SYSTEM（DEVS），（AC 150/5210-19），1996.

［44］Airports Council International. APRON MARKINGS & SIGNS HANDBOOK, 2001.

［45］Federal Aviation Administration. SEGMENTED CIRCLE AIRPORT MARKER SYSTEM，（AC 150/5340-5B），1984.

［46］Federal Aviation Administration. SPECIFICATION FOR AIRPORT AND HELIPORT BEACON，（AC 150/5345-12E），2005.

［47］Federal Aviation Administration. FAA SPECIFICATION L-853, RUNWAY AND TAXI-WAY CENTERLINE RETROREFLECTIVE MARKERS，（AC 150/5345-39B），1980.

［48］Federal Aviation Administration. AIRPORT SIGNING AND GRAPHICS，（AC 150/5360-12D），2003.

［49］Federal Aviation Administration. Painting, Marking, and Lighting of Vehicles Used on an Airport，（AC 150/5210-5D），2010.

［50］Federal Aviation Administration. AIRPORT MASTER PLANS，（AC 150/5070-6B），2005.

［51］Federal Aviation Administration. PLANNING AND DESIGN GUIDELINES FOR AIRPORT TERMINAL FACILITIES，（AC 150/5360-13），1988.

［52］左元斌. 物流配送中心选择问题的理论、方法与实践［M］. 北京：中国铁道出版社，2007.

［53］潘文安. 物流园区规划与设计［M］. 北京：中国物资出版社，2005.

［54］淡至明，赵鸿铎等. 机场规划与设计［M］. 北京：人民交通出版社，2010.

［55］张光辉. 中国民用机场［M］. 北京：中国民航出版社，2008.